E.-A. Pforr / W. Schirotzek

Differential- und Integralrechnung für Funktionen mit einer Variablen

Differential- und Integralrechnung für Funktionen mit einer Variablen

Von Doz. Dr. Ernst-Adam Pforr
und Prof. Dr. Winfried Schirotzek

9., neubearbeitete Auflage

B.G. Teubner Verlagsgesellschaft
Stuttgart · Leipzig 1993

Das Lehrwerk wurde 1972 begründet und wird herausgegeben von:
Prof. Dr. Otfried Beyer, Prof. Dr. Horst Erfurth,
Prof. Dr. Christian Großmann, Prof. Dr. Horst Kadner,
Prof. Dr. Karl Manteuffel, Prof. Dr. Manfred Schneider,
Prof. Dr. Günter Zeidler

Verantwortlicher Herausgeber dieses Bandes:
1.–3. Auflage: Prof. Dr. Otto Greuel†
ab 4. Auflage: Prof. Dr. Karl Manteuffel

Autor der Kapitel 1–7:
Prof. Dr. Winfried Schirotzek

Autor der Kapitel 8–11:
Doz. Dr. Ernst-Adam Pforr

Die Deutsche Bibliothek — CIP-Einheitsaufnahme

Differential- und Integralrechnung für Funktionen mit einer Variablen /
von Ernst-Adam Pforr und Winfried Schirotzek.
[Verantw. Hrsg.: Karl Manteuffel]. —
9., neubearb. Aufl. — Stuttgart ; Leipzig : Teubner, 1993
  (Mathematik für Ingenieure und Naturwissenschaftler)

  ISBN-13:978-3-8154-2040-9   e-ISBN-13:978-3-322-81032-8
  DOI: 10.1007/978-3-322-81032-8

NE: Pforr, Ernst-A.; Schirotzek, Winfried

Gesamtherstellung: Druckerei zu Altenburg GmbH, Altenburg
Umschlaggestaltung: E. Kretschmer, Leipzig

Vorwort

Das vorliegende Buch richtet sich insbesondere an Studenten der Ingenieur- und Naturwissenschaften, aber auch an Studenten, die das Lehramt an Realschulen oder Gymnasien anstreben.

Diesem Band kommt innerhalb der Reihe "Mathematik für Ingenieure und Naturwissenschaftler" eine besondere Bedeutung zu, weil nahezu alle anderen Bände auf der Differential- und Integralrechnung aufbauen. Deshalb wird großer Wert darauf gelegt, die fundamentalen Begriffe nicht nur präzise zu definieren, sondern sie auch in ihrer Bedeutung und Anwendbarkeit auszuloten. Darüber hinaus werden dem Leser Methoden und viele praktische Tips vermittelt, die ihm den Gegenstand als stets verfügbares "Werkzeug" nahebringen. Dazu dienen nicht zuletzt die über 150 im Detail durchgerechneten Beispiele und die etwa 100 Aufgaben mit Lösungen.

In die Neubearbeitung des Buches sind die Erfahrungen mit den vorangegangenen acht Auflagen eingeflossen, die in den letzten zwei Jahrzehnten regelmäßig aktualisiert erschienen sind.

Für wertvolle Hinweise danken wir dem verantwortlichen Herausgeber dieses Bandes, Herrn Prof. Dr. K. Manteuffel, sowie den Herren Doz. Dr. S. Dietze, Prof. Dr. C. Großmann, Doz. Dr. P. Meinhold, Prof. Dr. H. Schwetlick und Prof. Dr. H. Wenzel.

Besonderer Dank gilt Frau H. Mettke für die Herstellung der reproduktionsreifen Druckvorlage. Mit großer Sorgfalt und unerschöpflicher Geduld ist sie auf alle Gestaltungswünsche der Autoren und des Verlages eingegangen.

Schließlich sei dem Teubner-Verlag und insbesondere Herrn J. Weiß für die seit Jahren stets freundschaftliche, konstruktive Zusammenarbeit gedankt.

Dresden, im Juli 1993

E.-A. Pforr
W. Schirotzek

Inhalt

INTEGRALRECHNUNG

DIFFERENTIALRECHNUNG

1 Einführung

1.1 Problemstellung und Historisches

Zur mathematischen Beschreibung von Naturvorgängen, aber auch von technischen und ökonomischen Prozessen ist die Differentialrechnung ein unentbehrliches Hilfsmittel. Es ist daher nicht verwunderlich, daß gerade von Naturforschern entscheidende Anstöße zu ihrer Entwicklung ausgingen. Wichtige Vorarbeiten wurden im 16. und 17. Jahrhundert geleistet. Die eigentlichen Urheber dieser Disziplin sind aber Isaac Newton (1643-1727) und Gottfried Wilhelm Leibniz (1646-1716), die die Differential- (und Integral-) Rechnung etwa gleichzeitig und voneinander unabhängig zu einem Kalkül entwickelten. Newton schuf seine "Fluxionsrechnung" bei der Ableitung des Gravitationsgesetzes aus den Keplerschen Gesetzen der Planetenbewegung. Leibniz ging von dem Problem aus, an eine Kurve in einem gegebenen Punkt die Tangente zu legen ("Tangentenproblem"). Die Arbeiten dieser beiden Forscher lösten eine außerordentlich rasche Entwicklung der Mathematik aus, die ihrerseits in hohem Maße befruchtend auf andere Wissenschaften wirkte. Entscheidenden Anteil an dieser Entwicklung hatten die Brüder Jakob Bernoulli (1654-1705) und Johann Bernoulli (1667-1748), auf deren Vorlesungen auch das erste, 1696 erschienene Lehrbuch der Differential- und Integralrechnung des Marquis de l'Hospital (1661-1704) basiert.
Wie wir noch sehen werden, beruht die Differentialrechnung, ebenso wie die Integralrechnung, auf dem Begriff des Grenzwertes. Zeitlich ging jedoch die kalkülmäßige Entwicklung der Differential- und Integralrechnung der strengen Begriffsdefinition voran. Daraus entstanden immer häufiger Schwierigkeiten und Unstimmigkeiten, die sich zunächst nicht überwinden ließen. Schließlich führte Jean le Rond d'Alembert (1717-1783) den Grenzwertbegriff in die Mathematik ein. Doch erst Bernhard Bolzano (1781-1848) und Augustin Louis Cauchy (1789-1857) wendeten diesen Begriff konsequent an, und schließlich gab Karl Weierstraß (1815-1897) ihm die endgültige strenge Definition. Damit war die Infinitesimalrechnung (zu der man neben der Differential- und Integralrechnung auch die Theorie der unendlichen Reihen zählt) auf ein solides Fundament gestellt.
Vor einem Aufbau der Differentialrechnung ist also der Begriff des *Grenzwertes* von Funktionen zu behandeln. Zwangsläufig wird man damit zur *Stetigkeit* geführt. Die eigentliche Differentialrechnung beginnt mit der Definition der *Ableitung* einer Funktion.
Alle drei Begriffe werden zur exakten Beschreibung bestimmter Sachverhalte

in den unterschiedlichsten Gebieten herangezogen. So kann man mit dem Grenzwertbegriff z.B. das Verhalten einer zeitabhängigen Größe "nach sehr langer Zeit" charakterisieren, mit dem Begriff der Stetigkeit bzw. Unstetigkeit den "kontinuierlichen" bzw. "sprunghaften" Ablauf eines Vorgangs erfassen und mit der Ableitung die "Änderungsgeschwindigkeit" eines Prozesses beschreiben.

Die mathematischen Möglichkeiten reichen jedoch über die unmittelbare Anwendbarkeit dieser Begriffe weit hinaus. So werden wir unter Verwendung der Differentialrechnung u.a. Näherungsformeln für (nichtrationale) Funktionen herleiten, Methoden zur Ermittlung von Extremwerten angeben und Verfahren zur numerischen Lösung von Gleichungen behandeln. Dem Praktiker werden damit Hilfsmittel zur Verfügung gestellt, auf die er fortlaufend zurückgreifen muß.

1.2 Vorbereitungen

Im folgenden erinnern wir an Begriffe und Bezeichnungen, die vom Gymnasium her bekannt sein dürften und die z. B. in [SSZ] ausführlich behandelt werden (s. a. [SGE]). Wir verwenden folgende Bezeichnungen:

$S := T$	Der Term S ist definitionsgemäß gleich dem Term T.
$p \Rightarrow q$	Aus der Aussage p folgt die Aussage q.
$p \Leftrightarrow q$	p gilt genau dann, wenn q gilt (p und q sind äquivalent).
$x \in M$	x ist Element der Menge M.
$x \notin M$	x ist nicht Element der Menge M.
$\{x_1,...,x_n\}$	Menge, die aus den Elementen x_1, ..., x_n besteht.
$\{x \mid P(x)\}$	Menge aller x mit der Eigenschaft $P(x)$.
$A \subset B$	A ist Teilmenge von B ($A = B$ ist zugelassen).
$A \cup B$	$= \{x \mid x \in A$ oder $x \in B\}$: Vereinigung der Mengen A und B.
$A \cap B$	$= \{x \mid x \in A$ und $x \in B\}$: Durchschnitt der Mengen A und B.
$A \setminus B$	$= \{x \mid x \in A$ und $x \notin B\}$: Differenz der Mengen A und B.
N	Menge aller natürlichen Zahlen 1, 2, ...
R	Menge aller reellen Zahlen.
(a,b)	$= \{x \mid x \in$ R und $a < x < b\}$: offenes Intervall.
$(a,b]$	$= \{x \mid x \in$ R und $a < x \leq b\}$: linksoffenes Intervall.
$[a,b)$	$= \{x \mid x \in$ R und $a \leq x < b\}$: rechtsoffenes Intervall.
$[a,b]$	$= \{x \mid x \in$ R und $a \leq x \leq b\}$: abgeschlossenes Intervall.

Sind D und E Mengen und ist jedem $x \in D$ durch eine (z.B. verbal oder als Formel gegebene) Vorschrift g e n a u e i n $f(x) \in E$ zugeordnet, so spricht man von einer *Funktion f* mit dem *Definitionsbereich D* und dem *Wertevorrat W* in E; dabei ist $W = \{f(x) \mid x \in D\}$. Man schreibt hierfür

$$f : D \to E \qquad \text{("f bildet D in E ab")}.$$

Um im konkreten Falle die Zuordnungsvorschrift zu notieren, schreibt man

$$f : x \mapsto f(x), \quad x \in D \quad \text{("f ordnet $x \in D$ den Wert $f(x)$ zu") oder}$$
$$f : y = f(x), \quad x \in D \,.$$

Hierbei heißt x *unabhängige Variable* und y *abhängige Variable* der Funktion f. Einen für x eingesetzten konkreten Wert nennt man *Argument* oder *Urbild*, der zugehörige Wert $f(x)$ heißt *Funktionswert* oder *Bild*.

In diesem Band werden wir ausschließlich Funktionen

$$f : D \to \mathbf{R}, \qquad \text{wobei } D \subset \mathbf{R},$$

betrachten, also Funktionen, deren Definitionsbereich und Wertevorrat Mengen von reellen Zahlen sind. Solche Funktionen heißen *reelle Funktionen von einer reellen Variablen*. Sie lassen sich (wenigstens teilweise) in einem ebenen kartesischen Koordinatensystem veranschaulichen (Bild 1.1).

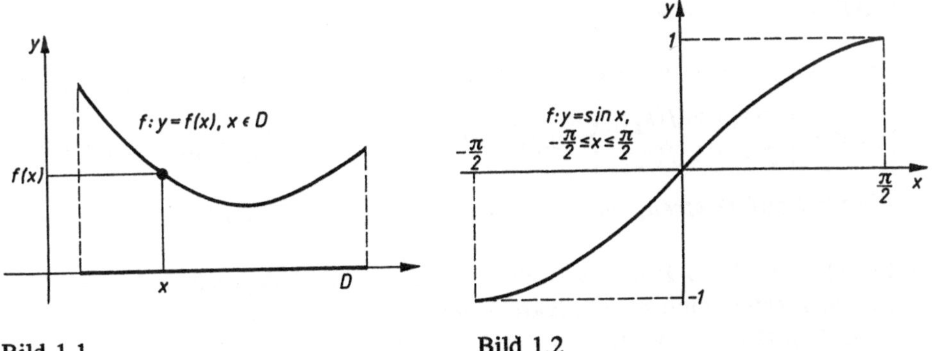

Bild 1.1   Bild 1.2

Beispiel 1.1 Die Sinusfunktion über dem Intervall $\left[-\dfrac{\pi}{2}, \dfrac{\pi}{2}\right]$[1] ist in folgender Weise darstellbar (Bild 1.2):

---

[1] Winkel werden in diesem Buch - wenn nichts anderes gesagt ist - im Bogenmaß angegeben.

$$f : x \mapsto \sin x, \quad x \in \left[-\frac{\pi}{2}, \frac{\pi}{2}\right] \qquad \text{oder}$$

$$f : y = \sin x, \quad x \in \left[-\frac{\pi}{2}, \frac{\pi}{2}\right] \qquad \text{oder}$$

$$f : y = \sin x, \quad -\frac{\pi}{2} \leq x \leq \frac{\pi}{2} \qquad \text{oder auch}$$

$$f(x) = \sin x, \quad -\frac{\pi}{2} \leq x \leq \frac{\pi}{2} \; .$$

Diese Funktion hat den Definitionsbereich $D = \left[-\frac{\pi}{2}, \frac{\pi}{2}\right]$ und den Wertevorrat $W = [-1,1]$.

Häufig betrachtet man eine Funktion f über ihrem *natürlichen Definitions-bereich*; das ist die Menge aller x, für die der Term $f(x)$ sinnvoll ist. Wenn im folgenden der Definitionsbereich einer konkreten Funktion nicht explizit aufgeschrieben wird, so ist stets der natürliche Definitionsbereich zugrundegelegt. Beispielsweise bezeichnet also

$$f(x) = \sin x \qquad \text{die Funktion} \quad f(x) = \sin x, \; x \in R,$$

$$f(x) = \sqrt{x-3} \qquad \text{die Funktion} \quad f(x) = \sqrt{x-3}, \; x \geq 3,$$

$$f(x) = \ln(1-x) \qquad \text{die Funktion} \quad f(x) = \ln(1-x), \; x < 1.$$

Eine Funktion $f : D \to R$ heißt *beschränkt*, wenn es eine Zahl $c > 0$ gibt, so daß $|f(x)| \leq c$ für jedes $x \in D$.

Eine Funktion $f : D \to R$ heißt *monoton* $\begin{Bmatrix} wachsend \\ fallend \end{Bmatrix}$, wenn aus $x_1, x_2 \in D$ und $x_1 < x_2$ stets $\begin{Bmatrix} f(x_1) \leq f(x_2) \\ f(x_1) \geq f(x_2) \end{Bmatrix}$ folgt. Gilt statt $\leq$ (bzw. $\geq$) sogar stets $<$ (bzw. $>$), so heißt f auf D *streng monoton wachsend* (bzw. *fallend*).

Eine Funktion $f : D \to R$ mit dem Wertevorrat W heißt *injektiv* (oder *umkehr-bar eindeutig* oder auch *eineindeutig*), wenn es zu jedem $y \in W$ g e n a u e i n $x \in D$ mit $f(x) = y$ gibt. In diesem Falle ist durch

$$x = f^{-1}(y) \Leftrightarrow f(x) = y$$

eine Funktion $f^{-1} : W \to R$ (mit dem Wertevorrat D) definiert, die man *Um-kehrfunktion* von f nennt (s. Bild 1.3). Jede streng monotone Funktion ist injektiv.

Zum Beispiel ist die Funktion $f : y = \sin x$, $x \in [-\frac{\pi}{2}, \frac{\pi}{2}]$, streng monoton wachsend, also injektiv. Ihre Umkehrfunktion ist $f^{-1} : x = \arcsin y$, $y \in [-1, 1]$ (vgl. Bild 1.2).

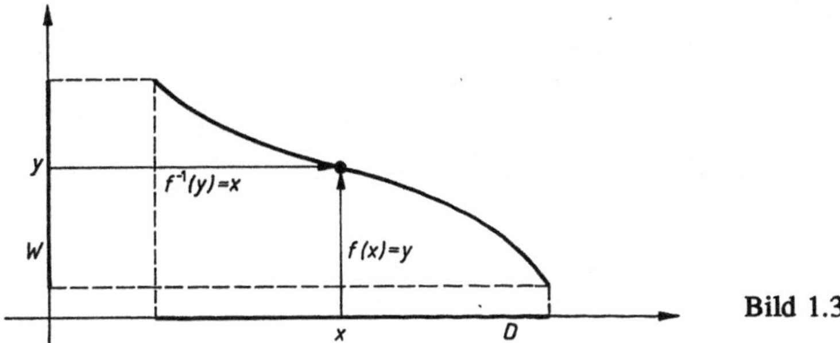

Bild 1.3

Ist insbesondere $D = N$ oder D unendliche Teilmenge von N, dann heißt die Funktion $f : D \to R$ *reelle Zahlenfolge*. Hier bezeichnet man die unabhängige Variable häufig mit n, schreibt statt $f(n)$ meist a_n oder x_n und spricht von der Zahlenfolge $(a_n)_{n \in D}$ bzw. $(x_n)_{n \in D}$. Im konkreten Falle schreibt man z. B. $(a_n)_{n \geq 3}$ und im Falle $D = N$ einfach (a_n) bzw. (x_n). Statt "reelle Zahlenfolge" werden wir auch kurz "Folge" sagen.

Beispiel 1.2 Die Funktion

$$f : n \mapsto \frac{(-1)^n}{n}, \quad n \in N,$$

schreibt man als Folge (x_n) mit $x_n = \frac{(-1)^n}{n}$, $n \in N$ (Bild 1.4a). Zur Veranschaulichung verwendet man hierbei meist nur die (nun horizontal angeordnete) Achse der Funktionswerte (Bild 1.4b).

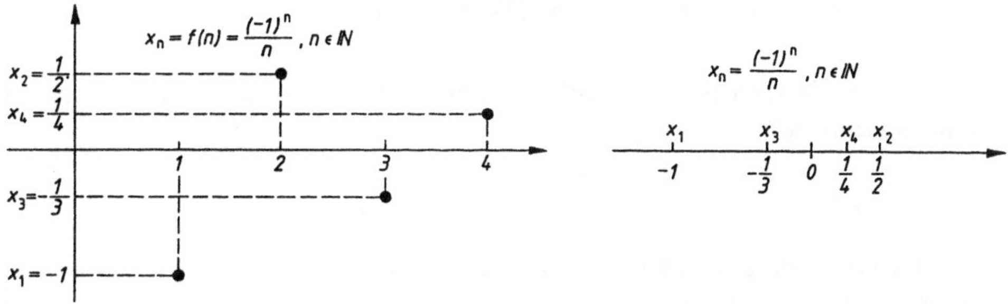

Bild 1.4a   Bild 1.4b

Statt durch die Angabe einer Berechnungsvorschrift für das "allgemeine Glied" x_n (wie in diesem Beispiel) kann man eine Folge auch *rekursiv definieren*. Das bedeutet, daß man

- einen Startwert x_{n_0} und
- eine Vorschrift zur Berechnung von x_{n+1} aus x_n für $n \geq n_0$ vorgibt.

Nach dem *Rekursionsprinzip*, einer grundlegenden Eigenschaft der Menge N der natürlichen Zahlen, ist hierdurch nämlich eine Folge $(x_n)_{n \geq n_0}$ im Sinne unserer Definition eindeutig erklärt.

Beispiel 1.3 Mit einer beliebigen Zahl $a > 0$ setzen wir

$$x_1 = 1 \text{ und } x_{n+1} = \frac{1}{2}\left(x_n + \frac{a}{x_n}\right) \text{ für } n \geq 1. \tag{1.1}$$

Hierdurch ist also eine Folge (x_n) definiert. Man erhält $x_2 = \frac{1}{2}\left(x_1 + \frac{a}{x_1}\right) = \frac{1}{2}(1 + a)$, nun kann man x_3 berechnen usw.

Häufig ist das "allgemeine Glied" rekursiv definierter Folgen nicht explizit angebbar, trotzdem kann man mit ihnen "richtig rechnen" (vgl. Beispiel 1.5). Rekursiv definierte Folgen spielen u. a. bei numerischen Verfahren eine wichtige Rolle (s. Abschnitt 7).

Fundamental ist der Begriff des Grenzwertes einer Zahlenfolge.

Definition 1.1 *Eine Zahl $x_0 \in$ R heißt* G r e n z w e r t *(oder* L i m e s*) einer reellen Zahlenfolge (x_n), in Zeichen:*

$$x_0 = \lim_{n \to \infty} x_n \quad oder \quad x_n \to x_0 \; f\ddot{u}r \; n \to \infty,$$

wenn es zu jeder (noch so kleinen) Zahl $\varepsilon > 0$ einen Index $n_0 \in$ N gibt, so daß gilt

$$|x_n - x_0| < \varepsilon \; f\ddot{u}r \; alle \; n \geq n_0 \,.$$

Besitzt eine Folge einen Grenzwert, so heißt sie k o n v e r g e n t *, andernfalls* d i v e r g e n t *.*

Die Aussage $x_0 = \lim\limits_{n \to \infty} x_n$ bedeutet somit, daß in jeder (noch so kleinen) ε-Umgebung $(x_0 - \varepsilon,\ x_0 + \varepsilon)$ von x_0 alle Folgenglieder x_n von einem gewissen Index n_0 ab enthalten sind (Bild 1.5). (Im allgemeinen wird n_0 umso größer zu wählen sein, je kleiner ε vorgegeben ist.)

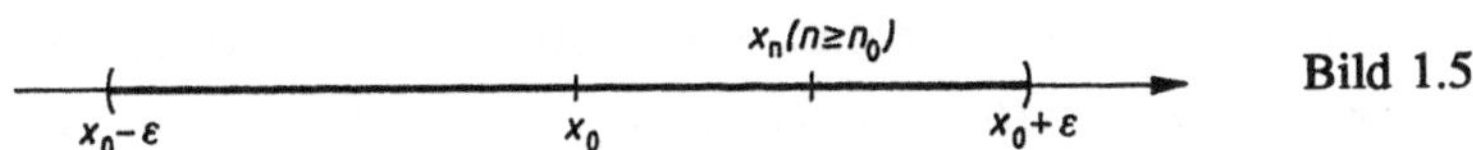

Bild 1.5

Beispiel 1.4 Wir betrachten die Folge (x_n) mit $x_n = \dfrac{(-1)^n}{n}$, $n \in \mathbb{N}$ (vgl. Beispiel 1.2) und wollen die Vermutung $x_0 = \lim\limits_{n \to \infty} x_n = 0$ beweisen. Hier ist $\left| x_n - 0 \right| = \dfrac{1}{n}$, und es gilt $\dfrac{1}{n} < \varepsilon \Leftrightarrow n > \dfrac{1}{\varepsilon}$. Ist also $\varepsilon > 0$ beliebig vorgegeben und wählt man für n_0 die kleinste natürliche Zahl, die größer als $\dfrac{1}{\varepsilon}$ ist, so gilt für alle $n \geq n_0$ erst recht $n > \dfrac{1}{\varepsilon}$ und daher $\left| x_n - 0 \right| = \dfrac{1}{n} < \varepsilon$. Somit ist die Vermutung bewiesen. Im Bild 1.6 wurde $\varepsilon = 0{,}3$ und folglich $n_0 = 4$ gewählt: Im Intervall $(-0{,}3;\ 0{,}3)$ liegen alle Glieder x_n mit $n \geq 4$.

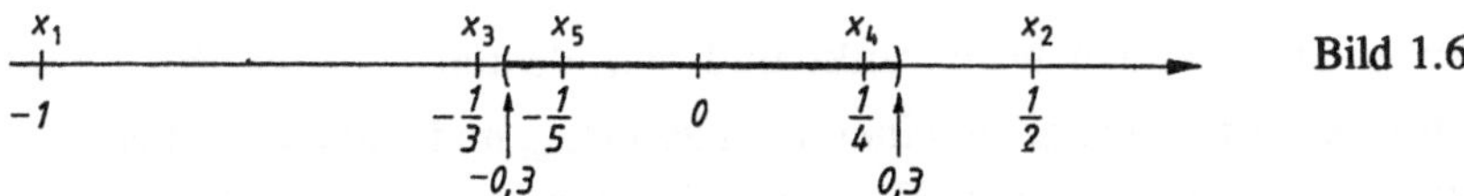

Bild 1.6

Folgen, als spezielle Funktionen, können monoton (wachsend oder fallend) und auch beschränkt sein. Mit diesen Eigenschaften gilt ein wichtiges Konvergenzkriterium.

> **Satz 1.1** *Jede monotone beschränkte Zahlenfolge ist konvergent.*

Beispiel 1.5 Wir wollen die in Beispiel 1.3 rekursiv definierte Folge (x_n) auf

Konvergenz untersuchen. Dazu stellen wir die folgende Ungleichung bereit:
Für jede natürliche Zahl $m \geq 2$ und beliebige positive reelle Zahlen $a_1, \ldots, a_m$
gilt

$$\frac{1}{m}(a_1 + \ldots + a_m) \geq \sqrt[m]{a_1 \ldots a_m} \, . \tag{1.2}$$

Man bezeichnet den links bzw. rechts von $\geq$ stehenden Term als *arithmetisches* bzw. *geometrisches Mittel* der Zahlen $a_1, \ldots, a_m$ und nennt (1.2) daher auch kurz *AGM-Ungleichung*. In Beispiel 6.10 werden wir (1.2) beweisen.
Für die durch (1.1) definierte Folge (x_n) erhält man nun nach (1.2) mit $m = 2$:

$$x_{n+1} = \frac{1}{2}\Big(x_n + \frac{a}{x_n}\Big) \geq \sqrt{x_n \cdot \frac{a}{x_n}} = \sqrt{a} \quad (n = 1, 2, \ldots). \tag{1.3}$$

Mit n statt $n + 1$ folgt hieraus

$$\sqrt{a} \leq x_n \Rightarrow a \leq x_n^2 \Rightarrow \frac{a}{x_n} \leq x_n \quad (n = 2, 3, \ldots)$$

und damit schließlich

$$\sqrt{a} \leq x_{n+1} \leq \frac{1}{2}(x_n + x_n) = x_n \leq x_2 \quad (n = 2, 3, \ldots).$$

Die Folge (x_n) ist also beschränkt und (mindestens von x_2 ab) monoton fallend; gemäß Satz 1 besitzt sie einen Grenzwert x_0, und wegen (1.3) ist $x_0 \geq \sqrt{a} > 0$. Nachdem wir uns von der Existenz des Grenzwertes x_0 überzeugt haben, können wir ihn aus der Rekursionsgleichung durch den "Grenzübergang" $n \to \infty$ berechnen:

$$x_{n+1} = \frac{1}{2}\Big(x_n + \frac{a}{x_n}\Big) \Rightarrow x_0 = \frac{1}{2}\Big(x_0 + \frac{a}{x_0}\Big) \Leftrightarrow x_0 = \sqrt{a} \, .$$

Die durch (1.1) definierte Folge hat also den Grenzwert $\sqrt{a}$. (Das gleiche Ergebnis erhält man, wenn man als Anfangswert x_1 statt 1 irgendeine andere positive Zahl wählt.)
Man benutzt diesen Sachverhalt zur numerischen Berechnung von $\sqrt{a}$. Zum Beispiel erhält man nach (1.1) mit $a = 2$ bei Verwendung eines Taschenrechners mit zehnstelliger Ausgabe:

$$x_1 = 1, \qquad\qquad x_4 = 1{,}414\ 215\ 686,$$
$$x_2 = 1{,}5, \qquad\qquad x_5 = 1{,}414\ 213\ 562,$$
$$x_3 = 1{,}416\ 666\ 667, \qquad x_6 = 1{,}414\ 213\ 562.$$

Der Wert x_5 ($=x_6$) stimmt bereits mit dem von diesem Taschenrechner ausgegebenen Wert für $\sqrt{2}$ überein. Nach der Vorschrift (1.1) - evtl. mit einem anderen, von a abhängigen Startwert x_1 - wird der Wert $\sqrt{a}$ in den meisten Computerprogrammen berechnet.

Divergente Folgen werden noch weiter klassifiziert. Eine reelle Zahlenfolge (x_n) heißt *bestimmt divergent gegen* $+\infty$, in Zeichen

$$\lim_{n \to \infty} x_n = +\infty \quad \text{oder} \quad x_n \to +\infty \ \text{für}\ n \to \infty \,,$$

wenn es zu jeder (noch so großen) Zahl $\varrho > 0$ einen Index $n_0 \in \mathbb{N}$ gibt, so daß gilt

$$x_n > \varrho \quad \text{für alle} \quad n \geq n_0 \quad \text{(Bild 1.7)}.$$

Bild 1.7

Man nennt die Folge (x_n) *bestimmt divergent gegen* $-\infty$, in Zeichen

$$\lim_{n \to \infty} x_n = -\infty \quad \text{oder} \quad x_n \to -\infty \ \text{für}\ n \to \infty,$$

wenn die Folge $(-x_n)$ bestimmt divergent gegen $+\infty$ ist; das bedeutet: Zu jeder (noch so großen) Zahl $\varrho > 0$ gibt es ein $n_0 \in \mathbb{N}$, so daß gilt $x_n < -\varrho$ für alle $n \geq n_0$.

Eine Folge, die weder konvergent noch bestimmt divergent (gegen $+\infty$ oder $-\infty$) ist, heißt *unbestimmt divergent*.

Beispiel 1.6 Mit einer festen Zahl $a \in \mathbb{R}$ bilden wir die Folge $(a^n)_{n \in \mathbb{N}}$, also die Folge $a, a^2, a^3, \ldots, a^n, \ldots$ (Hier ist $x_n = a^n$ für $n \in \mathbb{N}$.) Über ihr Konvergenzverhalten gilt:

$$(a^n)_{n \in \mathrm{N}} \ \text{ist} \ \begin{cases} \text{konvergent gegen } 0, \text{ falls } |a| < 1, \\ \text{konvergent gegen } 1, \text{ falls } a = 1, \\ \text{bestimmt divergent gegen } +\infty, \text{ falls } a > 1, \\ \text{unbestimmt divergent}, \text{ falls } a \leq -1 \ . \end{cases}$$

Wir beweisen nur die bestimmte Divergenz gegen $+\infty$ im Falle $a > 1$. In diesem Falle kann man a in der Form $a = 1 + q$ mit $q > 0$ darstellen. Wir benutzen die *Bernoulli-Ungleichung* (Beweis in Aufgabe 6.3)

$$(1+x)^n \geq 1 + n\,x \ , \quad \text{falls } x \geq -1 \ , \quad n \in \mathrm{N}.$$

Damit folgt $a^n = (1+q)^n \geq 1 + nq$. Ist also eine (beliebig große) Zahl $\varrho > 0$ gegeben und wählt man $n_0 \in \mathrm{N}$ so, daß $1 + n_0 q > \varrho$ ist (also $n_0 > \dfrac{\varrho - 1}{q}$), dann gilt für alle $n \geq n_0$

$$a^n \geq 1 + nq \geq 1 + n_0 q > \varrho \ .$$

Somit ist die Behauptung $\lim\limits_{n \to \infty} a^n = +\infty$ (falls $a > 1$) bewiesen.

Dem Leser sei empfohlen, für konkrete Zahlen a (z.B. $a=2$, $a=\frac{1}{2}$, $a=-1$, $a=-2$) jeweils einige Glieder der Folge $(a^n)_{n \in \mathrm{N}}$ auf der Zahlengeraden zu markieren (vgl. Bild 1.4b).

Schließlich benötigen wir den folgenden Begriff:

Definition 1.2 *Eine Zahl $x_0 \in \mathrm{R}$ heißt* H ä u f u n g s p u n k t *einer Teilmenge D von R, wenn es eine Folge (x_n) mit den folgenden Eigenschaften* (E1) *und* (E2) *gibt:*

(E1) *Für jedes $n \in \mathrm{N}$ ist $x_n \in D \setminus \{x_0\}$* (d.h. $x_n \in D$ *und* $x_n \neq x_0$),

(E2) $\lim\limits_{n \to \infty} x_n = x_0.$

In Worten kann man diese Definition auch so formulieren: x_0 heißt Häufungspunkt von D, wenn es eine gegen x_0 konvergente Folge gibt, deren Glieder sämtlich in D liegen und von x_0 verschieden sind.

Beispiel 1.7 Wir ermitteln die Häufungspunkte der Menge $D = [1,2) \cup \{3\}$

(Bild 1.8). Anschaulich ist klar, daß jeder Punkt $x_0 \in [1,2]$ durch eine ganz in D gelegene Folge von Punkten $x_n \neq x_0$ "erreicht" werden kann. Dies wollen wir nun beweisen.

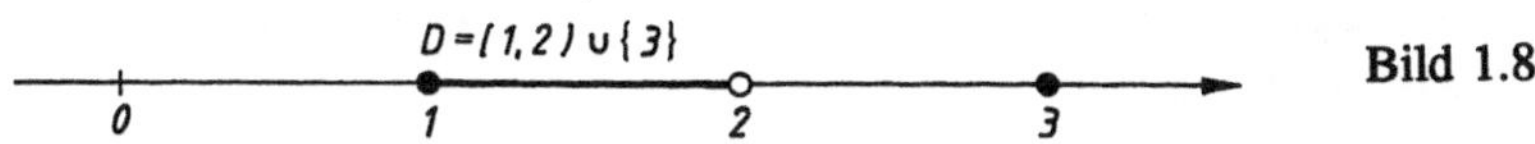

Bild 1.8

Zuerst sei $x_0 \in [1,2)$. Wählt man z.B. $x_n = x_0 + \dfrac{2 - x_0}{2n}$ für $n \in \mathbb{N}$, so gilt

$$1 \le x_0 < x_n \le x_0 + \frac{2 - x_0}{2} = \frac{x_0}{2} + 1 < \frac{2}{2} + 1 = 2 \;,$$

also $x_n \in [1,2)$ und $x_n \neq x_0$ und daher (E1). Offenbar ist auch (E2) erfüllt. Folglich ist jedes $x_0 \in [1,2)$ Häufungspunkt von D. Aber auch der nicht zu D gehörige Punkt $x_0 = 2$ ist Häufungspunkt von D, wie man z.B. mit Hilfe der Folge $x_n = 2 - 1/n$, $n \in \mathbb{N}$, sieht.

Dagegen ist der zu D gehörige Punkt $x_0 = 3$ kein Häufungspunkt von D: Der Grenzwert jeder in $D \setminus \{x_0\} = [1,2)$ gelegenen konvergenten Folge liegt nämlich im Intervall [1,2] und ist somit von $x_0 = 3$ verschieden; eine Folge mit den Eigenschaften (E1) und (E2) gibt es in diesem Falle also nicht. Analog überlegt man sich, daß D keine weiteren Häufungspunkte besitzt. Die Menge der Häufungspunkte von D ist also das abgeschlossene Intervall [1,2].

2 Grenzwert einer Funktion

2.1 Der Begriff des Grenzwertes

Mit dem Begriff des Grenzwertes einer Funktion f soll das Verhalten von f bei einer "Bewegung" der unabhängigen Variablen beschrieben werden. Wir betrachten zuerst ein Beispiel.

Beispiel 2.1 An die Parabel $y = x^2$ werde die Sekante durch den festen Kurvenpunkt $P_0\left(\frac{1}{2}, \frac{1}{4}\right)$ und den variablen Kurvenpunkt $P(x, x^2)$ gelegt (Bild 2.1). Der Anstieg dieser Sekante ist eine Funktion von x:

$$f(x) = \frac{x^2 - \frac{1}{4}}{x - \frac{1}{2}}$$

mit dem Definitionsbereich $D = \{x \mid x \in \mathbf{R}, x \neq \frac{1}{2}\}$.

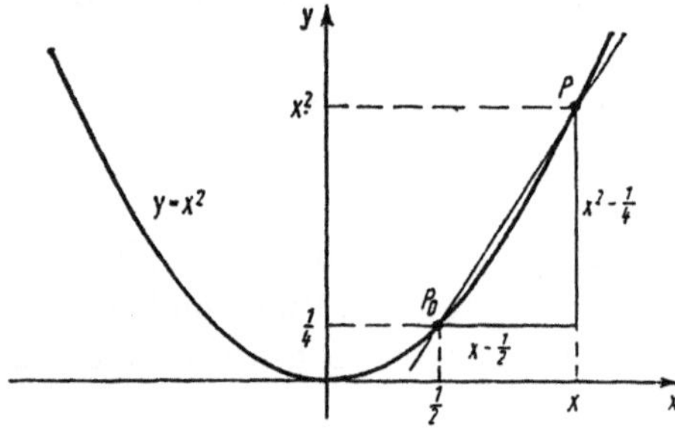

Bild 2.1

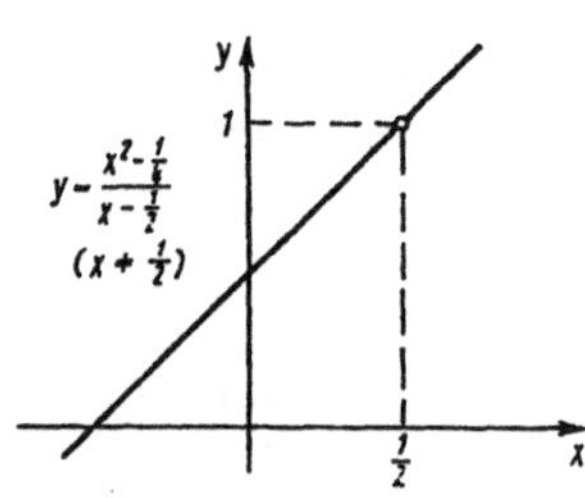

Bild 2.2

Man kann die Funktion f einfacher darstellen:

$$f(x) = \frac{\left(x - \frac{1}{2}\right)\left(x + \frac{1}{2}\right)}{x - \frac{1}{2}} = x + \frac{1}{2}, \quad x \neq \frac{1}{2}. \tag{2.1}$$

Die Bildkurve von f ist somit die Gerade $y = x + \frac{1}{2}$ ohne den Punkt $(\frac{1}{2}, 1)$ (der deshalb in Bild 2.2 durch einen kleinen Kreis markiert wurde). Die

Funktion f ist also zwar an der Stelle $x_0 = \frac{1}{2}$ nicht definiert, verhält sich aber bei "Annäherung" an diese Stelle "ganz vernünftig".

Soll allgemein das Verhalten einer Funktion $f: D \to R$ bei "Annäherung" an eine Stelle x_0 untersucht werden, so lassen wir die unabhängige Variable x Zahlenfolgen (x_n) mit den Eigenschaften

(E1)   für jedes $n \in N$ ist $x_n \in D \setminus \{x_0\}$,

(E2) $\lim\limits_{n \to \infty} x_n = x_0$

durchlaufen und betrachten die zugehörige Funktionswertfolge $(f(x_n))$. Damit es eine solche Folge (x_n) überhaupt gibt, muß x_0 ein Häufungspunkt von D sein (s. Definition 1.2). Diese Überlegungen führen zu der grundlegenden Definition des Grenzwertes einer Funktion.

Definition 2.1 *Gegeben seien eine Funktion $f: D \to R$ und ein Häufungspunkt x_0 von D. Man nennt eine Zahl a* G r e n z w e r t *(oder* L i m e s) *von f für x in D gegen x_0, in Zeichen*

$$\lim_{x \in D, x \to x_0} f(x) = a \quad \text{oder} \quad f(x) \to a \text{ für } x \in D, \ x \to x_0 \, ,$$

wenn für j e d e *Folge (x_n) mit den Eigenschaften (E1) und (E2) die zugehörige Funktionswertfolge $(f(x_n))$ gegen a konvergiert (Bild 2.3).*

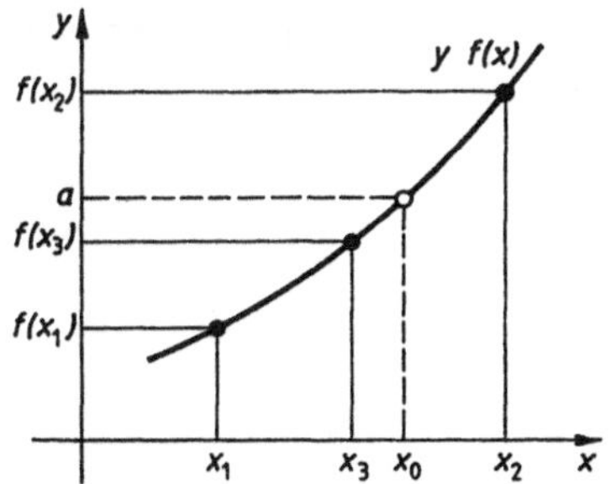

Bild 2.3

Wie im vorigen Abschnitt erläutert, kann die Stelle x_0 in D liegen oder auch nicht. Bei der Untersuchung des Grenzwertes $\lim\limits_{x \in D, x \to x_0} f(x)$ wird das Verhalten von f an der Stelle x_0 selbst jedenfalls "ausgeblendet". (Nach (E1) werden nur

Folgen (x_n) mit $x_n \neq x_0$ für jedes n betrachtet.)
Besitzt f für x in D gegen x_0 einen Grenzwert, so heißt f für die "Bewegung"
$x \in D$, $x \to x_0$ *konvergent*, andernfalls *divergent*.

Wir kommen zu wichtigen Spezialfällen. Es sei ε eine beliebige positive
Zahl. Wir betrachten die Mengen (Bild 2.4)

$$D_1 = (x_0\text{-}\varepsilon,\ x_0\text{+}\varepsilon) \setminus \{x_0\}: \text{ punktierte } \varepsilon\text{-Umgebung von } x_0,$$
$$D_2 = (x_0,\ x_0\text{+}\varepsilon): \qquad\qquad \text{punktierte rechtsseitige } \varepsilon\text{-Umgebung von } x_0,$$
$$D_3 = (x_0\text{-}\varepsilon,\ x_0): \qquad\qquad \text{punktierte linksseitige } \varepsilon\text{-Umgebung von } x_0.$$

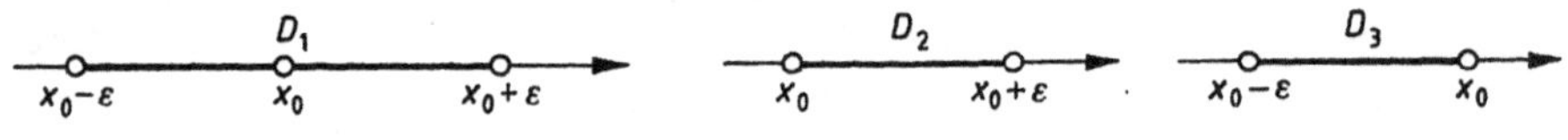

Bild 2.4

Das Adjektiv "punktiert" soll andeuten, daß die Stelle x_0 selbst nicht zu der
jeweiligen Menge gehört.

Wir wenden nun die Definition 2.1 auf den Fall an, daß D eine der Mengen
D_1, D_2 oder D_3 ist, und definieren:

$$\lim_{x \to x_0} f(x) := \lim_{x \in D_1, x \to x_0} f(x): \text{ Grenzwert von } f \text{ für } x \text{ gegen } x_0,$$

$$\lim_{x \to x_0+0} f(x) := \lim_{x \in D_2, x \to x_0} f(x): \textit{ rechtsseitiger Grenzwert } \text{von } f \text{ für } x \text{ gegen } x_0,$$

$$\lim_{x \to x_0-0} f(x) := \lim_{x \in D_3, x \to x_0} f(x): \textit{ linksseitiger Grenzwert } \text{von } f \text{ für } x \text{ gegen } x_0.$$

Man schreibt

$$\text{statt} \quad \lim_{x \to x_0+0} f(x) \quad \text{auch} \quad \lim_{x \downarrow x_0} f(x) ,$$

$$\text{statt} \quad \lim_{x \to x_0-0} f(x) \quad \text{auch} \quad \lim_{x \uparrow x_0} f(x) .$$

Man beachte, daß z.B. zur Untersuchung von $\lim\limits_{x \to x_0+0} f(x)$ die Funktion f mindestens auf einer Menge der Form $D_2=(x_0,\ x_0 + \varepsilon)$ definiert sein muß. Auf die
Größe der positiven Zahl ε kommt es dabei nicht an. Offenbar kann man D_2
auch durch eine der Mengen $[x_0,\ x_0 + \varepsilon)$ oder $[x_0,\ x_0 + \varepsilon]$ ersetzen.

Gemäß Definition 2.1 bedeutet $\lim\limits_{x \to x_0 + 0} f(x) = a$, daß für jede Folge (x_n) mit $x_0 < x_n < x_0 + \varepsilon$ für jedes n und $\lim\limits_{n \to \infty} x_n = x_0$ stets $\lim\limits_{n \to \infty} f(x_n) = a$ gilt. Einen Zusammenhang zwischen den eben eingeführten Grenzwerten vermittelt der folgende Satz.

Satz 2.1 *Ist die Funktion f auf einer punktierten ε-Umgebung von x_0 definiert, so gilt:* $\lim\limits_{x \to x_0} f(x)$ *existiert genau dann, wenn* $\lim\limits_{x \to x_0 + 0} f(x)$ *und* $\lim\limits_{x \to x_0 - 0} f(x)$ *existieren und übereinstimmen. In diesem Falle ist*

$$\lim_{x \to x_0} f(x) = \lim_{x \to x_0 + 0} f(x) = \lim_{x \to x_0 - 0} f(x).$$

Beispiel 2.2 Wir betrachten die Funktion $f : D \to R$ von Beispiel 2.1, für die also gilt

$$f(x) = \frac{x^2 - \dfrac{1}{4}}{x - \dfrac{1}{2}}, \quad D = \left\{ x \mid x \in R, \ x \neq \frac{1}{2} \right\}.$$

Da die Funktion f insbesondere in einer punktierten ε-Umgebung von $x_0 = \frac{1}{2}$ definiert ist (man setze z.B. $\varepsilon = 1$), kann man untersuchen, ob der Grenzwert $\lim\limits_{x \to \frac{1}{2}} f(x)$ existiert. Dazu betrachten wir eine beliebige Zahlenfolge (x_n) mit den Eigenschaften $x_n \neq \frac{1}{2}$ für jedes $n \in N$ (siehe (E1)) und $\lim\limits_{n \to \infty} x_n = \frac{1}{2}$ (siehe (E2)). Gemäß (2.1) ist $f(x_n) = x_n + \frac{1}{2}$ und daher

$$\lim_{n \to \infty} f(x_n) = \lim_{n \to \infty} x_n + \frac{1}{2} = \frac{1}{2} + \frac{1}{2} = 1.$$

Dieses Ergebnis wurde für eine *beliebige* Folge (x_n) mit den Eigenschaften (E1) und (E2) erhalten; es gilt daher für *jede* solche Folge. Nach Definition 2.1 ist

$$\lim_{x \to \frac{1}{2}} \frac{x^2 - \frac{1}{4}}{x - \frac{1}{2}} = 1,$$

was im Einklang mit der Anschauung steht (Bild 2.2).

In dem folgenden Beispiel ist die betrachtete Funktion nicht nur auf einer punktierten, sondern sogar auf einer vollen Umgebung der Stelle x_0 definiert. Der Grenzwert $\lim_{x \to x_0} f(x)$ existiert jedoch nicht.

Beispiel 2.3 Es soll das Verhalten der Funktion

$$f(x) = \begin{cases} \dfrac{3}{x} & \text{für } 0 < x \le 3, \\[2mm] x - 1 & \text{für } x > 3 \end{cases}$$

bei "Annäherung" an die Stelle $x_0 = 3$ untersucht werden (Bild 2.5).

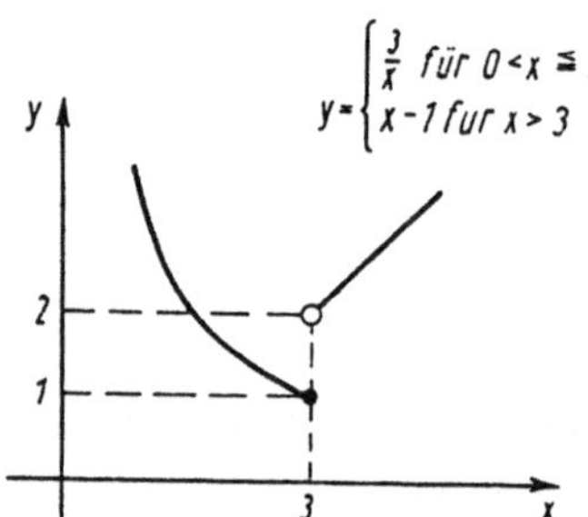

Bild 2.5

Zuerst ermitteln wir den linksseitigen Grenzwert $\lim_{x \to 3-0} f(x)$. Dazu betrachten wir eine beliebige Folge (x_n) in der punktierten linksseitigen 1-Umgebung von $x_0 = 3$ (also mit $2 < x_n < 3$ für jedes n), für die $\lim_{n \to \infty} x_n = 3$ ist. Es folgt

$$\lim_{n \to \infty} f(x_n) = \lim_{x \to \infty} \frac{3}{x_n} = \frac{3}{3} = 1.$$

Somit ist $\lim_{x \to 3-0} f(x) = 1$. Nun sei (x_n) eine Folge, für die $x_n > 3$ für jedes n und

$\lim\limits_{n\to\infty} x_n = 3$ gilt. Dann erhält man

$$\lim\limits_{n\to 0} f(x_n) = \lim\limits_{n\to\infty}(x_n - 1) = 3 - 1 = 2.$$

Folglich ist $\lim\limits_{x\to 3+0} f(x) = 2$. Da die einseitigen Grenzwerte nicht übereinstimmen, existiert nach Satz 2.1 der Grenzwert $\lim\limits_{x\to 3} f(x)$ nicht.

Analog Definition 2.1 führt man die Aussagen

$$\lim\limits_{x\in D, x\to x_0} f(x) = +\infty \quad\text{und}\quad \lim\limits_{x\in D, x\to x_0} f(x) = -\infty$$

ein und sagt in diesen Fällen, f sei für x in D gegen x_0 *bestimmt divergent*. Falls f für x in D gegen x_0 weder konvergent noch bestimmt divergent ist, heißt f für x in D gegen x_0 *unbestimmt divergent*. Wie im Falle der Konvergenz verwendet man auch hier die speziellen Symbole $x \to x_0$, $x \to x_0 + 0$, $x \to x_0 - 0$.

Beispiel 2.4 Wir zeigen, daß $\lim\limits_{x\to +0} \ln x = -\infty$ ist (s. Bild 2.6; $x \to +0$ steht für $x \to 0+0$). Es sei (x_n) eine Folge mit $x_n > 0$ für jedes $n \in \mathbb{N}$ und $\lim\limits_{n\to\infty} x_n = 0$. Ist nun $\varrho > 0$ eine beliebige (insbesondere eine beliebig große) Zahl, so gibt es wegen $\lim\limits_{n\to\infty} x_n = 0$ ein $n_0 \in \mathbb{N}$ mit $x_n = |x_n - 0| < \dfrac{1}{e^\varrho}$ für jedes $n \geq n_0$. Daraus folgt $\ln x_n < -\varrho$ für jedes $n \geq n_0$. Somit ist $\lim\limits_{n\to\infty} \ln x_n = -\infty$, und die Behauptung ist bewiesen.

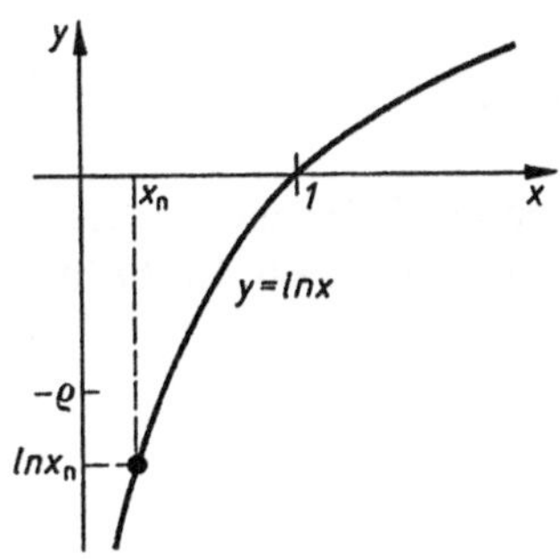

Bild 2.6

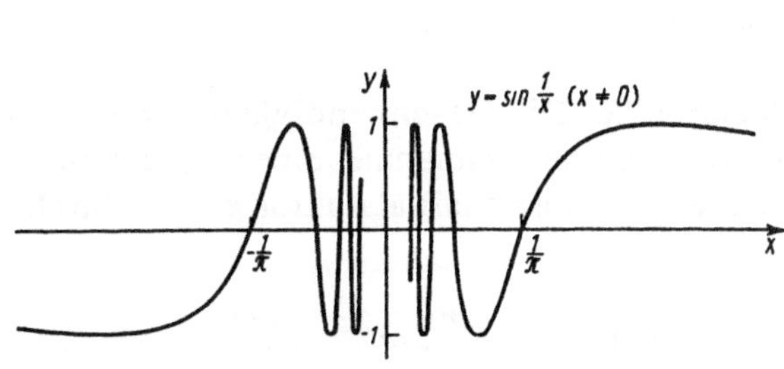

Bild 2.7

Beispiel 2.5 Die Funktion $f(x) = \sin \frac{1}{x}$ ist für $x \to +0$ unbestimmt divergent,

denn setzt man z. B. $x_n = \dfrac{2}{(2n-1)\pi}$ für $n \in \mathbb{N}$, dann ist $x_n > 0$ für jedes n und

$\lim\limits_{n \to \infty} x_n = 0$, aber wegen $f(x_n) = \sin(n\pi - \dfrac{\pi}{2}) = (-1)^{n+1}$ ist die Folge $(f(x_n))$ unbe-

stimmt divergent. Somit ist f erst recht für $x \to 0$ unbestimmt divergent. Die Bildkurve von f (Bild 2.7) schwankt für $x \to 0$ ständig zwischen -1 und +1, wobei die Scheitel immer dichter aufeinander folgen.

Für eine Funktion

$$f : [c, +\infty) \to \mathbb{R} \qquad \text{bzw.} \qquad f : (-\infty, c] \to \mathbb{R}$$

kann man analog Defintion 2.1 die Symbole

$$\lim_{x \to +\infty} f(x) \qquad \text{bzw.} \qquad \lim_{x \to -\infty} f(x)$$

einführen. Geometrisch bedeutet $\lim\limits_{x \to +\infty} f(x) = a$ (wobei $a \in \mathbb{R}$), daß sich die Bildkurve von f mit wachsendem x immer mehr der Geraden $y = a$ annähert. Dabei braucht f nicht monoton zu sein (Bild 2.8).

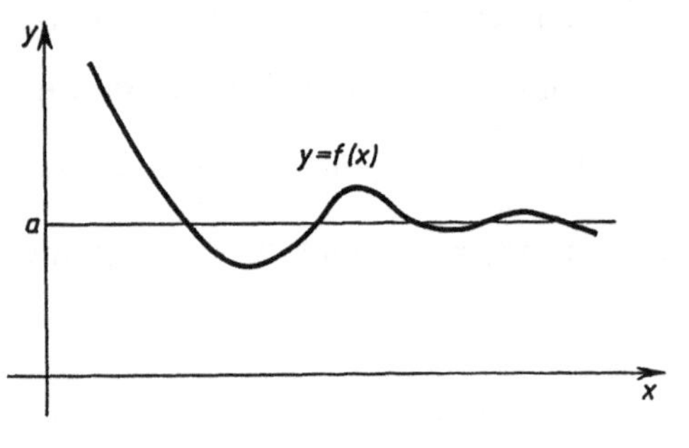

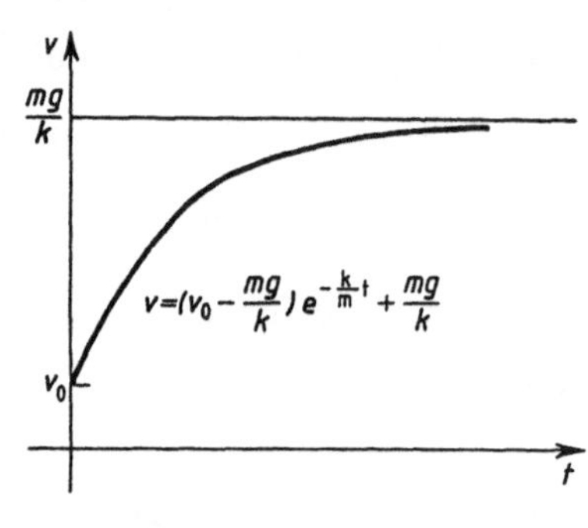

Bild 2.8   Bild 2.9

Beispiel 2.6 Die Geschwindigkeit $v = v(t)$ eines fallenden Körpers der Masse m ist unter der Annahme eines geschwindigkeitsproportionalen Luftwiderstandes (Proportionalitätsfaktor $k > 0$) durch

$$v(t) = (v_0 - \frac{mg}{k})e^{-\frac{k}{m}t} + \frac{mg}{k} , \quad t \geq 0,$$

gegeben (t: Zeit, v_0: Geschwindigkeit zur Zeit $t = 0$, g: Erdbeschleunigung).

Wegen $\lim\limits_{t\to+\infty} e^{-\frac{k}{m}t} = 0$ erhält man $\lim\limits_{t\to+\infty} v(t) = \dfrac{mg}{k}$, d.h., nach hinreichend langer Zeit hat $v(t)$ fast den konstanten Wert $\dfrac{mg}{k}$. In Bild 2.9 ist $v(t)$ für den Fall $v_0 < \dfrac{mg}{k}$ dargestellt. (Erst in Kapitel 4 werden wir den Begriff der Geschwindigkeit exakt definieren können.)

Zusammenfassung. Wir haben für eine Funktion f die folgenden "Bewegungen" der unabhängigen Variablen x betrachtet:

$$x \to x_0, \quad x \to x_0 - 0, \quad x \to x_0 + 0, \quad x \to -\infty, \quad x \to +\infty.$$

Für jede dieser "Bewegungen" sind die folgenden Fälle möglich:

1. $\lim f(x) = a$ mit $a \in \mathbb{R}$: f ist konvergent.
2. $\lim f(x) = +\infty$ oder $\lim f(x) = -\infty$: f ist bestimmt divergent.
3. f ist unbestimmt divergent.

Aufgabe 2.1 Man untersuche die folgenden Grenzwerte und veranschauliche die Sachverhalte auch stets an der Bildkurve der Funktion.

a) $\lim\limits_{x\to-2} \dfrac{x^2-4}{x+2}$,

b) $\lim\limits_{x\to\frac{1}{2}} f(x)$, wobei $f(x) = \begin{cases} \dfrac{x^2-\frac{1}{4}}{x-\frac{1}{2}} & \text{für } x\neq\frac{1}{2} \\[2mm] 2 & \text{für } x=\frac{1}{2} \end{cases}$ (vgl. Beispiel 2.1),

c) $f(x) = \operatorname{sgn} x := \begin{cases} \dfrac{x}{|x|} & \text{für } x\neq 0 \\[2mm] 0 & \text{für } x=0 \end{cases}$ für $x\to +0,\ x\to -0,\ x\to 0$,

   (sgn x liest man "Signum von x"),

d) $f(x) = \dfrac{1}{(x-x_0)^k}$ ($x_0\in\mathbb{R}$ fest, $k\in\mathbb{N}$ fest) für $x \to x_0+0,\ x \to x_0-0,\ x \to +\infty,\ x \to -\infty$,

e) $\lim\limits_{x\to+0} \sqrt{x}$.

2.2 Rechenregeln für Grenzwerte

Wir kommen nun zu Rechenregeln, die sich auf konvergente, in einigen Fällen aber auch auf *bestimmt* divergente Funktionen beziehen.

Bemerkung 2.1 Die folgenden für die "Bewegung" $x \to x_0$ formulierten Sätze gelten analog für die "Bewegungen"

$$x \to x_0 + 0, \quad x \to x_0 - 0, \quad x \to +\infty, \quad x \to -\infty.$$

Wird z.B. statt $x \to x_0$ die "Bewegung" $x \to +\infty$ betrachtet, so ist "punktierte Umgebung von x_0" durch "Intervall $(c,+\infty)$" zu ersetzen.

Satz 2.2 *Es sei* $\lim\limits_{x \to x_0} f_1(x) = a_1$ *und* $\lim\limits_{x \to x_0} f_2(x) = a_2$.

(a) *Sind* a_1 *und* a_2 *reelle Zahlen, so gilt*

$$\lim_{x \to x_0} [f_1(x) \pm f_2(x)] = a_1 \pm a_2 \, ,$$

$$\lim_{x \to x_0} [f_1(x) \cdot f_2(x)] = a_1 \cdot a_2 \, ,$$

$$\lim_{x \to x_0} \frac{f_1(x)}{f_2(x)} = \frac{a_1}{a_2} \quad (\text{falls } a_2 \neq 0).$$

(b) *Ist* $a_1 = \pm\infty$ *(also* f_1 *für* $x \to x_0$ *bestimmt divergent gegen* $+\infty$ *oder* $-\infty$*) und* a_2 *eine reelle Zahl, so gilt*

$$\lim_{x \to x_0} [f_1(x) + f_2(x)] = \pm\infty \, ,$$

$$\lim_{x \to x_0} [f_1(x) \cdot f_2(x)] = \begin{cases} \pm\infty, & \text{falls } a_2 > 0, \\ \mp\infty, & \text{falls } a_2 < 0. \end{cases}$$

(c) *Ist* $a_2 = 0$ *und gilt für jedes* x *in einer punktierten Umgebung von* x_0

$$f_2(x) > 0 \qquad bzw. \qquad f_2(x) < 0 \, ,$$

dann ist

$$\lim_{x \to x_0} \frac{1}{f_2(x)} = +\infty \quad bzw. \quad \lim_{x \to x_0} \frac{1}{f_2(x)} = -\infty \, .$$

Satz 2.2 enthält z. B. keine Aussage über $\lim\limits_{x \to x_0} [f_1(x) \cdot f_2(x)]$, falls $a_1 = \pm\,\infty$ und $a_2 = 0$ ist. Hierauf sowie auf weitere durch Satz 2.2 nicht erfaßte Fälle werden wir in Abschnitt 6.1 eingehen.

Satz 2.3 (Einschließungssatz) *(a) Es sei $f_1(x) \le f(x) \le f_2(x)$ für jedes x in einer punktierten Umgebung von x_0. Dann gilt*

$$\lim_{x \to x_0} f_1(x) = \lim_{x \to x_0} f_2(x) = a \;\Rightarrow\; \lim_{x \to x_0} f(x) = a \ .$$

(b) Es sei $|f(x)| \le g(x)$ für jedes x in einer punktierten Umgebung von x_0. Dann gilt

$$\lim_{x \to x_0} g(x) = 0 \;\Rightarrow\; \lim_{x \to x_0} f(x) = 0 .$$

Die Anwendung von Satz 2.3 (a) besteht in Folgendem: $\lim\limits_{x \to x_0} f(x)$ ist zu berechnen. Man schließt die Funktion f in Schranken f_1 und f_2 ein. Falls f_1 und f_2 für $x \to x_0$ einen gemeinsamen Grenzwert a haben, ist a auch der Grenzwert von f für $x \to x_0$ (s. Beispiel 2.10). Satz 2.3 (a) gilt auch, falls $a = \pm\infty$ ist. Die Aussage (b) ist wegen

$$|f(x)| \le g(x) \Leftrightarrow -g(x) \le f(x) \le g(x)$$

ein Spezialfall von (a).
Wir erläutern die Anwendung dieser Sätze an Beispielen.

Beispiel 2.7 Gesucht ist der Grenzwert

$$\lim_{x \to -\infty} \frac{2x^2 + 5x}{3x^2 - 4x + 1} \ .$$

Da sowohl Zähler- als auch Nennerfunktion für $x \to -\infty$ bestimmt divergent gegen $+\infty$ ist, kann Satz 2.2 nicht unmittelbar angewendet werden. Nach einer Umformung erhalten wir jedoch mit Satz 2.2 (a)

$$\lim_{x \to -\infty} \frac{2x^2 + 5x}{3x^2 - 4x + 1} = \lim_{x \to -\infty} \frac{x^2\left(2 + \dfrac{5}{x}\right)}{x^2\left(3 - \dfrac{4}{x} + \dfrac{1}{x^2}\right)} = \lim_{x \to -\infty} \frac{2 + \dfrac{5}{x}}{3 - \dfrac{4}{x} + \dfrac{1}{x^2}} = \frac{2 + 0}{3 - 0 + 0} = \frac{2}{3} \ .$$

Beispiel 2.8 Die Abbildung durch einen sphärischen Hohlspiegel der Brennweite $f > 0$ wird bei Beschränkung auf Paraxialstrahlen durch die Gleichung

$$\frac{1}{a} + \frac{1}{a'} = \frac{1}{f} \ .$$

beschrieben (a: Gegenstandsweite, a': Bildweite; s. Bild 2.10).
Aus dieser Gleichung ergibt sich a' als Funktion φ von a zu

$$a' = \varphi(a) = \frac{a \cdot f}{a - f} \ ; \quad a > 0, \quad a \neq f \ .$$

Mit Satz 2.2 folgt sofort $\displaystyle \lim_{a \to +0} \varphi(a) = \frac{0}{-f} = 0$ und

$$\lim_{a \to +\infty} \varphi(a) = \lim_{a \to +\infty} \frac{f}{1 - \dfrac{f}{a}} = \frac{f}{1 - 0} = f \ .$$

Ferner gilt

$$\lim_{a \to f+0} \frac{1}{\varphi(a)} = \lim_{a \to f+0} \frac{a - f}{a \cdot f} = \frac{0}{f^2} = 0 \ ,$$

und für jedes $a > f$ ist $\dfrac{1}{\varphi(a)} > 0$. Nach Satz 2.2 (c) (mit $\dfrac{1}{\varphi(a)}$ anstelle von $f_2(x)$) ist daher $\displaystyle \lim_{a \to f+0} \varphi(a) = +\infty$. Entsprechend findet man $\displaystyle \lim_{a \to f-0} \varphi(a) = -\infty$. In Bild 2.11 ist die Funktion φ dargestellt. (Für $a > f$, also $a' > 0$, erhält man ein reelles Bild; für $a < f$, also $a' < 0$, ein virtuelles Bild.)

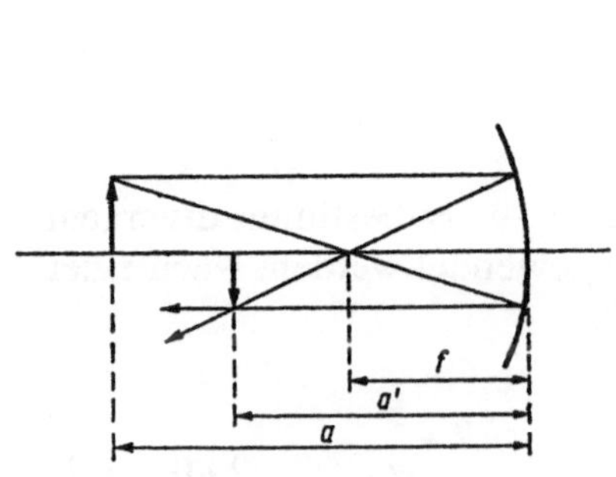

Bild 2.10

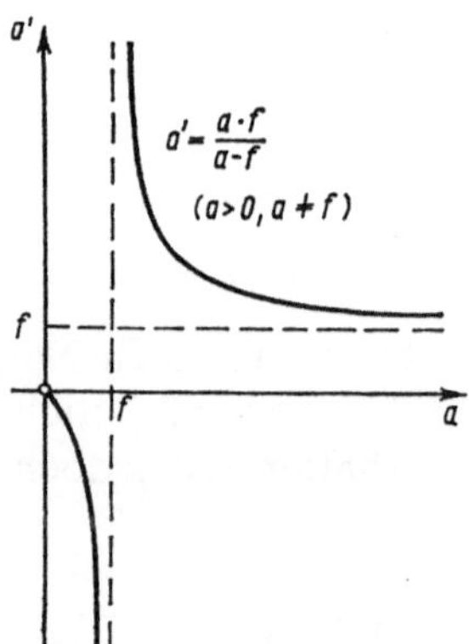

Bild 2.11

Beispiel 2.9 Für den Grenzwert $\lim\limits_{x\to +0} [(x-1)\ln x]$ erhält man nach Satz 2.2 (b) mit $f_1(x) = \ln x \to -\infty$ und mit $f_2(x) = x - 1 \to -1$ für $x \to +0$ unmittelbar $\lim\limits_{x\to +0} [(x-1)\ln x] = +\infty$.

Beispiel 2.10 Gesucht ist der Grenzwert $\lim\limits_{x\to 0} \dfrac{\sin x}{x}$. Vergleicht man in Bild 2.12 die Flächeninhalte des Dreiecks OP_1P_2, des Kreissektors OP_1P_2 und des Dreiecks OP_1P_3, so erhält man

$$\frac{1}{2}\cdot 1 \cdot \sin x < \frac{1}{2}\cdot 1^2 \cdot x < \frac{1}{2}\cdot 1 \cdot \tan x \quad\text{für}\quad x \in (0, \frac{\pi}{2}) \ . \tag{2.2}$$

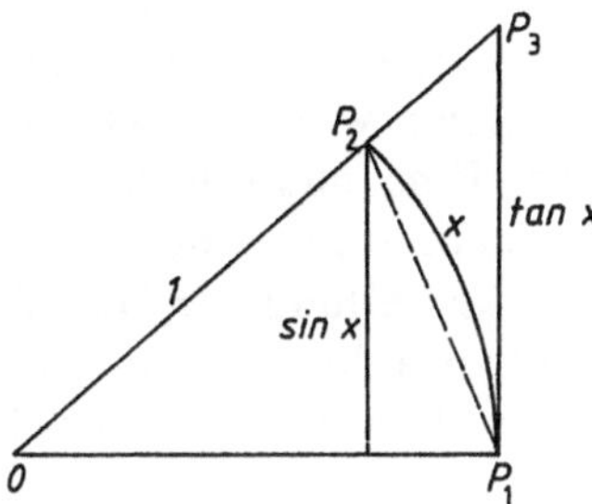

Bild 2.12

Es folgt

$$0 < \sin x < x \quad\text{für}\quad x \in (0, \frac{\pi}{2}). \tag{2.3}$$

Wegen $\lim\limits_{x\to +0} 0 = 0$ und $\lim\limits_{x\to +0} x = 0$ ergibt sich daraus $\lim\limits_{x\to +0} \sin x = 0$ nach Satz 2.3. Weiter ist

$$\lim_{x\to -0} \sin x = \lim_{x\to +0} \sin(-x) = -\lim_{x\to +0} \sin x = 0 \ .$$

Mit Satz 2.1 folgt also $\lim\limits_{x\to 0} \sin x = 0$ und somit

$$\lim_{x\to 0} \cos x = \lim_{x\to 0} (1 - 2\sin^2 \frac{x}{2}) = 1. \tag{2.4}$$

Multipliziert man die zweite Ungleichung in (2.2) mit $\dfrac{2}{\sin x}$ und bildet dann den Kehrwert, so erhält man mit (2.3)

$$\cos x < \frac{\sin x}{x} < 1 \tag{2.5}$$

zunächst für $x \in (0, \frac{\pi}{2})$. Ersetzt man x nun durch $-x$, so ergibt sich, daß (2.5) auch für $x \in (-\frac{\pi}{2}, 0)$ gilt. Wegen (2.4) folgt aus (2.5) mit Satz 2.3 schließlich

$$\boxed{\lim_{x \to 0} \frac{\sin x}{x} = 1.} \tag{2.6}$$

Diesen Grenzwert werden wir zur Berechnung der Ableitung der Sinusfunktion wesentlich heranziehen (s. Abschnitt 4.2).

Wir weisen darauf hin, daß die zur Herleitung von (2.6) verwendeten Ungleichungen (2.2) ihrerseits aus der bekannten geometrischen Einführung der Winkelfunktionen und des Inhaltsbegriffs gewonnnen wurden. Letzterer kann erst in Teil 2 dieses Buches definiert werden. Eine analytische - von der Anschauung unabhängige - Definition der Winkelfunktionen beruht auf Potenzreihen (siehe 5.2.6). Aus der Potenzreihendarstellung der Sinusfunktion kann man übrigens den Grenzwert (2.6) unmittelbar ablesen. Auch in anderen Fällen lassen sich Grenzwerte mittels Potenzreihen gelegentlich bequem berechnen.

Abschließend stellen wir noch einen wichtigen Grenzwert bereit.

Beispiel 2.11 Wir betrachten die Funktion $f(x) = (1+x)^{\frac{1}{x}}$, $x > -1$, $x \neq 0$. Für die Folge (x_n) mit $x_n = \frac{1}{n}$, $n \in \mathbb{N}$, gilt

$$\lim_{n \to \infty} f(x_n) = \lim_{n \to \infty} (1 + \frac{1}{n})^n = e$$

nach Definition der *Eulerschen Zahl e*. Man kann nun die erstaunliche Tatsache beweisen, daß sich dieser Grenzwert sogar für *jede* Folge (x_n) mit $x_n > -1$, $x_n \neq 0$, $\lim_{n \to \infty} x_n = 0$ ergibt. Somit gilt

$$\boxed{\lim_{x \to 0} (1+x)^{\frac{1}{x}} = e.} \tag{2.7}$$

Aufgabe 2.2 Man berechne die folgenden Grenzwerte.

a) $\displaystyle \lim_{x \to 0} \frac{x+2}{x^2-1}$,

b) $\displaystyle \lim_{x \to +\infty} \frac{x+2}{x^2-1}$,

c) $\displaystyle \lim_{x \to -\infty} \left(\frac{x^2-3x}{x^3+7} + \frac{4x^3-5}{2x^3+3x} \right)$,

d) $\displaystyle \lim_{x \to +\infty} \frac{x^2+3}{x+2}$,

e) $\displaystyle \lim_{x \to 0} \frac{\tan x}{x}$,

f) $\displaystyle \lim_{x \to +\infty} \frac{\sin x}{x}$,

g) $\displaystyle \lim_{x \to 0} (1-x)^{\frac{1}{x}}$,

h) $\displaystyle \lim_{x \to +\infty} \left(\frac{-x+3}{2x-1}\, e^x \right)$.

Aufgabe 2.3 Man beweise: Ist f eine echt gebrochen rationale Funktion, so gilt $f(x) \to 0$ für $x \to +\infty$ und für $x \to -\infty$ (vgl. Aufgabe 2.2 b)).

2.3 Die Landauschen Ordnungssymbole

Zum Vergleich des Grenzverhaltens zweier Funktionen erweisen sich die *Landauschen*[2] *Ordnungssymbole o* und *O* (lies "klein-o" bzw. "groß-o") als nützlich.

> **Definition 2.2** *Die Funktionen f und φ seien (mindestens) auf einer punktierten Umgebung U von x_0 definiert, und φ sei dort von null verschieden. Man schreibt*
>
> $$f(x) = o(\varphi(x)) \text{ für } x \to x_0, \quad \text{falls } \lim_{x \to x_0} \frac{f(x)}{\varphi(x)} = 0 ,$$
>
> $$f(x) = O(\varphi(x)) \text{ für } x \to x_0, \quad \text{falls } \left| \frac{f(x)}{\varphi(x)} \right| \le c \text{ für alle } x \in U.$$
>
> *(Letzteres mit irgendeiner Zahl $c > 0$.)*

Die Symbole

$$f(x) = o(\varphi(x)) \text{ für } x \to +\infty, \quad f(x) = O(\varphi(x)) \text{ für } x \to x_0 - 0 \text{ usw.}$$

---

[2] Edmund Landau (1877-1938), deutscher Mathematiker.

werden analog definiert. Geht aus dem Zusammenhang unmißverständlich hervor, welche "Bewegung" der unabhängigen Variablen x betrachtet wird, so läßt man deren Angabe häufig weg, schreibt also z.B. nur $f(x) = o(\varphi(x))$. Konvergieren f und φ für eine bestimmte "Bewegung" von x gegen null, so bedeutet $f(x) = o(\varphi(x))$, daß f "schneller" oder "von höherer Ordnung" gegen null konvergiert als φ. Entsprechend bedeutet $f(x) = O(\varphi(x))$, daß f "mindestens so schnell" oder "von mindestens gleicher Ordnung" gegen null konvergiert wie φ. Schließlich sei noch erwähnt, daß man

$$\text{statt} \quad f(x) - g(x) = o(\varphi(x)) \quad \text{auch} \quad f(x) = g(x) + o(\varphi(x))$$

schreibt; analog für O.

Beispiel 2.12 Nach (2.5) und der darauffolgenden Bemerkung gilt in einer punktierten Umgebung von $x_0 = 0$ die Ungleichung $\left|\dfrac{\sin x}{x}\right| < 1$. Daher ist $\sin x = O(x)$ für $x \to 0$. Weiter ist (2.6) äquivalent mit

$$\lim_{x \to 0} \frac{\sin x - x}{x} = 0 \, ,$$

und dafür schreiben wir $\sin x - x = o(x)$ für $x \to 0$ oder $\sin x = x + o(x)$ für $x \to 0$.
Später werden wir sehen, daß sogar gilt

$$\sin x = x + O(x^3) \quad \text{für} \quad x \to 0. \tag{2.8}$$

Aufgabe 2.4 Was bedeutet Formel (2.8) definitionsgemäß?

3 Stetigkeit

3.1 Der Begriff der Stetigkeit

Mit dem Begriff der Stetigkeit einer Funktion f an einer Stelle x_0 will man die Vorstellung, daß das Bild von f an dieser Stelle "nicht abreißt" (Bild 3.1), mathematisch einfangen. Es ist naheliegend, dazu den Grenzwert von f für x gegen x_0 mit dem Funktionswert $f(x_0)$ zu vergleichen. Hierfür muß vorausgesetzt werden, daß x_0 Häufungspunkt und Element des Definitionsbereiches von f ist.

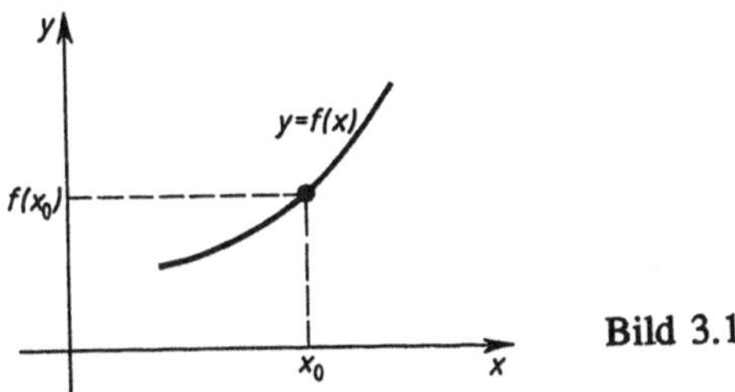

Bild 3.1

Definition 3.1 *Gegeben seien eine Funktion $f : D \to$ R und ein Häufungspunkt x_0 von D, der zu D gehört. Man nennt die Funktion f a n d e r S t e l l e x_0 (b e z ü g l i c h D) s t e t i g, wenn gilt*

$$\lim_{x \in D, x \to x_0} f(x) = f(x_0). \tag{3.1}$$

Besteht D nur aus Häufungspunkten und gilt (3.1) für jedes $x_0 \in D$, so heißt f a u f D s t e t i g.

Wir wenden die Definition speziell an auf Mengen D der Form

$$(x_0 - \varepsilon, x_0 + \varepsilon), \quad [x_0, x_0 + \varepsilon), \quad (x_0 - \varepsilon, x_0],$$

wobei ε eine positive Zahl ist (vgl. Bild 2.4 und den darauffolgenden Text.) Man nennt f an der Stelle $\dot{x}_0$

- *stetig,* wenn $\lim\limits_{x \to x_0} f(x) = f(x_0),$

- *rechtsseitig stetig,* wenn $\lim\limits_{x \to x_0+0} f(x) = f(x_0),$

- *linksseitig stetig,* wenn $\lim\limits_{x \to x_0-0} f(x) = f(x_0).$

Einen Zusammenhang zwischen diesen Stetigkeitsbegriffen vermittelt der

---

Satz 3.1 *Eine auf einer Umgebung der Stelle x_0 definierte Funktion f ist genau dann an dieser Stelle stetig, wenn sie dort sowohl linksseitig als auch rechtsseitig stetig ist.*

Nach Definition 3.1 bedeutet die Aussage

$$"f : [a,b] \to R \text{ ist auf } [a,b] \text{ stetig}",$$

daß die Funktion f

- an jeder Stelle $x_0 \in (a,b)$ stetig,
- an der Stelle $x_0 = a$ rechtsseitig stetig und
- an der Stelle $x_0 = b$ linksseitig stetig ist.

Beispiel 3.1 Für die Funktion

$$f(x) = \begin{cases} \dfrac{3}{x} & \text{für } 0 < x \le 3, \\[2ex] x-1 & \text{für} \quad x > 3 \end{cases}$$

gilt (vgl. Beispiel 2.3 und Bild 2.5) $\lim\limits_{x \to 3-0} f(x) = 1 = f(3)$, folglich ist f an der Stelle $x_0 = 3$ linksseitig stetig. Wegen $\lim\limits_{x \to 3+0} f(x) = 2 \ne f(3)$ ist f an der Stelle $x_0 = 3$ aber nicht rechtsseitig stetig, also auch nicht stetig. An jeder von 3 verschiedenen Stelle $x_0 > 0$ ist f aber stetig; für ein $x_0 > 3$ folgt das aus $\lim\limits_{x \to x_0} f(x) = \lim\limits_{x \to x_0} (x-1) = x_0 - 1 = f(x_0)$, analog für $x_0 < 3$.

Beispiel 3.2 Die Funktion $f(x) = \sqrt{x}$, $x \ge 0$, ist an jeder Stelle $x_0 > 0$ stetig: Aus

$$|\sqrt{x} - \sqrt{x_0}| = \left| \frac{(\sqrt{x} - \sqrt{x_0})(\sqrt{x} + \sqrt{x_0})}{\sqrt{x} + \sqrt{x_0}} \right| = \frac{|\sqrt{x}^2 - \sqrt{x_0}^2|}{\sqrt{x} + \sqrt{x_0}}$$

$$= \frac{|x - x_0|}{\sqrt{x} + \sqrt{x_0}} \le \frac{|x - x_0|}{\sqrt{x_0}} \to 0 \quad \text{für} \quad x \to x_0$$

folgt nämlich mit Satz 2.3 die Aussage $\lim\limits_{x \to x_0} (\sqrt{x} - \sqrt{x_0}) = 0$, also $\lim\limits_{x \to x_0} \sqrt{x} = \sqrt{x_0}$.

Nach Aufgabe 2.1 e) gilt weiter $\lim\limits_{x \to +0} \sqrt{x} = 0 = \sqrt{0}$, so daß die Funktion f an der Stelle $x_0 = 0$ rechtsseitig stetig ist. Folglich ist die Funktion $f(x) = \sqrt{x}$ auf dem Intervall $[0, +\infty)$ stetig.

Aufgabe 3.1 Man untersuche die folgenden Funktionen auf (einseitige) Stetigkeit an der Stelle x_0.

a) $f(x) = x^2$, $x_0 \in \mathbb{R}$ beliebig,

b) $f(x) = \begin{cases} \cos x & \text{für } x < 0 \\ 2x & \text{für } x \geq 0 \end{cases}$, $x_0 = 0$ (Skizze!),

c) $f(x) = \begin{cases} x \sin\dfrac{1}{x} & \text{für } x \neq 0 \\ 0 & \text{für } x = 0 \end{cases}$, $x_0 = 0$.

3.2 Unstetigkeitsstellen und ihre Klassifikation

Ist die Funktion f (mindestens) auf einer punktierten Umgebung der Stelle x_0 definiert, aber an dieser Stelle nicht stetig, dann heißt x_0 *Unstetigkeitsstelle* von f. Aus der Definition der Stetigkeit ergibt sich, daß für jede Unstetigkeitsstelle x_0 von f genau einer der folgenden zwei Fälle vorliegt.

<u>Fall 1:</u> Der Grenzwert $a := \lim\limits_{x \to x_0} f(x)$ existiert, ist aber von $f(x_0)$ verschieden, sofern x_0 überhaupt zum Definitionsbereich D von f gehört. In diesem Falle heißt x_0 *hebbare Unstetigkeitsstelle* von f.

Setzt man

$$f^*(x) = \begin{cases} f(x) & \text{für} \quad x \in D, \ x \neq x_0, \\ a & \text{für} \quad x = x_0, \end{cases}$$

so unterscheidet sich die Funktion f^* nur an der Stelle x_0 von f und ist dort wegen

$$\lim_{x \to x_0} f^*(x) = \lim_{x \to x_0} f(x) = a = f^*(x_0)$$

stetig; f^* ist also eine an der Stelle x_0 stetige "Ersatzfunktion" für f (Bild 3.2a und 3.2 b).

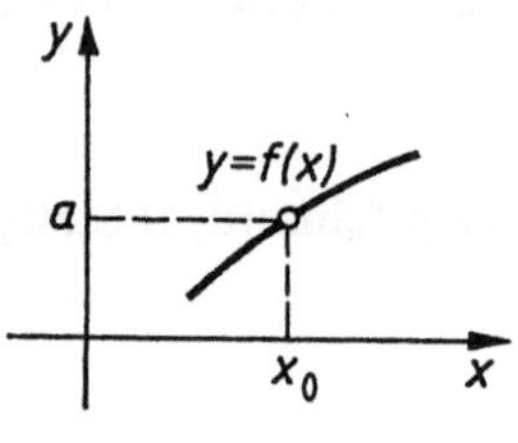

Bild 3.2a

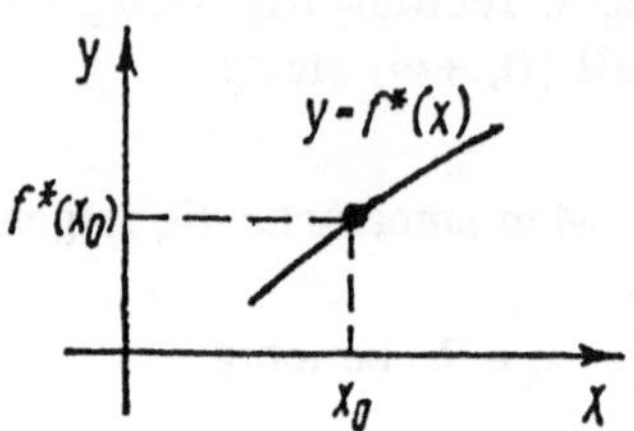

Bild 3.2b

__Fall 2:__ Der Grenzwert $\lim\limits_{x \to x_0} f(x)$ existiert nicht.

In diesem Falle kann die Unstetigkeit von f nicht durch geeignete Festsetzung des Funktionswertes an der Stelle x_0 behoben werden. Der Fall 2 wird auf verschiedene Weise realisiert.

a) Die einseitigen Grenzwerte $a_l := \lim\limits_{x \to x_0 - 0} f(x)$ und $a_r := \lim\limits_{x \to x_0 + 0} f(x)$ existieren, sind aber voneinander verschieden. Dann nennt man x_0 *Sprungstelle* von f (Bild 3.3).

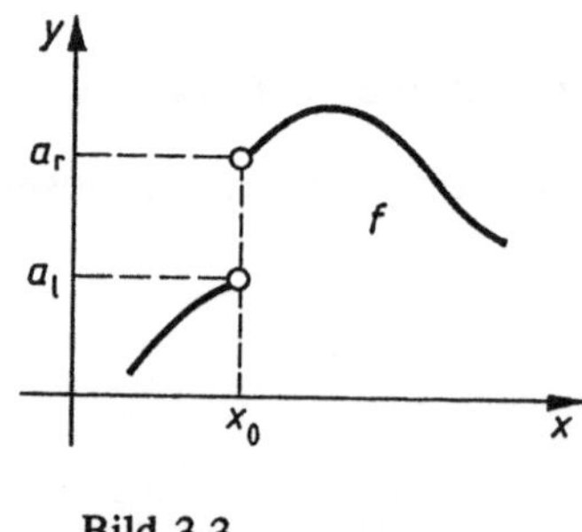

Bild 3.3

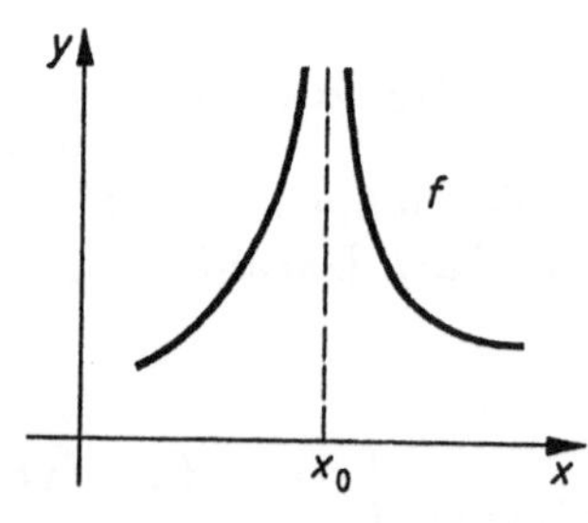

Bild 3.4

b) Es gilt $\lim\limits_{x \to x_0} f(x) = +\infty$ oder $\lim\limits_{x \to x_0} f(x) = -\infty$. Dann heißt x_0 *Unendlichkeitsstelle* von f (Bild 3.4).

c) Die Funktion f ist für eine der "Bewegungen" $x \to x_0-0$, $x \to x_0+0$ bestimmt divergent gegen $+\infty$ (bzw. $-\infty$) und für die andere "Bewegung" konvergent oder bestimmt divergent gegen $-\infty$ (bzw. $+\infty$). In diesem Fall nennt man x_0 gelegentlich *Sprungstelle* von f *mit unendlichem Sprung* (Bild 3.5 und 3.6).

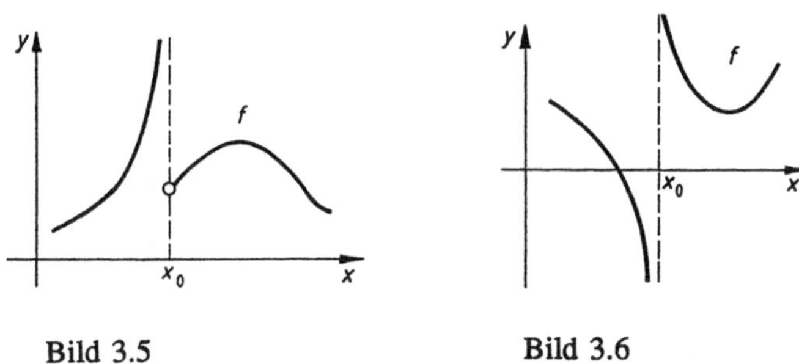

Bild 3.5   Bild 3.6

d) Für mindestens eine der "Bewegungen" $x \to x_0-0$, $x \to x_0+0$ ist f unbestimmt divergent. Dann nennt man x_0 häufig *oszillatorische Unstetigkeitsstelle* von f. Eine oszillatorische Unstetigkeit hat z.B. die Funktion $f(x) = \sin\frac{1}{x}$ an der Stelle $x = 0$ (s. Beispiel 2.5 und Bild 2.7).

Wir betrachten nun weitere Beispiele.

Beispiel 3.3 Durch $f(x) = \dfrac{\sin x}{x}$ ist eine stetige Funktion f für $x \neq 0$ definiert. Nun gilt $\lim\limits_{x\to 0} \dfrac{\sin x}{x} = 1$ (siehe (2.6)); x_0 ist also eine hebbare Unstetigkeitsstelle von f, und

$$f^*(x) = \begin{cases} \dfrac{\sin x}{x} & \text{für } x \neq 0, \\[2mm] 1 & \text{für } x = 0 \end{cases}$$

ist eine für alle $x \in \mathbb{R}$ stetige Funktion. Man sagt auch, die Funktion f wurde an der Stelle $x = 0$ "stetig ergänzt".

Beispiel 3.4 Die Wärmeleitfähigkeit einer Substanz ist im allgemeinen temperaturabhängig und ändert sich beim Übergang in einen anderen Aggregatzustand sprunghaft. In Bild 3.7 ist die spezifische Wärmeleitfähigkeit

λ von Quecksilber in Abhängigkeit von der Temperatur T dargestellt[3]. Im Schmelzpunkt $T_{sm} \approx 234{,}29$ K ($\approx -38{,}86°$C) hat die Funktion $\lambda=\lambda(T)$ einen endlichen Sprung; sie ist in diesem Punkt nicht definiert, da sich dort feste und flüssige Phase im Gleichgewicht befinden.

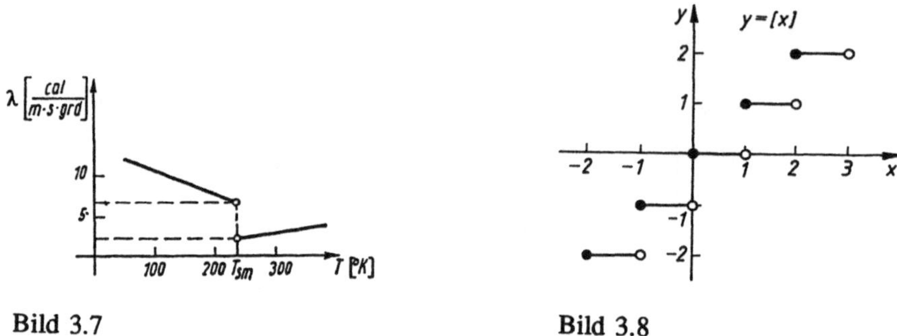

Bild 3.7   Bild 3.8

Beispiel 3.5 Für eine beliebige reelle Zahl x setzt man

$$[x] := \text{größte ganze Zahl, die höchstens gleich } x \text{ ist.}$$

Man liest $[x]$ "entier[4] x". Zum Beispiel ist $[5{,}7] = 5$ und $[-6{,}3] = -7$. Bild 3.8 zeigt die Funktion $f(x) = [x]$, $x \in$ R ; diese hat die (abzählbar unendlich vielen) Sprungstellen $x = 0, \pm1, \pm2, \ldots$

Beispiel 3.6 Wir betrachten die gebrochen rationale Funktion

$$f(x) = \frac{(x-1)^m \, (x-2)}{(x-1)^n \, (x^2+3)} \; ;$$

m und n seien beliebige natürliche Zahlen. Die einzige Unstetigkeitsstelle von f ist $x = 1$; dort ist f nicht definiert. Die Art dieser Unstetigkeitsstelle soll ermittelt werden. Ist $m \geq n$, dann kann man umformen in

---

[3] Siehe Grimsehl, Lehrbuch der Physik, Bd. 1, S. 346. 27. Aufl. Leipzig: Teubner-Verlag 1991.
[4] entier (franz.) = ganz

$$f(x) = (x-1)^{m-n}\,\frac{x-2}{x^2+3}\;,\quad x \neq 1\,.$$

Somit ist $x=1$ eine hebbare Unstetigkeitsstelle von f und

$$f^*(x) = (x-1)^{m-n}\,\frac{x-2}{x^2+3}\;;\quad x \in \mathbf{R},$$

eine (auch) bei $x = 1$ stetige "Ersatzfunktion" für f. In diesem Falle kann die
Unstetigkeit von f also einfach durch Kürzen behoben werden.
Ist dagegen $m < n$, so ergibt sich

$$f(x) = \frac{1}{(x-1)^{n-m}}\,\frac{x-2}{x^2+3}\;.$$

Mit der Lösung zu Aufgabe 2.1 d) und Satz 2.2 (b), wobei man beachte,
daß $\lim\limits_{x\to 1}\dfrac{x-2}{x^2+3} = -\dfrac{1}{4}$ ist, erhält man nun:

- Ist n-m gerade, so ist $\lim\limits_{x\to 1} f(x) = -\infty$, also $x=1$ Unendlichkeitsstelle von f.
- Ist n-m ungerade, so ist $\lim\limits_{x\to 1+0} f(x) = -\infty$ und $\lim\limits_{x\to 1-0} f(x) = +\infty$, also $x=1$ Stelle
  eines unendlichen Sprunges von f.

Die Klassifikation der Unstetigkeitsstellen gestattet eine Abschwächung des
Begriffs der Stetigkeit auf einem Intervall.

Eine Funktion f heißt auf einem Intervall I *stückweise stetig*, wenn

- im Innern von I die Funktion f bis auf höchstens endlich viele hebbare
  Unstetigkeitsstellen und endliche Sprünge stetig ist und
- in den zu I gehörigen Randpunkten von I der jeweilige einseitige Grenzwert
  von f existiert.

Zum Beispiel ist die Funktion $f(x) = [x]$ auf dem Intervall $[-1,2]$ zwar nicht
stetig, aber stückweise stetig (Beispiel 3.5 und Bild 3.8). Dagegen ist die
Funktion

$$f(x) = \begin{cases} \ln x & \text{für } 0 < x \leq 1, \\ 0 & \text{für } x = 0 \end{cases}$$

auf dem Intervall $(0,1]$ wegen $\lim\limits_{x \to +0} f(x) = -\infty$ nicht stückweise stetig (vgl. Beispiel 2.4 und Bild 2.6).

In der Praxis kommen stückweise stetige Funktionen häufig vor.

Beispiel 3.7 Ein Radarimpuls läßt sich durch eine periodische Zeitfunktion der Form

$$f(t) = \left\{ \begin{array}{ll} c & \text{für } 0 \le t < l \\ 0 & \text{für } l \le t < 2l \end{array} \right\}, \quad f(t+2l\nu) = f(t),$$

beschreiben. Hierbei sind c und l feste positive Zahlen, und ν durchläuft alle ganzen Zahlen. Auf jedem beschränkten Intervall I ist diese Funktion stückweise stetig (Bild 3.9).

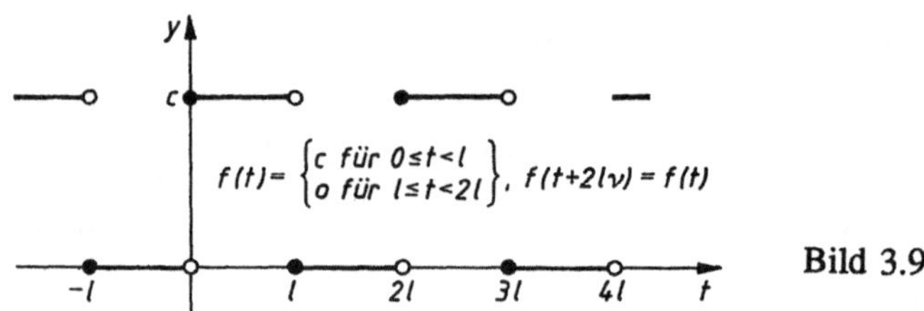

Bild 3.9

Aufgabe 3.2 Man untersuche die folgenden Funktionen auf Stetigkeit an der Stelle x_0, klassifiziere Unstetigkeitsstellen und gebe im Falle einer hebbaren Unstetigkeitsstelle eine dort stetige "Ersatzfunktion" f^* für f an. Man skizziere die Funktionen.

a) $f(x) = (x-2)\,\mathrm{sgn}\,x$, $x_0 = 0$,

b) $f(x) = \left\{ \begin{array}{ll} \dfrac{x^2-1}{x+1} & \text{für } x \ne -1 \\ 1 & \text{für } x = -1 \end{array} \right\}$, $x_0 = -1$,

c) $f(x) = \dfrac{x-3}{(x-3)^5}$, $x_0 = 3$,

d) $f(x) = \cot x$, $x_0 = 0$,

e) $f(x) = x - [x] - \dfrac{1}{2}$, $x_0 \in \mathbb{R}$ beliebig.

f) $f(x) = \left| x - [x] - \dfrac{1}{2} \right|$, $x_0 \in \mathbb{R}$ beliebig.

3.3 Eigenschaften stetiger Funktionen

3.3.1 Das Rechnen mit stetigen Funktionen

Im Hinblick auf Bild 3.1 entspricht der folgende Satz den Erwartungen an stetige Funktionen.

Satz 3.2 *Ist die Funktion f an der Stelle x_0 stetig und gilt $f(x_0) > 0$ (bzw. $f(x_0) < 0$), dann gibt es eine Umgebung U von x_0, so daß $f(x) > 0$ (bzw. $f(x) < 0$) für jedes $x \in U$ gilt.*

Nun notieren wir einige Aussagen, mit denen man die Stetigkeit "zusammengesetzter" Funktionen aus der Stetigkeit ihrer "Bausteine" folgern kann.

Satz 3.3 (a) *Sind die Funktionen f_1 und f_2 an der Stelle x_0 stetig, so sind auch die Funktionen*

$$f_1 \pm f_2, \quad c \cdot f_1 \ (c: \text{ eine Konstante}), \quad f_1 \cdot f_2,$$

$$\frac{f_1}{f_2} \quad (\text{falls } f_2(x_0) \neq 0)$$

an der Stelle x_0 stetig.

(b) *Ist die Funktion $g(x)$ an der Stelle $x = x_0$ stetig und die Funktion $f(z)$ an der Stelle $z = g(x_0)$ stetig, so ist die mittelbare Funktion $f(g(x))$ an der Stelle $x = x_0$ stetig.*

Die Aussage (a) ergibt sich unmittelbar aus der entsprechenden Grenzwertaussage (Satz 2.2). Bezüglich f_1/f_2 beachte man, daß wegen $f_2(x_0) \neq 0$ die Funktion f_2 nach Satz 3.2 in einer ganzen Umgebung von x_0 von null verschieden ist.

Beispiel 3.8 Die Funktion $g(x) = \cos x$ ist an der Stelle $x = 0$ stetig (nach (2.4) ist $\lim_{x \to 0} \cos x = 1 = \cos 0$), und die Funktion $f(z) = \sqrt{z}$ ist an der Stelle $z = \cos 0 = 1$ stetig (Beispiel 3.2). Nach Satz 3.3 ist also die Funktion $h(x) = f(g(x)) = \sqrt{\cos x}$ an der Stelle $x = 0$ stetig.

3.3.2 Stetigkeit der elementaren Funktionen

Als *elementare Funktion* bezeichnet man bekanntlich (vgl. z. B. [SSZ]) jede Funktion, die sich aus den Grundfunktionen

> Konstanten, Potenz-, Exponential-, Kreis- und Hyperbelfunktionen sowie deren Umkehrfunktionen

durch Anwendung der vier Grundrechenoperationen und Bildung mittelbarer Funktionen in endlich vielen Schritten erzeugen läßt.

Man kann nun zeigen, daß jede Grundfunktion auf ihrem natürlichen Definitionsbereich stetig ist. Mit Hilfe der Sätze 3.2 und 3.3 folgt daraus der

---

Satz 3.4 *Jede elementare Funktion ist auf ihrem natürlichen Definitionsbereich stetig.*

Beispiel 3.9 Die Funktion

$$f(x) = \frac{4\ln(x-1)}{x^2+3} - x^3 e^{\cos x} \ , \quad x > 1,$$

ist elementar, also auf dem Intervall $(1,+\infty)$ stetig.

Übrigens ist auch die Funktion $f(x) = |x|$ elementar, obwohl man ihr das nicht unmittelbar "ansieht": Das ergibt sich aus der für jedes $x \in R$ gültigen Beziehung $|x| = \sqrt{x^2}$. Die Betragsfunktion ist somit auf ganz R stetig.

Das "Aneinandersetzen" elementarer Funktionen auf verschiedenen Intervallen gehört *nicht* zu den für die Bildung einer elementaren Funktion zulässigen Operationen. Solche Funktionen sind an den "Ansatzstellen" immer gesondert auf Stetigkeit zu untersuchen. Wir verweisen auf die in den Beispielen 2.3 und 3.1 betrachtete Funktion f (s.a. Bild 2.5).

Satz 3.4 kann häufig zur *Berechnung von Grenzwerten* von Funktionen und Zahlenfolgen herangezogen werden.

Beispiel 3.10 Gesucht ist der Grenzwert

$$\lim_{x \to 1+0} (5\,|x-2| + \cosh\sqrt{x-1}\,) \ .$$

Die Funktion $f(x) = 5\,|x-2| + \cosh\sqrt{x-1}$ ist elementar und somit auf ihrem natürlichen Definitionsbereich $[1,+\infty)$ nach Satz 3.4 stetig, insbesondere also an der Stelle $x=1$ rechtsseitig stetig. Daher gilt

$$\lim_{x \to 1+0} f(x) = f(1) = 5\,|-1| + \cosh 0 = 6 \ .$$

Beispiel 3.11 Zu berechnen ist der Grenzwert

$$a = \lim_{n \to \infty} \left(\frac{n+1}{n} \arctan \frac{n}{n+1} \right) .$$

Die Funktion $f(x) = x \arctan\dfrac{1}{x}$, $x \neq 0$, ist elementar, also nach Satz 3.4 auf $\mathbb{R}\backslash\{0\}$ stetig. Die Folge $x_n = \dfrac{n+1}{n}$, $n \in \mathbb{N}$, und ihr Grenzwert $\lim\limits_{n \to \infty} x_n = 1$ gehören zum natürlichen Definitionsbereich von f. Daher gilt

$$a = \lim_{n \to \infty} f(x_n) = f(1) = \arctan 1 = \frac{\pi}{4}.$$

Aufgabe 3.3 Man untersuche die folgenden Funktionen auf Stetigkeit an der Stelle x_0.

a) $f(x) = \left\{ \begin{array}{ll} e^{-x} & \text{für } x \leq 0 \\ \cos x & \text{für } x > 0 \end{array} \right\}$, $x_0 = 0$,

b) $f(x) = \left\{ \begin{array}{ll} \sqrt{5-x} & \text{für } x < 2 \\ |x-3| & \text{für } x \geq 2 \end{array} \right\}$, $x_0 = 2$.

Aufgabe 3.4 Man berechne die folgenden Grenzwerte.

a) $\lim\limits_{x \to 0} (e^{\cos x} + \tan 2x)$,

b) $\lim\limits_{x \to 1-0} \dfrac{\arcsin x}{x^2 + 1}$,

c) $\lim\limits_{n \to \infty} \sqrt{\dfrac{2n+1}{n+3}}$,

d) $\lim\limits_{n \to \infty} \left[n \ln(1 + \dfrac{1}{n}) \right]$.

3.3.3 Weitere Eigenschaften stetiger Funktionen

Wir erinnern zunächst an wichtige Begriffe.

Definition 3.2 *Gegeben sei eine Funktion* $f : D \to$ R. *Eine Stelle* $x_0 \in D$
heißt

- g l o b a l e   M a x i m u m s t e l l e *von f auf D, wenn*
  $f(x_0) \geq f(x)$ *für alle* $x \in D$,

- l o k a l e   M a x i m u m s t e l l e *von f auf D, wenn eine Umgebung U von* x_0 *existiert, so daß* $f(x_0) \geq f(x)$ *für alle* $x \in D \cap$ U,

- l o k a l e   M a x i m u m s t e l l e   i. e. S.[5] *von f auf D, wenn eine Umgebung U von* x_0 *existiert, so daß* $f(x_0) > f(x)$ *für alle* $x \in D \cap U$,
  $x \neq x_0$.

Gilt statt $\geq$ *bzw.* $>$ *jeweils* $\leq$ *bzw.* $<$, *so heißt* x_0 *(globale oder lokale)*
M i n i m u m s t e l l e *(i. e. S.) von f auf D.*

Ist x_0 (globale oder lokale) Maximumstelle von f auf D, so heißt der Funktionswert $f(x_0)$ (globales oder lokales)   M a x i m u m   von f auf D; analog ist   M i n i m u m   erklärt. Maximum- und Minimumstellen gemeinsam heißen   E x t r e m s t e l l e n, und die zugehörigen Funktionswerte heißen E x t r e m w e r t e.
Wir erwähnen noch andere übliche Bezeichnungen. Man sagt statt "Maximumstelle" auch "Maximalstelle", statt "global" auch "absolut", statt "lokal" auch "relativ" und statt "lokale Maximumstelle i. e. S." auch "eigentliche lokale Maximumstelle".

Das globale Maximum bzw. Minimum von f auf D, also der größte bzw. kleinste Funktionswert von f auf D, wird bezeichnet mit

$$\max_{x \in D} f(x) \qquad \text{bzw.} \qquad \min_{x \in D} f(x).$$

In der Definition der *lokalen* Maximumstelle kann die Umgebung U durchaus

---

[5] i. e. S.: im engeren Sinne.

sehr klein sein: Man vergleicht den Wert $f(x_0)$ nur mit den Werten, die die Funktion f an Stellen $x \in D$ "in unmittelbarer Nähe von x_0" annimmt.
Jede globale Maximumstelle ist natürlich auch lokale Maximumstelle, aber nicht umgekehrt. Für Minimumstellen gilt alles analog.

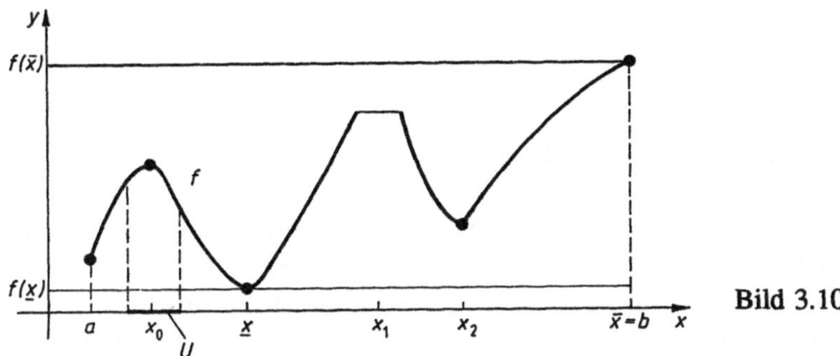

Bild 3.10

Für die in Bild 3.10 skizzierte stetige Funktion f gilt auf $D = [a,b]$:

x_0 ist lokale Maximumstelle i. e. S.,

x_1 ist lokale Maximumstelle, aber nicht i. e. S.,

$\bar{x} = b$ ist lokale Maximumstelle i. e. S. und globale Maximumstelle,

a, $\underline{x}$ und x_2 sind lokale Minimumstellen i. e. S.,

$\underline{x}$ ist globale Minimumstelle.

Auf die praktische Bedeutung und die Ermittlung von Extremstellen werden wir in Abschnitt 6.4 eingehen. Hier geben wir zunächst eine wichtige hinreichende Bedingung für die Existenz globaler Extremstellen sowie weitere Aussagen über stetige Funktionen.

Satz 3.5 *Für jede auf einem abgeschlossenen, beschränkten Intervall $[a,b]$ stetige Funktion f gilt:*

(a) (Satz von Weierstraß) Die Funktion f besitzt eine globale Minimumstelle $\underline{x} \in [a,b]$ und eine globale Maximumstelle $\bar{x} \in [a,b]$.

(b) (Zwischenwertsatz) Zu jeder Zahl c zwischen $f(\underline{x})$ und $f(\overline{x})$ gibt es (mindestens) ein $\xi \in [a,b]$ mit $f(\xi) = c$ (d.h., der Wertevorrat von f ist das ganze Intervall $[\,f(\underline{x}), f(\overline{x})\,]$).

(c) (Nullstellensatz) Haben $f(a)$ und $f(b)$ entgegengesetzte Vorzeichen, so gibt es (mindestens) ein $\xi \in (a,b)$ mit $f(\xi) = 0$.

(d) (Satz über die Umkehrfunktion) Die Funktion f ist genau dann injektiv, wenn sie streng monoton ist; ist dies der Fall, so ist die Umkehrfunktion f^{-1} auch stetig.

Wir wollen diese Aussagen erläutern.

Zu (a), (b): siehe Bild 3.10. Die Aufgaben 3.5 und 3.6 zeigen, daß (a) bzw. (b) nicht zu gelten braucht, wenn die Voraussetzungen des Satzes - die Funktion ist auf einem abgeschlossenen, beschränkten Intervall definiert, und sie ist dort stetig - nicht erfüllt sind. Satz 3.5(a) kann aber in folgender Weise ergänzt werden.

Zusatz zu Satz 3.5 (a) *Die Funktion f sei auf dem Intervall $I = [a, +\infty)$ stetig, und es gelte $\lim\limits_{x \to +\infty} f(x) = \left\{ {+\infty \atop -\infty} \right\}$. Dann besitzt f auf I eine globale $\left\{ {\text{Minimumstelle} \atop \text{Maximumstelle}} \right\}$, jedoch keine globale $\left\{ {\text{Maximumstelle} \atop \text{Minimumstelle}} \right\}$.*

Analoge Aussagen gelten für $I = (-\infty, b]$ und $I = R$.

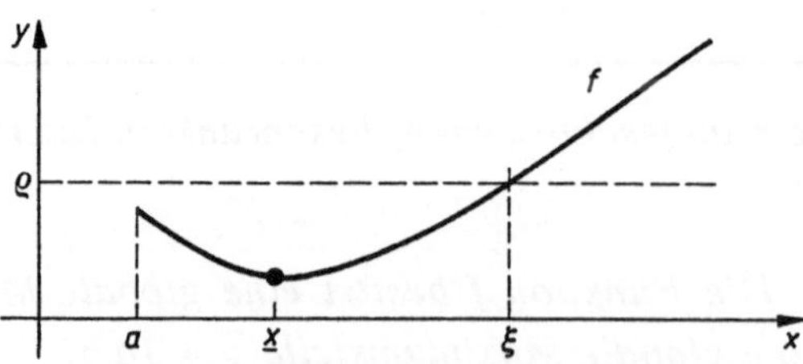

Bild 3.11

Bild 3.11 veranschaulicht die erste Aussage und zugleich die Beweisidee: Man wählt ein ϱ aus dem Wertevorrat von f und dazu ein $\xi > a$ so, daß $f(x) > \varrho$ *für* $x > \xi$ ist. (Ein solches ξ existiert wegen $\lim\limits_{x \to +\infty} f(x) = +\infty$.) Dann gilt

$$\min_{a \leq x < +\infty} f(x) = \min_{a \leq x \leq \xi} f(x),$$

und das rechtsstehende Minimum existiert nach Satz 3.5 (a).

Zu (c): Diese Aussage folgt unmittelbar aus (b). Sie ist die Grundlage für das *Halbierungsverfahren* (oder *Bisektionsverfahren*) zur Einschließung einer Nullstelle ξ von f: Hat man ein Intervall $[a,b]$ mit den in (c) angegebenen Eigenschaften gefunden, so ist $a < \xi < b$. Nun halbiert man das Intervall und berechnet $f\left(1/2\,(a+b)\right)$. Ist das Vorzeichen dieses Wertes entgegengesetzt zum Vorzeichen von $f(b)$ (wie in Bild 3.12), so ist $1/2\,(a+b) < \xi < b$.
Durch Fortsetzung dieses Verfahrens kann man die Lösung ξ immer genauer einschließen. In Abschnitt 7 werden wir allerdings schneller konvergierende Verfahren zur Nullstellenberechnung behandeln.

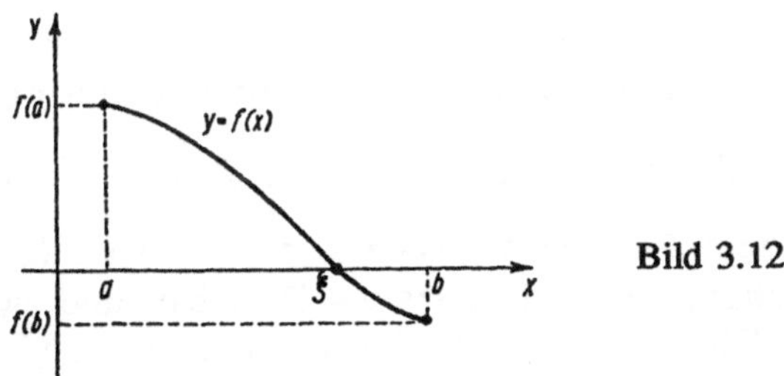

Bild 3.12

Beispiel 3.12 Gesucht ist eine Lösung ξ der Gleichung

$$e^x + x^3 - 2 = 0.$$

Die Funktion $f(x) = e^x + x^3 - 2$ ist (auf ganz R) stetig, und es gilt $f(0) < 0$, $f(1) = e - 1 > 0$. Also existiert ein $\xi \in (0,1)$ mit $f(\xi) = 0$.
Durch wiederholte Intervallhalbierung erhält man die folgende Tabelle.

x	$f(x)$	Einschließung
.0	-1	
1	1,718	$0 \quad < \xi < 1$
0,5	-0,226	$0,5 \quad < \xi < 1$
0,75	0,242	$0,5 \quad < \xi < 0,75$
0,625	0,112	$0,5 \quad < \xi < 0,625$
0,5625	-0,067	$0,5625 < \xi < 0,625$

Bei Fortsetzung des Verfahrens (oder schneller mit einem der in Kapitel 7 zu behandelnden Verfahren) erhält man $\xi = 0,5867...$

Zu (d): Jede streng monotone Funktion ist injektiv; (d) sagt nun aus, daß für eine stetige Funktion die strenge Monotonie auch notwendig für Injektivität, also für die Existenz der Umkehrfunktion, ist. Die Aussage (d) gilt übrigens auch, falls f auf einem beliebigen Intervall definiert und stetig ist.

Beispiel 3.13 Wir betrachten die Gleichung

$$e^x + x^3 = y \quad (y \text{ gegeben, } x \text{ gesucht}). \tag{3.2}$$

Die Funktion $g(x) = e^x + x^3$ ist stetig und (als Summe zweier streng monoton wachsender Funktionen) streng monoton wachsend. Weiter ist $\lim\limits_{x \to -\infty} g(x) = -\infty$ und $\lim\limits_{x \to +\infty} g(x) = +\infty$. Hieraus folgt, daß es zu jedem $y \in R$ Zahlen x_1 und x_2 mit $g(x_1) < y < g(x_2)$ gibt. Nach dem Zwischenwertsatz existiert ein $x \in (x_1, x_2)$ mit $g(x) = y$. Somit ist die Gleichung (3.2) für jedes $y \in R$ lösbar, und zwar eindeutig, weil g injektiv ist. "Theoretisch" läßt sich die Gleichung (3.2) also eindeutig nach x auflösen:

$$e^x + x^3 = y \quad \Leftrightarrow \quad x = g^{-1}(y).$$

Die Umkehrfunktion g^{-1} von g ist zwar nicht elementar darstellbar, doch die aus (d) folgende Stetigkeit von g^{-1} hat ganz praktische Konsequenzen: Ist z.B. für $y = 2$ die Lösung $x = \xi$ von (3.2) bekannt (vgl. Beispiel 3.12) und ist y eine "nahe bei" 2 gelegene Zahl, so liegt die zugehörige Lösung x von (3.2) "nahe bei" ξ. Diese Feststellung ist z.B. dann von Bedeutung, wenn sich die Zahl 2 als Meßwert ergeben hat und der tatsächliche Wert von y nicht ermittelt werden kann. In Abschnitt 4.5 werden wir eine genäherte quantitative

Aussage über den Zusammenhang zwischen den Fehlern von x und y angeben (s. Beispiel 4.22).

Aufgabe 3.5 Man untersuche, ob die Funktion

$$f(x) = \begin{cases} \dfrac{1}{x} & \text{für } x > 0, \\ 10^6 & \text{für } x = 0 \end{cases}$$

auf den Intervallen $[0,1]$, $(0,1]$ und $[1, +\infty)$ globale Minimum- und Maximumstellen hat. Man gebe an, welche Voraussetzung von Satz 3.5(a) bzw. des Zusatzes gegebenenfalls verletzt ist.

Aufgabe 3.6 Gegeben ist die Funktion $f(x) = (x-2)\operatorname{sgn} x$, $x \in [-1,1]$ (vgl. Aufgabe 3.2 a)).
a) Besitzt f auf $[-1,1]$ ein globales Minimum, ein globales Maximum? Man vergleiche mit Satz 3.5(a).
b) Man ermittle den Wertevorrat W von f und vergleiche das Ergebnis mit Satz 3.5(b).
c) Ist f injektiv, ist f streng monoton? Man vergleiche mit Satz 3.5(d).

Aufgabe 3.7 Man zeige, daß die Gleichung $x \cdot \ln x - \tfrac{1}{2} = 0$ im Intervall $(1;2)$ genau eine Lösung ξ hat. Man ermittle ξ nach dem Halbierungsverfahren auf eine Stelle nach dem Komma.

4 Differenzierbarkeit, Ableitungen

4.1 Der Begriff der Ableitung

Gegeben sei eine Funktion f, die mindestens auf einer ε-Umgebung der Stelle $x_0 \in \mathbb{R}$, also auf einem Intervall $(x_0-\varepsilon, x_0+\varepsilon)$, definiert ist. Wir bilden den Quotienten aus der Funktionswertdifferenz

$$\Delta f(x_0,h) := f(x_0 + h) - f(x_0)$$

und der zugehörigen Argumentdifferenz $h = (x_0 + h) - x_0$, d.h. den *Differenzenquotienten* von f an der Stelle x_0:

$$\frac{\Delta f(x_0,h)}{h} = \frac{f(x_0 + h) - f(x_0)}{h} \ .$$

Bei festem x_0 ist dies eine Funktion von h, die für $0 < |h| < \varepsilon$ definiert ist (Bild 4.1).

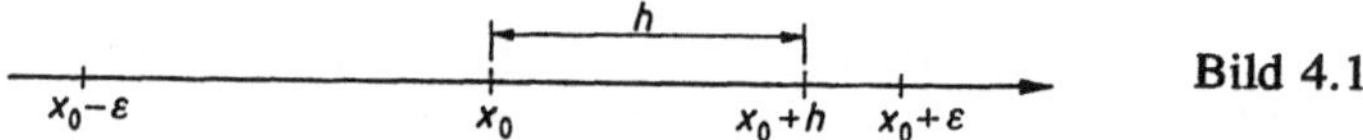

Bild 4.1

Somit kann man nach der Existenz des Grenzwertes $\lim\limits_{h \to 0} \dfrac{\Delta f(x_0,h)}{h}$ fragen. Weiter unten werden wir belegen, daß Grenzwerte dieser Art eine große praktische Bedeutung haben. Sie erhalten daher einen besonderen Namen und eine einprägsame Bezeichnung.

Definition 4.1 *Die (auf einer Umgebung von $x_0 \in \mathbb{R}$ definierte) Funktion f heißt* a n d e r S t e l l e x_0 d i f f e r e n z i e r b a r, *wenn der Grenzwert*

$$f'(x_0) := \lim_{h \to 0} \frac{\Delta f(x_0,h)}{h} = \lim_{h \to 0} \frac{f(x_0 + h) - f(x_0)}{h} \tag{4.1}$$

existiert. Dieser Grenzwert heißt A b l e i t u n g *der Funktion f an der Stelle x_0.*

Für die Ableitung $f'(x_0)$ verwendet man auch die Symbole

$$\frac{\mathrm{d}f(x)}{\mathrm{d}x}\ \bigg|_{x=x_0}\ ,\quad \frac{\mathrm{d}y}{\mathrm{d}x}\ \bigg|_{x=x_0}\quad \text{und}\quad y'(x_0),$$

wobei die beiden letztgenannten benutzt werden, wenn y die abhängige Variable bezeichnet. Man liest $\dfrac{\mathrm{d}y}{\mathrm{d}x}$ als "dy nach dx". Den Symbolen $\mathrm{d}y$ und $\mathrm{d}x$ kommt zunächst keine selbständige Bedeutung zu. Analoges gilt für $\dfrac{\mathrm{d}f(x)}{\mathrm{d}x}$.
Wir geben einige Ergänzungen zu Definition 4.1.

Einseitige Ableitungen. Die Funktion f heißt an der Stelle x_0 *rechtsseitig differenzierbar*, wenn der rechtsseitige Grenzwert

$$f'_+(x_0) := \lim_{h \to +0} \frac{\Delta f(x_0,h)}{h}$$

existiert. Dieser Grenzwert heißt *rechtsseitige Ableitung* von f an der Stelle x_0. Analog sind linksseitige Differenzierbarkeit und linksseitige Ableitung $f'_-(x_0)$ definiert.

Uneigentliche Ableitungen. Gelegentlich definiert man $f'(x_0)$ auch dann durch (4.1), wenn der Differenzenquotient $\Delta f(x_0,h)/h$ für $h \to 0$ bestimmt divergent gegen $+\infty$ oder gegen $-\infty$ ist, und man spricht von der *uneigentlichen Ableitung* $f'(x_0) = +\infty$ bzw. $f'(x_0) = -\infty$. Analog verfährt man mit $f'_+(x_0)$ und $f'_-(x_0)$. Man nennt die Funktion f in diesen Fällen jedoch nicht (einseitig) differenzierbar an der Stelle x_0. Will man dagegen hervorheben, daß $f'(x_0)$ eine reelle Zahl ist, so spricht man auch von der *eigentlichen Ableitung $f'(x_0)$*.

Differenzierbarkeit auf einem Intervall. Die Funktion f heißt *auf dem Intervall $[a,b]$ differenzierbar*, wenn die folgenden Ableitungen als reelle Zahlen existieren:

$$f'_+(a),\ \ f'(x_0)\ \text{für jedes } x_0 \in (a,b),\ \ f'_-(b).$$

Analog definiert man die Differenzierbarkeit auf anderen Intervallen. Ist die

Funktion f auf dem Intervall I differenzierbar, so ist durch die Zuordnung

$$f' : x \;\mapsto\; f'(x), \quad x \in I,$$

eine Funktion f' definiert, die man *Ableitungsfunktion*, kurz *Ableitung*, von f auf I nennt. Ist die Ableitung f' an der Stelle $x_0 \in I$ (bzw. auf I) stetig, so heißt die Funktion f an der Stelle x_0 (bzw. auf I) *stetig differenzierbar*.

Der folgende Satz stellt einen Zusammenhang zwischen den Ableitungsbegriffen her.

Satz 4.1 *Die (eigentliche oder uneigentliche) Ableitung $f'(x_0)$ existiert genau dann, wenn die (eigentlichen oder uneigentlichen) einseitigen Ableitungen $f'_+(x_0)$ und $f'_-(x_0)$ existieren und übereinstimmen; ist dies der Fall, so gilt*

$$f'(x_0) = f'_+(x_0) = f'_-(x_0).$$

Wir wollen den Ableitungsbegriff interpretieren und beginnen mit einer geometrischen Deutung.

Anstieg einer Kurve

Gegeben sei eine Kurve C als Bild einer Funktion f, die auf einer Umgebung von x_0 definiert und stetig ist (Bild 4.2).

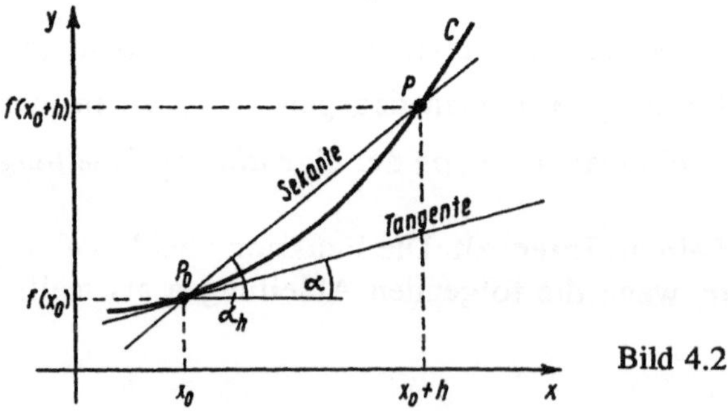

Bild 4.2

Den Anstieg der Sekante durch zwei Kurvenpunkte $P_0(x_0, f(x_0))$ und $P(x_0+h, f(x_0+h))$, also

$$\tan\alpha_h = \frac{f(x_0+h)-f(x_0)}{h} ,$$

kann man als *mittleren Anstieg* der Kurve C im Intervall $x_0 \ldots x_0+h$ ansehen. Der mittlere Anstieg wird die "Steilheit" der Kurve C im Punkt P_0 umso besser beschreiben, je kleiner die "Meßstrecke" h ist. (Man denke an die Besteigung eines Berges.) Ist nun die Funktion f an der Stelle x_0 differenzierbar, existiert also der Grenzwert

$$\lim_{h\to 0}\tan\alpha_h = \lim_{h\to 0}\frac{f(x_0+h)-f(x_0)}{h} = f'(x_0),$$

so ist es naheliegend, diesen Grenzwert als *Anstieg der Kurve $C : y = f(x)$ in dem Punkt P_0* zu bezeichnen. Der durch $\tan\alpha = f'(x_0)$ definierte Winkel $\alpha \in \left(-\dfrac{\pi}{2},\dfrac{\pi}{2}\right)$ heißt *Anstiegswinkel* von C im Punkt P_0.

Die Gerade durch P_0 mit dem Anstieg $f'(x_0)$ heißt *Tangente* an die Kurve C im Punkt P_0; sie hat die Gleichung

$$\boxed{y = f(x_0)+f'(x_0)\cdot(x-x_0).} \qquad (4.2)$$

Anschaulich gesprochen ist die Tangente die Gerade, in die die Sekante übergeht, wenn "P auf C gegen P_0 strebt" (Bild 4.2).

Beispiel 4.1 Wir wollen die Funktion $f(x) = x^n$ ($n \in \mathbb{N}$, fest) auf Differenzierbarkeit an einer beliebigen Stelle $x_0 \in \mathbb{R}$ untersuchen. Wir bilden den Differenzenquotienten, den wir mit Hilfe der binomischen Formel (s. [SSZ]) umformen:

$$
\begin{aligned}
\frac{\Delta f(x_0,h)}{h} &= \frac{(x_0+h)^n - x_0^n}{h}\\[2mm]
&= \frac{1}{h}\left[x_0^n + \binom{n}{1}x_0^{n-1}h + \binom{n}{2}x_0^{n-2}h^2 + \ldots + h^n - x_0^n\right]\\[2mm]
&= \binom{n}{1}x_0^{n-1} + \binom{n}{2}x_0^{n-2}h + \ldots + h^{n-1} .
\end{aligned}
$$

Man erkennt, daß der Grenzwert für $h \to 0$ existiert, und man erhält

$$f'(x_0) = \lim_{h \to 0} \frac{\Delta f(x_0,h)}{h} = \binom{n}{1} x_0^{n-1} = n x_0^{n-1}.$$

Die Funktion $f(x) = x^n$ ist somit auf ganz R differenzierbar und hat dort die Ableitung $f'(x) = nx^{n-1}$. Hierfür schreibt man kurz

$$\frac{d(x^n)}{dx} = nx^{n-1}, \; x \in R, \quad \text{oder} \quad (x^n)' = nx^{n-1}, \; x \in R \; ;$$

letzteres mit der stillschweigenden Vereinbarung, daß sich der Ableitungs-strich auf die Variable x bezieht. Da die Ableitung $f'(x) = nx^{n-1}$ auf R stetig ist, ist die Funktion $f(x) = x^n$ auf R sogar stetig differenzierbar.
Speziell für die Funktion $f(x) = x^2$ ergibt sich an einer beliebigen Stelle x die Ableitung $f'(x) = 2x$ und an der Stelle $x = \frac{1}{2}$ der Wert $f'(\frac{1}{2}) = 1$. Die Para-bel $y = x^2$ hat somit im Punkt $P_0(\frac{1}{2},\frac{1}{4})$ den Anstieg $\tan\alpha = f'(\frac{1}{2}) = 1$ und daher den Anstiegswinkel $\alpha = \frac{\pi}{4}$. Die Gleichung der Tangente t an diese Parabel im Punkt P_0 ergibt sich nach (4.2) zu

$$y = \tfrac{1}{4} + 1 \cdot (x - \tfrac{1}{2}), \; \text{also} \; y = x - \tfrac{1}{4} \quad \text{(Bild 4.3)}.$$

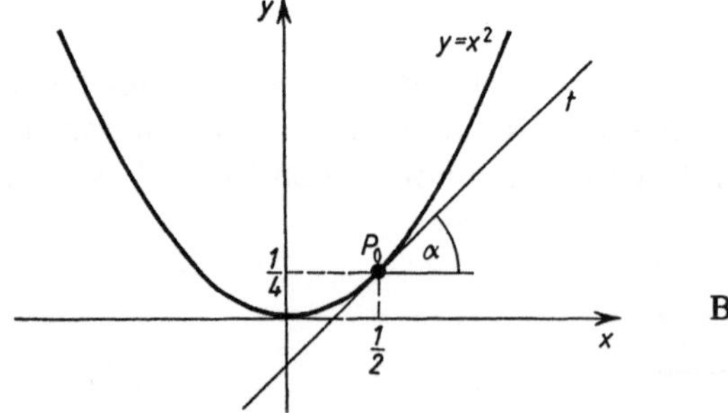

Bild 4.3

Übrigens können wir jetzt feststellen, daß wir bereits in Beispiel 2.2 die Ableitung der Funktion $f(x) = x^2$ an der Stelle $x_0 = \frac{1}{2}$ berechnet haben, denn es gilt (mit $x = \frac{1}{2} + h$):

$$f'\!\left(\frac{1}{2}\right) = \lim_{h \to 0} \frac{\left(\frac{1}{2}+h\right)^2 - \frac{1}{4}}{h} = \lim_{x \to \frac{1}{2}} \frac{x^2 - \frac{1}{4}}{x - \frac{1}{2}} = 1.$$

Beispiel 4.2 Wir wollen die Funktion

$$f(x) = |x^3 - 1|$$

auf Differenzierbarkeit an der Stelle $x_0 = 1$ untersuchen. Wegen

$$f(x) = \begin{cases} x^3 - 1 & \text{für} \quad x \geq 1 \, , \\ -(x^3 - 1) & \text{für} \quad x < 1 \, , \end{cases}$$

also

$$f(1+h) = \begin{cases} (1+h)^3 - 1 = 3h + 3h^2 + h^3 & \text{für } h \geq 0, \\ -[(1+h)^3 - 1] = -(3h + 3h^2 + h^3) & \text{für } h < 0 \end{cases}$$

gilt

$$\frac{f(1+h) - f(1)}{h} = \begin{cases} 3 + 3h + h^2 & \text{für } h > 0 \, , \\ -(3 + 3h + h^2) & \text{für } h < 0 \, . \end{cases}$$

Daraus folgt

$$f'_+(1) = \lim_{h \to +0} (3 + 3h + h^2) = 3 \, ,$$

$$f'_-(1) = \lim_{h \to -0} [-(3 + 3h + h^2)] = -3 \, .$$

Da die einseitigen Ableitungen voneinander verschieden sind, ist die Funktion f an der Stelle $x_0 = 1$ nicht differenzierbar (Satz 4.1). Dies spiegelt sich in der Bildkurve von f als "Knick" oder "Spitze" im Punkt $(1;0)$ wider (Bild 4.4). Dort besitzt die Bildkurve von f keine Tangente, jedoch kann man eine *linksseitige Tangente* t_l und eine *rechtsseitige Tangente* t_r definieren, indem man in der Tangentengleichung (4.2) die Ableitung $f'(x_0)$ durch $f'_-(x_0)$ bzw. $f'_+(x_0)$ ersetzt. Man erhält in diesem Falle $t_l : y = -3(x-1), \quad t_r : y = 3(x-1)$.

Einseitige Ableitungen kommen auch in Anwendungen vor.

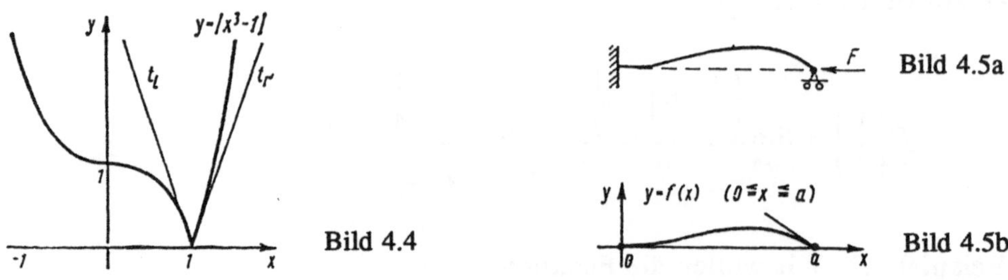

Bild 4.4

Beispiel 4.3 Ein Balken der Länge a sei an einem Ende eingespannt und an dem anderen Ende gelenkig gelagert. Greift an dem letztgenannten Ende eine Kraft F in Längsrichtung an, so biegt sich der Balken (Bild 4.5a). Nach Einführung eines geeigneten Koordinatensystems kann die Balkenbiegung beschrieben werden durch eine Funktion $y = f(x)$, $0 \leq x \leq a$, die auf $[0,a]$ differenzierbar ist, wobei $f'_+(0) = 0$ und $f'_-(a) \neq 0$ gilt (Bild 4.5b).

Beispiel 4.4 Für die Funktion $f(x) = \sqrt{x}$ gilt an der Stelle $x_0 = 0$:

$$\frac{f(h) - f(0)}{h} = \frac{\sqrt{h}}{h} = \frac{1}{\sqrt{h}} \to +\infty \quad \text{für } h \to +0.$$

Somit ist f an der Stelle $x_0 = 0$ nicht (rechtsseitig) differenzierbar, hat aber dort die uneigentliche rechtsseitige Ableitung $f'_+(0) = +\infty$. Man sagt daher auch, die Bildkurve von f habe bei $x_0 = 0$ eine *vertikale rechtsseitige Tangente*.

Wir kommen zu weiteren Anwendungen des Ableitungsbegriffes.

Geschwindigkeit einer Bewegung
Es sei $s = s(t)$ die Weg-Zeit-Funktion der geradlinigen Bewegung einer Punktmasse, d.h., zur Zeit t befindet sich die Punktmasse am Ort $s(t)$. In einem Zeitintervall von t bis $t + \Delta t$ legt die Punktmasse den Weg $s(t + \Delta t) - s(t)$ zurück[6]. Man nennt den Quotienten

---

[6] Hier bezeichnen wir - wie in der Praxis üblich - den "Zuwachs" der Variablen t mit Δt; dieser kann auch negativ sein.

$$\frac{s(t+\Delta t) - s(t)}{\Delta t}$$

mittlere Geschwindigkeit (oder *Durchschnittsgeschwindigkeit*) der Bewegung in dem betrachteten Zeitintervall. Daher ist es naheliegend, den Grenzwert

$$v(t) := \lim_{\Delta t \to 0} \frac{s(t+\Delta t) - s(t)}{\Delta t},$$

falls er existiert, als (momentane) *Geschwindigkeit* der Bewegung zur Zeit t zu bezeichnen. Mit Definition 4.1 ergibt sich:
Die Geschwindigkeit einer geradlinigen Bewegung ist die Ableitung der Weg-Zeit-Funktion nach der Zeit:

$$v(t) = \dot{s}(t);$$

hierbei verwenden wir die für die Ableitung nach t übliche Bezeichnung $\dot{s}(t)$ statt $s'(t)$.

Temperaturgefälle eines Stabes

Ein Stab, den wir uns als Teil einer Geraden (x-Achse) idealisiert denken, werde erwärmt. Die Temperatur T ist dann eine Funktion des Ortes x: $T = T(x)$. Der Quotient

$$\frac{T(x_0+\Delta x) - T(x_0)}{\Delta x}$$

heißt *mittleres Temperaturgefälle* des Stabes *im Intervall* x_0 ... $x_0+\Delta x$, und demgemäß heißt der Grenzwert

$$\lim_{\Delta x \to 0} \frac{T(x_0+\Delta x) - T(x_0)}{\Delta x} = T'(x_0) \, ,$$

sofern er existiert, *Temperaturgefälle* des Stabes *an der Stelle* x_0.

Elastizität einer ökonomischen Beziehung

Eine ökonomische Größe y sei eine Funktion f einer anderen ökonomischen Größe x, es gelte also $y = f(x)$ (z.B. y: verkaufte Menge einer Ware, x: Preis der Ware). In der Wirtschaftswissenschaft bezeichnet man den Differenzenquotienten

$$\frac{f(x_0+h) - f(x_0)}{h}$$

als *mittlere absolute Elastizität* der Funktion f im Intervall $x_0 \ldots x_0+h$ und die Ableitung $f'(x_0)$ als *absolute Elastizität* von f an der Stelle x_0. Da diese Größen im allgemeinen von den Maßeinheiten von x und y abhängen, betrachtet man stattdessen meist die *mittlere relative Elastizität* von f im Intervall $x_0 \ldots x_0 + h$:

$$\psi(h) := \frac{\dfrac{f(x_0+h) - f(x_0)}{f(x_0)}}{\dfrac{h}{x_0}} = \frac{f(x_0+h) - f(x_0)}{h} \cdot \frac{x_0}{f(x_0)}$$

und die *relative Elastizität* von f an der Stelle x_0:

$$\varepsilon_f(x_0) := \lim_{h \to 0} \psi(h) = f'(x_0) \cdot \frac{x_0}{f(x_0)},$$

sofern die jeweiligen Terme definiert sind. Die Funktion ε_f ist tatsächlich unabhängig von Maßeinheiten (s. Aufgabe 4.11).

Die Funktion f heißt an der Stelle x elastisch, wenn $|\varepsilon_f(x)| > 1$ ist; in diesem Falle bewirkt eine Änderung von x eine starke Änderung von y. Diese Erscheinung findet man in dem mitgeführten Beispiel (x: Preis, y: verkaufte Menge) etwa bei Obstangeboten. Beispiele für unelastisches Verhalten, d.h. für $|\varepsilon_f(x)| < 1$, wird der Leser leicht selbst angeben können.

Mit den behandelten Beispielen kann die Vielfalt der Anwendungen des Ableitungsbegriffs nur angedeutet werden. Zahlreiche Größen in den Natur-, Ingenieur- und Wirtschaftswissenschaften sind Ableitungen gewisser Funktionen. Wir erwähnen noch die Induktionsspannung einer Spule, die chemische Reaktionsgeschwindigkeit sowie die Wachstumsgeschwindigkeit eines Organismus und verweisen auch auf die Aufgaben 4.1 und 4.2.

Verallgemeinernd kann man die Ableitung als *Maß für die "Änderungsgeschwindigkeit" der Funktion* ansehen.

Unter diesem Aspekt betrachten wir nun die Gleichung

$$f'(x) = \alpha f(x), \quad x \in I, \tag{4.3}$$

wobei I ein gegebenes Intervall und α eine gegebene reelle Zahl ist. Diese Gleichung ist ein einfaches Beispiel einer *gewöhnlichen Differentialgleichung*. Jede auf I differenzierbare Funktion f, die der Gleichung (4.3) genügt[7], heißt *Lösung* von (4.3).

In Beispiel 5.1 werden wir zeigen, daß jede Lösung von (4.3) die Form

$$f(x) = Ce^{\alpha x}, \quad x \in I, \tag{4.4}$$

hat, wobei C eine reelle Zahl ist.

Die Gleichung (4.3) charakterisiert diejenigen Funktionen f, deren "Änderungsgeschwindigkeit" an jeder Stelle x dem Funktionswert $f(x)$ proportional ist (Proportionalitätsfaktor: α). Viele Naturvorgänge haben - wenigstens näherungsweise - dieses Verhalten, lassen sich also durch Funktionen der Form (4.4) beschreiben. Hierin liegt die besondere Bedeutung der Exponentialfunktionen.

Beispiel 4.5 Es sei $m(t)$ die zur Zeit t vorhandene Masse einer radioaktiven Substanz. Es ist bekannt, daß die Zerfallsgeschwindigkeit $\dfrac{\mathrm{d}m(t)}{\mathrm{d}t}$ der vorhandenen Masse proportional ist, d.h., es gilt

$$\frac{\mathrm{d}m(t)}{\mathrm{d}t} = -\lambda m(t), \quad t \geq 0. \tag{4.5}$$

Dabei ist $\lambda > 0$ eine für die Substanz charakteristische Konstante (Zerfallskonstante). Das Minuszeichen bedeutet, wie wir in Abschnitt 6.2 sehen werden, daß mit zunehmender Zeit die Masse abnimmt. Nach dem oben Gesagten hat die Differentialgleichung (4.5) die Lösung

$$m(t) = m_0 e^{-\lambda t}, \quad t \geq 0,$$

wobei m_0 wegen $m(0) = m_0 e^0 = m_0$ die zur Anfangszeit $t = 0$ vorhandene Masse bezeichnet (Bild 4.6). Eine charakteristische Größe ist die *Halbwertszeit*; das ist diejenige Zeit t_H, zu der die Hälfte der anfangs vorhandenen Masse zerfallen ist. Sie ergibt sich

$$\text{aus } \frac{m_0}{2} = m(t_H) = m_0 e^{-\lambda t_H} \text{ zu } t_H = \frac{\ln 2}{\lambda}.$$

---

[7] In einem Randpunkt von I ist $f'(x)$ durch die jeweilige einseitige Ableitung zu ersetzen.

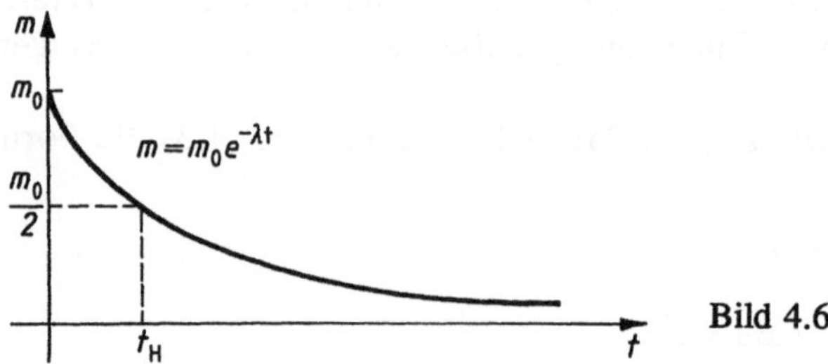

Bild 4.6

Über den Zusammenhang zwischen Differenzierbarkeit und Stetigkeit gilt der

---

Satz 4.2 *Eine an der Stelle x_0 differenzierbare Funktion f ist dort auch stetig.*

B e w e i s: Für $h \neq 0$ gilt

$$f(x_0 + h) = \frac{f(x_0 + h) - f(x_0)}{h} \cdot h + f(x_0).$$

Ist nun f an der Stelle x_0 differenzierbar, so existieren für $h \to 0$ die einzelnen Grenzwerte auf der rechten Seite dieser Gleichung, und es folgt

$$\lim_{h \to 0} f(x_0 + h) = f'(x_0) \cdot 0 + f(x_0) = f(x_0).$$

Somit ist f an der Stelle x_0 stetig.

Umgekehrt braucht eine an der Stelle x_0 stetige Funktion f dort nicht differenzierbar zu sein, wie das Beispiel $f(x) = |x^3 - 1|$, $x_0 = 1$ zeigt (Beispiel 4.2); in geometrischer Deutung: Die Bildkurve von f reißt an der Stelle $x_0 = 1$ nicht ab, hat aber dort einen "Knick".

Aufgabe 4.1 Fließt durch einen bestimmten Querschnitt eines elektrischen Leiters eine zeitlich konstante Ladung, so bezeichnet man den Quotienten Q/t als Stromstärke, falls Q die während der Zeit t durch den Querschnitt fließende Ladungsmenge bedeutet. Nun sei $Q(t)$ die zum Zeitpunkt t durch den Querschnitt fließende Ladungsmenge (diese sei jetzt also zeitabhängig). Man definiere für diesen Fall in sinnvoller Weise die mittlere Stromstärke in einem Zeitintervall $t_0 \ldots t_0+\Delta t$ und die Stromstärke zur Zeit t_0.

Aufgabe 4.2 Ein als Teil einer Geraden (x-Achse) idealisierter Stab sei mit Masse belegt. Ist die Massenbelegung gleichmäßig (homogener Stab), so bezeichnet man den Quotienten $\varrho = m / l$ als (Linien-)Dichte der Belegung; dabei ist m die auf die Länge l entfallende Masse. Nun sei der Stab inhomogen und $m(x)$ die im Intervall $[0,x]$, $x > 0$, gelegene Masse. Man definiere für diesen Fall in sinnvoller Weise die mittlere Dichte der Belegung in einem Intervall $x_0 \ldots x_0+\Delta x$ und die Dichte $\varrho(x_0)$ an der Stelle $x_0 > 0$.

Aufgabe 4.3 Das Weg-Zeit-Gesetz des freien Falls lautet $s = \dfrac{g}{2}t^2 + v_0 t + s_0$ (g: Erdbeschleunigung). Man berechne die Geschwindigkeit dieser Bewegung zu einer beliebigen Zeit $t \geq 0$. Welche Bedeutung haben die Konstanten s_0 und v_0?

Aufgabe 4.4 Man untersuche die Funktion $f(x) = |x|$, $x \in \mathbb{R}$, auf Differenzierbarkeit (Fallunterscheidung).

Aufgabe 4.5 Für die Funktion $f(x) = \sqrt[3]{x^2}$ ermittle man die (eigentlichen oder uneigentlichen) Ableitungen $f'_+(0)$ und $f'_-(0)$.

4.2 Das Berechnen der Ableitung

4.2.1 Differentiationsregeln

Das Berechnen der Ableitung einer Funktion heißt *Differentiation* oder *Differenzieren*. In diesem Abschnitt behandeln wir Regeln, nach denen man die Ableitung "komplizierter" Funktionen auf die Ableitungen ihrer "Bestandteile" zurückführen kann.

Satz 4.3 *Die Funktionen f und g seien an der Stelle x_0 differenzierbar. Dann sind die Funktionen $f+g$, $c \cdot f$ (c: eine Konstante), $f \cdot g$ und (falls $g(x_0) \neq 0$) auch f/g an der Stelle x_0 differenzierbar, und es gilt dort*[8]

---

[8] Aus Gründen der Übersichtlichkeit lassen wir in den folgenden Formeln das Argument x_0 weg.

$$(f+g)' = f'+g',$$

$$(c \cdot f)' = c \cdot f',$$

$$(f \cdot g)' = f' \cdot g + f \cdot g' \quad \text{(Produktregel)},$$

$$\left(\frac{f}{g}\right)' = \frac{f' \cdot g - f \cdot g'}{g^2} \quad \text{(Quotientenregel)}.$$

Beweis der Produktregel: Mit einem Zuwachs $h \neq 0$ bilden wir den Differenzenquotienten von $f \cdot g$ und formen ihn geeignet um:

$$\frac{\Delta(f \cdot g)(x_0, h)}{h} = \frac{f(x_0+h) \cdot g(x_0+h) - f(x_0) \cdot g(x_0)}{h}$$

$$= \frac{f(x_0+h) - f(x_0)}{h} \cdot g(x_0+h) + f(x_0) \cdot \frac{g(x_0+h) - g(x_0)}{h}.$$

Für $h \to 0$ streben die Differenzenquotienten von f bzw. g gegen $f'(x_0)$ bzw. $g'(x_0)$. Da g an der Stelle x_0 stetig ist (Satz 4.2), gilt ferner $\lim_{h \to 0} g(x_0+h) = g(x_0)$. Somit existiert $\lim_{h \to 0} \dfrac{\Delta(f \cdot g)(x_0, h)}{h}$, und es gilt

$$(f \cdot g)'(x_0) = \lim_{h \to 0} \frac{\Delta(f \cdot g)(x_0, h)}{h} = f'(x_0) \cdot g(x_0) + f(x_0) \cdot g'(x_0),$$

also die Produktregel.

Die übrigen Formeln beweist man analog.

Die Produktregel läßt sich auf eine beliebig endliche Anzahl von Faktoren erweitern. Sind etwa f, g, h drei differenzierbare Funktionen, so erhält man durch zweimalige Anwendung der Produktregel

$$(fgh)' = [(fg)h]' = (fg)'h + (fg)h',$$

$$(fgh)' = f'gh + fg'h + fgh'.$$

Wir geben nun eine Regel für die *Differentiation mittelbarer Funktionen* an.

Satz 4.4 *Ist die Funktion $g(x)$ an der Stelle $x=x_0$ und die Funktion $f(z)$ an der Stelle $z=g(x_0)$ differenzierbar, dann ist die mittelbare Funktion*

$$F(x) := f(g(x))$$

an der Stelle $x=x_0$ differenzierbar, und mit $z_0 := g(x_0)$ gilt

$$F'(x_0) = f'(z_0) \cdot g'(x_0) \quad \text{(Kettenregel)}.$$

Setzt man

$$y = f(z), \qquad z = g(x),$$

dann ist $y = f(g(x)) = F(x)$, und man kann die Kettenregel in der folgenden einprägsamen Form schreiben (wobei die Argumente weggelassen werden):

$$\frac{\mathrm{d}y}{\mathrm{d}x} = \frac{\mathrm{d}y}{\mathrm{d}z} \cdot \frac{\mathrm{d}z}{\mathrm{d}x} \,. \tag{4.6}$$

Auch die Kettenregel läßt sich auf den Fall übertragen, daß n ($n \geq 2$) Funktionen "ineinandergeschachtelt" sind. Ist etwa

$$y = f(g(h(x)))$$

und setzt man

$$y = f(z), \qquad z = g(w), \qquad w = h(x),$$

so gilt unter entsprechenden Voraussetzungen wie in Satz 4.4 die zu (4.6) analoge Formel

$$\frac{\mathrm{d}y}{\mathrm{d}x} = \frac{\mathrm{d}y}{\mathrm{d}z} \cdot \frac{\mathrm{d}z}{\mathrm{d}w} \cdot \frac{\mathrm{d}w}{\mathrm{d}x} \,.$$

Wir kommen zur *Ableitung der Umkehrfunktion*.

Satz 4.5 *Die Funktion f sei injektiv, in einer Umgebung der Stelle x_0 differenzierbar, und es gelte $f'(x_0) \neq 0$. Dann ist ihre Umkehrfunktion f^{-1} an der Stelle $y_0 := f(x_0)$ differenzierbar, und es gilt*

$$(f^{-1})'(y_0) = \frac{1}{f'(x_0)}\,. \qquad\qquad (4.7)$$

Unter Beachtung der äquivalenten Gleichungen $x = f^{-1}(y)$, $y = f(x)$ kann man auch (4.7) in einprägsamer Form schreiben:

$$\frac{\mathrm{d}x}{\mathrm{d}y} = \frac{1}{\dfrac{\mathrm{d}y}{\mathrm{d}x}}\,.$$

Formel (4.7) läßt sich leicht geometrisch interpretieren. Bild 4.7 zeigt die Bildkurve C der Funktion $f : y = f(x)$. Die Tangente t an C in dem Punkt $P_0(x_0, f(x_0))$ hat den Anstiegswinkel α. Die Kurve C ist aber zugleich die Bildkurve der Umkehrfunktion $f^{-1} : x = f^{-1}(y)$, wenn man sie "von der y-Achse her" betrachtet. Dabei ist β der Anstiegswinkel der Tangente t.
Wegen $\beta = \dfrac{\pi}{2} - \alpha$ gilt

$$(f^{-1})'(y_0) = \tan\beta = \tan\left(\frac{\pi}{2} - \alpha\right) = \cot\alpha = \frac{1}{\tan\alpha} = \frac{1}{f'(x_0)}\,.$$

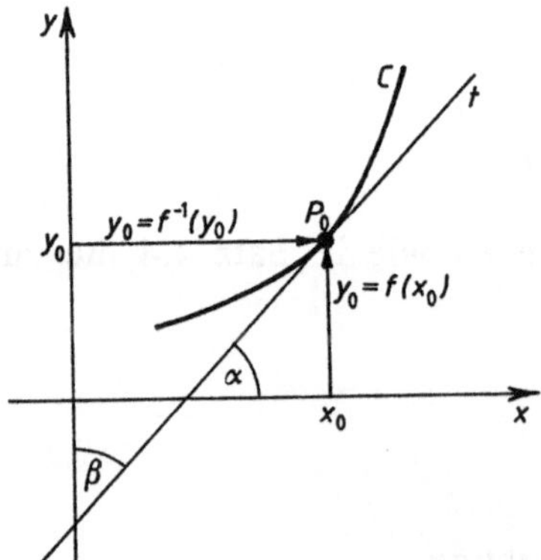

Bild 4.7

4.2.2 Ableitungen einiger Grundfunktionen

Die folgende Tabelle enthält die Ableitungen einiger Grundfunktionen. Diese Formeln sind gewissermaßen das "ABC des Differenzierens"; man sollte sie sich daher unbedingt einprägen. Hinsichtlich der Ableitungen der übrigen Grundfunktionen sei auf einschlägige Formelsammlungen, z.B. [BSE], verwiesen.

Der Ableitungsstrich bezieht sich jeweils auf die Variable x.

$$(c)' = 0 \qquad\qquad (c \text{ eine Konstante}) \qquad (4.8)$$

$$(x^{\alpha})' = \alpha x^{\alpha-1} \qquad\qquad (\text{s. Bemerkung 4.1}) \qquad (4.9)$$

$$(e^x)' = e^x \qquad\qquad (x \in \mathbb{R}) \qquad (4.10)$$

$$(a^x)' = a^x \ln a \qquad\qquad (a > 0, \, x \in \mathbb{R}) \qquad (4.11)$$

$$(\ln |x|)' = \frac{1}{x} \qquad\qquad (x \neq 0) \qquad (4.12)$$

$$(\sin x)' = \cos x \qquad\qquad (x \in \mathbb{R}) \qquad (4.13)$$

$$(\cos x)' = -\sin x \qquad\qquad (x \in \mathbb{R}) \qquad (4.14)$$

$$(\tan x)' = \frac{1}{\cos^2 x} = 1 + \tan^2 x \qquad \left(x \neq \frac{\pi}{2} + k\pi, \, k \text{ ganz}\right) \qquad (4.15)$$

$$(\cot x)' = -\frac{1}{\sin^2 x} = -(1 + \cot^2 x) \qquad (x \neq k\pi, \, k \text{ ganz}) \qquad (4.16)$$

$$(\arcsin x)' = \frac{1}{\sqrt{1 - x^2}} \qquad\qquad (|x| < 1) \qquad (4.17)$$

$$(\arctan x)' = \frac{1}{1 + x^2} \qquad\qquad (x \in \mathbb{R}) \qquad (4.18)$$

Bemerkung 4.1: Formel (4.9) gilt

für alle $x \in \mathbb{R}$, falls α eine natürliche Zahl ist,
für alle $x \neq 0$, falls α eine negative ganze Zahl ist,
für alle $x > 0$, falls α eine beliebige reelle Zahl ist.

Wir merken noch an, daß (4.11) für $a = e$ in (4.10) übergeht und daß aus (4.12) speziell

$$(\ln x)' = \frac{1}{x} \quad (x > 0)$$

folgt. Gelegentlich nützlich ist auch die Formel

$$|x|' = \frac{x}{|x|} = \operatorname{sgn} x \quad (x \neq 0). \tag{4.19}$$

B e w e i s der Formeln (4.8) bis (4.19):
Der ungeduldige Leser kann sogleich zu Abschnitt 4.2.3 übergehen. Allerdings sind die folgenden Herleitungen bereits ganz nützliche Differentiationsübungen. Aus beweistechnischen Gründen weichen wir von der Reihenfolge, in der die Formeln aufgeschrieben wurden, ab.

Zu (4.8): Dies folgt mit $f(x) = c$ und $h \neq 0$ aus

$$\frac{f(x+h) - f(x)}{h} = \frac{c - c}{h} = 0.$$

Zu (4.12): Zuerst sei $x > 0$, also $\ln |x| = \ln x$. Weiter sei $h \neq 0$ so, daß $x + h > 0$ gilt. Mit Hilfe der Logarithmengesetze folgt

$$\frac{\ln(x+h) - \ln x}{h} = \frac{1}{x} \cdot \frac{x}{h} \ln \frac{x+h}{x} = \frac{1}{x} \ln \left(1 + \frac{h}{x} \right)^{\frac{x}{h}}.$$

Setzt man $t := \dfrac{h}{x}$, so gilt $t \to 0$ für $h \to 0$. Wegen $\lim\limits_{t \to 0}(1 + t)^{\frac{1}{t}} = e$ (Beispiel 2.11) und der Stetigkeit von $f(x) = \ln x$ an der Stelle $x = e$ erhält man

$$(\ln x)' = \lim_{h \to 0} \frac{\ln(x+h) - \ln x}{h} = \frac{1}{x} \lim_{t \to 0} \ln(1 + t)^{\frac{1}{t}}$$

$$= \frac{1}{x} \ln \left[\lim_{t \to 0}(1 + t)^{\frac{1}{t}} \right] = \frac{1}{x} \ln e = \frac{1}{x} , \quad x > 0 .$$

Nun sei $x < 0$, also $y = \ln |x| = \ln (-x)$. Wir setzen $y = \ln z$, $z = -x$ (>0) und erhalten mit der soeben bewiesenen Formel sowie nach Beispiel 4.1 mit $n=1$:
$\dfrac{dy}{dz} = \dfrac{1}{z}$, $\dfrac{dz}{dx} = -1$. Mit der Kettenregel folgt daraus

$$(\ln(-x))' = \frac{dy}{dx} = \frac{dy}{dz} \cdot \frac{dz}{dx} = \frac{1}{z} \cdot (-1) = \frac{1}{x} , \quad x < 0 .$$

Zu (4.10): Die Umkehrfunktion von $y=f(x)=\ln x$, $x > 0$, ist $x = f^{-1}(y) = e^y$. Mit Satz 4.4 und (4.12) ergibt sich

$$\frac{\mathrm{d}(e^y)}{\mathrm{d}y} = (f^{-1})'(y) = \frac{1}{f'(x)} = \frac{1}{(\ln x)'} = x = e^y.$$

Nun braucht man nur noch y durch x zu ersetzen.

Zu (4.11): Wir schreiben

$$y = a^x = (e^{\ln a})^x = e^{x \ln a}$$

und substituieren $y = e^z$, $z = x \ln a$. Mit den bereits bewiesenen Formeln und der Kettenregel folgt

$$(a^x)' = \frac{\mathrm{d}y}{\mathrm{d}x} = \frac{\mathrm{d}y}{\mathrm{d}z} \cdot \frac{\mathrm{d}z}{\mathrm{d}x} = e^z \cdot \ln a = e^{x \ln a} \cdot \ln a = a^x \ln a.$$

Zu (4.9): Falls $\alpha = n$ eine natürliche Zahl ist, wurde die Formel in Beispiel 4.1 bewiesen. Für $\alpha = -n$, $n \in \mathbb{N}$, folgt mit der Quotientenregel

$$(x^\alpha)' = \left(\frac{1}{x^n}\right)' = \frac{0 \cdot x^n - 1 \cdot n x^{n-1}}{(x^n)^2} = -n x^{-n-1} = \alpha x^{\alpha-1} , \quad x \neq 0.$$

Ist $\alpha \in \mathbb{R}$ beliebig, so formt man wie bei (4.11) um in

$$x^\alpha = (e^{\ln x})^\alpha = e^{\alpha \ln x} , \quad x > 0,$$

und wendet die Kettenregel sowie bereits bewiesene Formeln an.

Zu (4.13): Hier bilden wir wieder den Differenzenquotienten, den wir mittels eines Additionstheorems umformen:

$$\frac{\sin(x+h) - \sin x}{h} = \frac{2}{h} \sin \frac{x+h-x}{2} \cos \frac{x+h+x}{2} = \frac{\sin \frac{h}{2}}{\frac{h}{2}} \cos\left(x + \frac{h}{2}\right).$$

Für $h \to 0$ gilt $t := \frac{h}{2} \to 0$. Mit (2.6) und der Stetigkeit der Kosinusfunktion an der Stelle x folgt daher

$$(\sin x)' = \lim_{h \to 0} \frac{\sin(x+h) - \sin x}{h} = \left[\lim_{t \to 0} \frac{\sin t}{t}\right] \cdot \left[\lim_{t \to 0} \cos(x+t)\right] = \cos x.$$

Zu (4.14): Dies ergibt sich wegen $\cos x = \sin(\frac{\pi}{2} - x)$ mit der Kettenregel und (4.13).

Zu (4.15), (4.16): Man wende auf

$$\tan x = \frac{\sin x}{\cos x} \quad \text{bzw.} \quad \cot x = \frac{\cos x}{\sin x}$$

die Quotientenregel an.

Zu (4.17): Die Funktion $f : y = \sin x$, $|x| < \frac{\pi}{2}$, ist injektiv und differenzierbar, und es gilt

$$\frac{dy}{dx} = \cos x \neq 0, \; |x| < \frac{\pi}{2}.$$

Nach Satz 4.4 ist auch die Umkehrfunktion $f^{-1} : x = \arcsin y$, $|y| < 1$, differenzierbar, und man erhält

$$\frac{dx}{dy} = \frac{1}{\dfrac{dy}{dx}} = \frac{1}{\cos x}.$$

Für $|x| < \frac{\pi}{2}$ ist $\cos x > 0$ und daher $\cos x = \sqrt{\cos^2 x} = \sqrt{1 - \sin^2 x}$. Somit erhält man

$$\frac{dx}{dy} = \frac{1}{\sqrt{1 - \sin^2 x}} = \frac{1}{\sqrt{1 - y^2}}, \quad |y| < 1,$$

und daraus die zu beweisende Formel, indem man x und y vertauscht.

Zu (4.18): Dies beweist man mittels (4.15) analog (4.17).

Zu (4.19): Siehe Lösung zu Aufgabe 4.4.

Aufgabe 4.6 Man führe die Beweise der Formeln (4.14), (4.15), (4.16) und (4.18) aus.

Aufgabe 4.7 Unter Verwendung der Definitionen von sinh x und cosh x beweise man
a) $(\sinh x)' = \cosh x,$ b) $(\cosh x)' = \sinh x.$

4.2.3 Technik des Differenzierens

In diesem Abschnitt soll erläutert werden, wie man die Ableitung einer gegebenen Funktion praktisch ermittelt. Wir unterscheiden vier Methoden.

A) Gewöhnliche Differentiation
Die Ableitung der meisten Funktionen kann mit Hilfe der allgemeinen Differentiationsregeln (Sätze 4.3 und 4.4) und der Ableitungen der Grundfunktionen berechnet werden.

Beispiel 4.6 Durch

$$f(x) = \frac{5}{x^3} - 4\sqrt{x}$$

ist eine Funktion f für alle $x > 0$ definiert, die nach Bemerkung 4.1 für diese x auch differenzierbar ist. Wegen $f(x) = 5x^{-3} - 4x^{\frac{1}{2}}$ folgt mit Satz 4.3 und (4.9)

$$f'(x) = 5(x^{-3})' - 4\left(x^{\frac{1}{2}}\right)' = 5\cdot(-3)x^{-4} - 4\cdot\frac{1}{2}x^{-\frac{1}{2}} = -\frac{15}{x^4} - \frac{2}{\sqrt{x}}\ , \ x > 0.$$

Beispiel 4.7 Die Funktion

$$f(x) = \frac{x^2 - 2^x}{e^x}$$

ist für alle $x \in \mathbb{R}$ definiert und differenzierbar. Mit der Quotientenregel erhält man

$$f'(x) = \frac{(2x - 2^x\ln 2)\cdot e^x - (x^2 - 2^x)\cdot e^x}{(e^x)^2}\ ,$$

$$f'(x) = \frac{2x - x^2 + (1 - \ln 2)2^x}{e^x}. \tag{4.20}$$

Schreibt man $f(x) = (x^2 - 2^x) \cdot e^{-x}$, so kann man auch die Produktregel anwenden:

$$f'(x) = (2x - 2^x \ln 2) \cdot e^{-x} + (x^2 - 2^x) \cdot (e^{-x})'. \tag{4.21}$$

Die Ableitung $(e^{-x})'$ der Funktion $y = e^{-x}$ ergibt sich über

$$y = e^z, \qquad z = -x,$$

$$\frac{dy}{dz} = e^z, \qquad \frac{dz}{dx} = -1$$

mittels der Kettenregel:

$$(e^{-x})' = \frac{dy}{dx} = \frac{dy}{dz} \cdot \frac{dz}{dx} = e^z \cdot (-1) = -e^{-x}.$$

Setzt man dies in (4.21) ein, so erhält man wiederum (4.20).

Beispiel 4.8 Durch $f(x) = \ln\left|\tan\frac{x}{2}\right|$ ist eine Funktion f für alle diejenigen $x \in R$ definiert, für die $\tan\frac{x}{2}$ definiert und ungleich null ist. Der natürliche Definitionsbereich von f besteht also aus allen $x \neq k\pi$, k ganzzahlig. Für diese x ist f auch differenzierbar. Mit

$$y = \ln|z|, \quad z = \tan w, \qquad w = \frac{x}{2},$$

$$\frac{dy}{dz} = \frac{1}{z}, \qquad \frac{dz}{dw} = \frac{1}{\cos^2 w}, \qquad \frac{dw}{dx} = \frac{1}{2}$$

liefert die Kettenregel

$$f'(x) = \frac{dy}{dx} = \frac{1}{z} \cdot \frac{1}{\cos^2 w} \cdot \frac{1}{2} = \frac{1}{2\tan\frac{x}{2} \cdot \cos^2\frac{x}{2}}$$

$$= \frac{1}{2\sin\frac{x}{2} \cdot \cos\frac{x}{2}} = \frac{1}{\sin x}, \quad x \neq k\pi \ (k \text{ ganz}).$$

Bei einiger Übung kann man häufig die zur Anwendung der Kettenregel erforderlichen Substitutionen in Gedanken ausführen und sogleich das Ergebnis notieren.

Beispiel 4.9 Als Ableitung der Funktion

$$f(x) = e^{\sin^2 x}$$

erhält man nach der Kettenregel (indem man in Gedanken

$$y = e^z , \quad z = w^2 , \quad w = \sin x$$

setzt) unmittelbar

$$f'(x) = e^{\sin^2 x} \cdot 2 \sin x \cdot \cos x = e^{\sin^2 x} \sin 2x .$$

B) Logarithmische Differentiation

Die Grundlage für diese Methode ist die Formel

$$\boxed{f'(x) = f(x) \cdot (\ln |f(x)|)',} \tag{4.22}$$

die für alle x gilt, für die die Funktion f differenzierbar und $f(x) \neq 0$ ist. (4.22) ergibt sich mittels der Kettenregel:

$$F(x) := \ln |f(x)| \implies F'(x) = \frac{f'(x)}{f(x)} \implies f'(x) = f(x) \cdot F'(x) .$$

Die logarithmische Differentiation besteht nun in folgenden drei Schritten:

1. Man bildet $\ln |f(x)|$ und vereinfacht nach den Logarithmenregeln.
2. Man differenziert $\ln |f(x)|$.
3. Man wendet (4.22) an.

Die logarithmische Differentiation wird insbesondere in zwei Fällen angewendet; im ersten Fall ist dieses Vorgehen zwingend, im zweiten stellt es eine Vereinfachung dar.

<u>Fall 1:</u> Die Funktion f ist von der Form $f(x) = [u(x)]^{v(x)} , \quad u(x) > 0$.

<u>Fall 2:</u> Die Funktion f besteht aus "vielen" Faktoren (die auch im Nenner stehen können).

Beispiel 4.10 Für die Funktion

$$f(x) = x^{\sin x}, \quad x > 0,$$

die ein Beispiel für Fall 1 ist, erhält man

$$\ln|f(x)| = \ln\left(x^{\sin x}\right) = \sin x \cdot \ln x,$$

$$(\ln|f(x)|)' = (\sin x \cdot \ln x)' = \cos x \cdot \ln x + \sin x \cdot \frac{1}{x},$$

$$f'(x) = x^{\sin x}\left(\cos x \ \ln x + \frac{\sin x}{x}\right), \quad x > 0.$$

Beispiel 4.11 Die direkte Berechnung der Ableitung von

$$f(x) = \frac{(x-2)e^{2x}}{(x-1)^3(x+3)^2}; \quad x \neq 1, \ x \neq -3,$$

ist aufwendig. Hier liegt Fall 2 vor. Logarithmische Differentiation führt auf

$$\ln|f(x)| = \ln|x-2| + 2x - 3\ln|x-1| - 2\ln|x+3|,$$

$$(\ln|f(x)|)' = \frac{1}{x-2} + 2 - \frac{3}{x-1} - \frac{2}{x+3},$$

$$f'(x) = \frac{(x-2)e^{2x}}{(x-1)^3(x+3)^2}\left[\frac{1}{x-2} + 2 - \frac{3}{x-1} - \frac{2}{x+3}\right],$$

$$f'(x) = \frac{e^{2x}}{(x-1)^3(x+3)^2}\left[1 + 2(x-2) - \frac{3(x-2)}{x-1} - \frac{2(x-2)}{x+3}\right]. \tag{4.23}$$

Neben $x \neq 1$ und $x \neq -3$ ist auf Grund des Vorgehens auch $x \neq 2$ vorauszusetzen (wegen $f(2) = 0$). Im Anschluß an Beispiel 4.14 werden wir aber nachweisen, daß (4.23) - im Unterschied zur darüberstehenden Formel - doch für $x = 2$ gilt.

C) Methode der einseitigen Ableitungen

Die Grundlage für diese Methode ist der folgende Satz (dessen Beweis auf dem in Abschnitt 5.1 zu behandelnden Mittelwertsatz beruht).

Satz 4.6 *Die Funktion f sei auf $[x_0, x_0+\varepsilon]$, $\varepsilon>0$, stetig und auf $(x_0, x_0+\varepsilon)$ differenzierbar. Ist die Ableitungsfunktion f' für $x \to x_0+0$ konvergent oder bestimmt divergent, so gilt*

$$f'_+(x_0) = \lim_{x \to x_0+0} f'(x).$$

Eine analoge Aussage gilt für $f'_-(x_0)$.

Man versucht, diesen Satz anzuwenden, wenn die Funktion f an der Stelle x_0 nach den Methoden A und B nicht differenziert werden kann. Das trifft unter anderem in den folgenden Fällen zu.

<u>Fall 1:</u> f ist durch "Aneinandersetzen" mehrerer Berechnungsvorschriften gebildet, und x_0 ist eine "Ansatzstelle".

<u>Fall 2:</u> f enthält einen Term der Form $|g(x)|$, und x_0 ist eine Nullstelle der Funktion g.

<u>Fall 3:</u> x_0 ist ein Randpunkt des Definitionsbereichs von f.

In den Fällen 1 und 2 wird man mit Satz 4.6 die beiden einseitigen Ableitungen $f'_+(x_0)$ und $f'_-(x_0)$ untersuchen und dann Satz 4.1 heranziehen.

Beispiel 4.12 Die Funktion $f(x) = |x^3-1|$ ist auf Differenzierbarkeit an der Stelle $x_0= 1$ zu untersuchen (Fall 2). Für $x \geq 1$ ist $f(x) = x^3 - 1$, die Funktion ist für diese x stetig und hat für $x > 1$ die Ableitung $f'(x) = 3x^2$. Mit Satz 4.6 folgt

$$f'_+(1) = \lim_{x \to 1+0} f'(x) = \lim_{x \to 1+0} 3x^2 = 3.$$

Analog gilt

$$f'_-(1) = \lim_{x \to 1-0} (-x^3 + 1)' = -3.$$

Nach Satz 4.1 ist f an der Stelle $x_0= 1$ nicht differenzierbar (vgl. Bsp. 4.2).

Beispiel 4.13 Gesucht ist die Ableitung der Funktion

$$f(x) = \sqrt[3]{x^2(x+2)}, \quad x \geq -2.$$

Die Kettenregel mit $y = g(z) = \sqrt[3]{z}$ und $z = h(x) = x^2(x + 2)$ ist nur für $z > 0$ anwendbar (siehe Bemerkung 4.1), also für $x > -2$, $x \neq 0$. Man erhält

$$f'(x) = \frac{x(3x + 4)}{\sqrt[3]{x^4(x + 2)^2}} \; ; \quad x > -2, \, x \neq 0. \tag{4.24}$$

Wir wollen untersuchen, ob $f'_+(-2)$ existiert (Fall 3). Es gilt

$$\frac{1}{f'(x)} \rightarrow 0 \text{ für } x \rightarrow -2+0, \qquad \frac{1}{f'(x)} > 0 \text{ für } -2 < x < -\frac{3}{2}.$$

Nach Satz 2.2c folgt $f'(x) \rightarrow +\infty$ für $x \rightarrow -2+0$ und daher nach Satz 4.6

$$f'_+(-2) = \lim_{x \rightarrow -2+0} f'(x) = + \infty.$$

Nun betrachten wir die Stelle $x = 0$. Hier liegt eine mit den Fällen 1 bis 3 nicht beschriebene Situation vor; dennoch können wir natürlich versuchen, Satz 4.6 anzuwenden. Zuerst untersuchen wir $f'_-(0)$. Dazu sei $-2 < x < 0$. Dann ist $-x > 0$ und daher

$$\sqrt[3]{x^4} = \sqrt[3]{(-x)^3}\,\sqrt[3]{-x} = -x\sqrt[3]{-x}.$$

Hiermit geht (4.24) über in

$$f'(x) = -\frac{3x+4}{\sqrt[3]{-x(x+2)^2}}; \quad -2 < x < 0.$$

Mit einer entsprechenden Überlegung wie im Falle $x \rightarrow -2+0$ erhält man nun $f'_-(0) = \lim_{x \rightarrow -0} f'(x) = - \infty$. Analog findet man $f'_+(0) = +\infty$.

D) Direkte Methode

Hiermit ist der Rückgriff auf Definition 4.1, also die Untersuchung des Differenzenquotienten, gemeint. Diese Methode wird ebenfalls angewendet, wenn

A oder B nicht zum Ziel führen, und zwar anstelle von C oder als "letztes Mittel", wenn auch C versagt.

Beispiel 4.14 Wir wollen die Funktion

$$f(x) = \begin{cases} x^2 \sin\dfrac{1}{x} & \text{für } x \neq 0, \\[2mm] 0 & \text{für } x = 0 \end{cases}$$

zuerst nach C auf Differenzierbarkeit an der Stelle $x_0 = 0$ untersuchen. Zunächst stellen wir fest, daß diese Funktion auf R stetig ist (vgl. Aufgabe 3.1c). Es gilt

$$\begin{aligned} f'(x) &= 2x \sin\frac{1}{x} + x^2\cos\frac{1}{x}\left(-\frac{1}{x^2}\right) \\[2mm] &= 2x \sin\frac{1}{x} - \cos\frac{1}{x} \quad \text{für } x \neq 0. \end{aligned}$$

Für $x \to +0$ ist $2x \sin\dfrac{1}{x}$ konvergent (gegen 0) sowie $\cos\dfrac{1}{x}$ unbestimmt divergent und daher $f'(x)$ unbestimmt divergent. Folglich kann Satz 4.6 hier nicht angewendet werden, so daß die Methode C versagt. Dagegen erhält man nach D sofort

$$\frac{f(h) - f(0)}{h} = \frac{h^2 \sin\dfrac{1}{h}}{h} = h\sin\frac{1}{h} \to 0 \quad \text{für } h \to 0.$$

Somit ist f an der Stelle $x_0 = 0$ differenzierbar, und es gilt $f'(0) = 0$.

Wir kommen noch einmal auf Beispiel 4.11 zurück. Die Formel (4.23) darf auf $x = 2$ zunächst nicht angewendet werden; sie gilt aber jedenfalls in einer punktierten Umgebung von $x = 2$, und daraus folgt die Existenz des Grenzwertes $\lim\limits_{x \to 2} f'(x)$ ($= e^4/25$). Mit den Sätzen 4.6 und 4.1 ergibt sich nun, daß dieser Grenzwert gleich $f'(2)$ ist. Somit gilt (4.23) auch für $x = 2$.

Aufgabe 4.8 Man differenziere die folgenden Funktionen. Man bestimme jeweils den natürlichen Definitionsbereich sowie alle x, für die die Ableitung existiert.

a) $f(x) = \dfrac{1}{x\sqrt{x}} + \dfrac{2}{x^5} - 3^x x^3$,

b) $f(x) = \dfrac{x^4 - \sin\dfrac{\pi}{8}}{2 + \cos x}$,

c) $f(x) = \ln|\ln x|$,

d) $f(x) = \arctan\dfrac{1}{x}$,

e) $f(x) = \dfrac{1}{\sqrt[3]{x^2+1}}$,

f) $f(x) = e^{-x^2} - \cos\sqrt{1-2x}$,

g) $f(x) = \cosh^2\dfrac{1-x^2}{1+x^2}$ (s. Aufgabe 4.7).

Aufgabe 4.9 Man ermittle alle Punkte der Kurve
$$y = (x - 1)^3\,(x + 1),$$
zu denen eine zur x-Achse parallele Tangente gehört.

Aufgabe 4.10 Die gedämpfte freie Schwingung eines harmonischen Oszillators (Federschwingung) wird durch
$$s(t) = A\,e^{-\gamma t}\cos(\omega t - \alpha)$$
beschrieben (A, α, γ, ω Konstanten). Man bestimme die Geschwindigkeit dieser Bewegung zu einer beliebigen Zeit $t \geq 0$.

Aufgabe 4.11 Man zeige durch Anwendung von Differentiationsregeln, daß die relative Elastizität
$$\varepsilon_f(x) = f'(x)\frac{x}{f(x)}$$
von Maßeinheiten unabhängig ist, d.h., ist $y = f(x)$, $\bar{y} = \bar{f}(\bar{x})$, $\bar{x} = a\,x$, $\bar{y} = b\,y$ (a, $b \neq 0$, konstant), so gilt $\varepsilon_f(x) = \varepsilon_{\bar{f}}(\bar{x})$ (s. 4.2.1).

Aufgabe 4.12 Man differenziere die folgenden Funktionen:

a) $f(x) = x^x$, $x > 0$,

b) $f(x) = (\tan x)^x$, $0 < x < \dfrac{\pi}{2}$,

c) $f(x) = \dfrac{\sqrt{(x+1)(x-3)}}{(x^3+2)\sqrt[3]{x-2}}$, $x > 3$.

Aufgabe 4.13 Man untersuche die Funktionen

a) $f(x) = \begin{cases} x\sin\dfrac{1}{x} & \text{für } x \neq 0 \text{ ,} \\ 0 & \text{für } x = 0 \text{ ,} \end{cases}$

b) $f(x) = |x-1|^3$

auf Differenzierbarkeit und ermittle ggf. die Ableitungen.

Aufgabe 4.14 Für die Funktion $f(x) = \arcsin x$ untersuche man $f'_+(-1)$ und $f'_-(1)$.

Aufgabe 4.15 Man bestimme alle reellen Zahlen p und q, mit denen die Funktion

$$f(x) = \begin{cases} \ln^2 x & \text{für } 0 < x \le e, \\ px+q & \text{für } x > e \end{cases}$$

an der Stelle $x = e$

a) stetig,   b) differenzierbar ist.

4.3 Ableitungen höherer Ordnung

Ist f eine auf dem offenen Intervall (a,b) differenzierbare Funktion, so ist die Ableitung f' eine auf (a,b) definierte Funktion. Wenn nun die Funktion f' ihrerseits an einer Stelle $x_0 \in (a,b)$ differenzierbar ist, dann besitzt sie die Ableitung $(f')'(x_0)$. Diese Ableitung heißt *Ableitung zweiter Ordnung* (kurz *zweite Ableitung*) der Funktion f an der Stelle x_0 und wird mit $f''(x_0)$ bezeichnet.

Allgemein definiert man für eine beliebige natürliche Zahl $n \ge 2$ die *Ableitung n-ter Ordnung* (oder *n-te Ableitung*) der Funktion f an der Stelle x_0 rekursiv als Ableitung der Funktion $f^{(n-1)}$ an der Stelle x_0:

$$f^{(n)}(x_0) := (f^{(n-1)})'(x_0).$$

Einseitige Ableitungen n-ter Ordnung werden analog definiert. Man schreibt f', f'', f''', aber ab der vierten Ableitung dann $f^{(4)}, f^{(5)}$ usw. Gelegentlich nützlich ist die Vereinbarung $f^{(0)}(x_0) := f(x_0)$. Statt "Ableitung n-ter Ordnung" sagt man auch "Differentialquotient n-ter Ordnung" und schreibt

$$\text{statt } f^{(n)}(x_0) \text{ auch } \frac{d^n f}{dx^n}\bigg|_{x=x_0} \text{ oder } y^{(n)}(x_0) \text{ oder } \frac{d^n y}{dx^n}\bigg|_{x=x_0}.$$

In den letzten beiden Symbolen bezeichnet y die abhängige Variable der Funktion f.

Die Funktion f heißt auf dem Intervall I *n-mal (stetig) differenzierbar*, wenn die Ableitung $f^{(n)}$ auf I existiert[9] (und stetig ist). Natürlich existieren dann

---

[9] In einem zu I gehörigen Randpunkt ist $f^{(n)}$ durch die jeweilige einseitige Ableitung n-ter Ordnung zu ersetzen.

erst recht die Ableitungen $f', f'', \ldots, f^{(n-1)}$ auf I und sind dort stetig.

Beispiel 4.15 Für die Funktion $f(x) = \sin x$ ergibt sich nacheinander:

$$
\begin{aligned}
f'(x) &= (\sin x)' = \cos x, \\
f''(x) &= (\cos x)' = -\sin x, \\
f'''(x) &= (-\sin x)' = -\cos x, \\
f^{(4)}(x) &= (-\cos x)' = \sin x.
\end{aligned}
$$

Wegen $f^{(4)}(x) = f(x)$ ist $f^{(5)}(x) = f'(x)$ usw. Die Funktion $f(x) = \sin x$ ist somit an jeder Stelle $x \in R$ beliebig oft stetig differenzierbar, und für die Ableitungen gilt

$$
\frac{d^n \sin x}{dx^n} = \begin{cases} (-1)^k \sin x & \text{für } n = 2k \\ (-1)^k \cos x & \text{für } n = 2k+1 \end{cases} \quad (k \geq 0, \text{ ganz}).
$$

Beispiel 4.16 Für die Funktion $f(x) = \ln x, \; x > 0$, erhält man

$$
\begin{aligned}
f'(x) &= \frac{1}{x}, & f''(x) &= -\frac{1}{x^2}, \\
f'''(x) &= \frac{1 \cdot 2}{x^3}, & f^{(4)}(x) &= -\frac{1 \cdot 2 \cdot 3}{x^4}.
\end{aligned}
$$

Mittels vollständiger Induktion kann man zeigen, daß für jedes $n \in N$ gilt

$$
\frac{d^n \ln x}{dx^n} = (-1)^{n-1} \frac{(n-1)!}{x^n}, \quad x > 0.
$$

Wir geben nun Rechenregeln für Ableitungen höherer Ordnung an.

Satz 4.7 *Die Funktionen f und g seien n-mal differenzierbar. Dann sind auch f+g, cf (c: eine Konstante) und fg n-mal differenzierbar, und es gilt*

$$
\begin{aligned}
(f+g)^{(n)} &= f^{(n)} + g^{(n)}, \\
(cf)^{(n)} &= cf^{(n)}, \\
(fg)^{(n)} &= \sum_{k=0}^{n} \binom{n}{k} f^{(n-k)} g^{(k)} \qquad \text{(Leibniz–Regel)}.
\end{aligned}
$$

Bemerkenswert ist die Leibniz-Regel. Sie erinnert an die binomische Formel für die Potenz $(f + g)^n$. Man beachte, daß hier aber die oberen, in Klammern geschriebenen Indizes Ableitungen bezeichnen: $f^{(0)} = f$, $f^{(1)} = f'$ usw. Mittels vollständiger Induktion kann man diese Regel beweisen.

Beispiel 4.17 Die dritte Ableitung der Funktion $\varphi(x) = x^2 \sin x$ ergibt sich nach der Leibniz-Regel (mit $n = 3$, $f(x) = x^2$, $g(x) = \sin x$) zu

$$\varphi'''(x) = \binom{3}{0}(x^2)'''(\sin x)^{(0)} + \binom{3}{1}(x^2)''(\sin x)' + \binom{3}{2}(x^2)'(\sin x)'' + \binom{3}{3}(x^2)^{(0)}(\sin x)''',$$

$$\varphi'''(x) = 6\cos x - 6x \sin x - x^2 \cos x.$$

Quotienten- und Kettenregel lassen sich nicht in einfacher Weise auf Ableitungen einer beliebigen Ordnung n übertragen. In diesen Fällen muß man schrittweise differenzieren.

Die zweite Ableitung hat eine wichtige physikalische Bedeutung. Es sei $s = s(t)$ die Weg-Zeit-Funktion einer geradlinigen Bewegung. Wir setzen voraus, daß diese Funktion zweimal differenzierbar ist. Nach 4.1 ist die Geschwindigkeit dieser Bewegung durch $v(t) = \dot{s}(t)$ gegeben. Man bezeichnet den Quotienten

$$\frac{v(t + \Delta t) - v(t)}{\Delta t}$$

als *mittlere Beschleunigung* der Bewegung im Zeitintervall $t \dots t + \Delta t$ und den Grenzwert

$$b(t) := \lim_{\Delta t \to 0} \frac{v(t + \Delta t) - v(t)}{\Delta t} = \dot{v}(t)$$

als *Beschleunigung* der Bewegung zur Zeit t. Mit $v(t) = \dot{s}(t)$ ergibt sich

$$b(t) = \ddot{s}(t),$$

d. h., die Beschleunigung einer geradlinigen Bewegung ist die zweite Ableitung der Weg-Zeit-Funktion nach der Zeit.

Das Newtonsche Grundgesetz für die geradlinige Bewegung einer Punktmasse m unter dem Einfluß einer in Wegrichtung wirkenden Kraft F lautet $mb = F$, also

$$m\ddot{s}(t) = F.$$

Bei gegebener Kraft F ist dies eine Differentialgleichung (vgl. 4.1) für die Bewegungsfunktion $s=s(t)$.

Aufgabe 4.16 Man berechne sämtliche Ableitungen der Funktion $f(x) = x^n\ (n\in N)$.

Aufgabe 4.17 Man ermittle eine Formel für die n-te Ableitung ($n\in N$) der Funktion $f(x) = \cos x$
a) an einer beliebigen Stelle x,   b) an der Stelle $x=0$.

Aufgabe 4.18 Wie lautet die n-te Ableitung ($n\in N$) der Funktion $f(x) = a^x\ (a>0)$?

Was ergibt sich speziell für $a=e$?

Aufgabe 4.19 Man berechne die zweite Ableitung der Funktion $f(x) = e^{\cos^2 x}$.

Aufgabe 4.20 Man ermittle die vierte Ableitung der Funktion $f(x) = \dfrac{x^3}{e^x}$.

Aufgabe 4.21 Auf eine an einer Feder befestigte Punktmasse m wirkt (bei Vernachlässigung der Reibung) die Federkraft $F = -ks$ ($k > 0$: Federkonstante, s: Auslenkung der Masse aus der Ruhelage). Man zeige, daß die Funktion

$$s(t) = A\cos(\omega_0 t - \alpha)$$

(A, α: beliebige Konstanten, $\omega_0 = \sqrt{\dfrac{k}{m}}$) die Schwingung der Punktmasse beschreibt.

Aufgabe 4.22 Man zeige: Die *Legendre*[10]*-Polynome*

$$P_n(x) = \frac{1}{2^n n!}\frac{\mathrm{d}^n}{\mathrm{d}x^n}(x^2-1)^n \quad (n = 0, 1, \dots)$$

sind Lösungen der *Legendre-Differentialgleichung*

$$(1-x^2)P_n'' - 2xP_n' + n(n+1)P_n = 0.$$

Hinweis: Durch Anwendung der Leibniz-Regel auf

$$\frac{\mathrm{d}^{n+1}}{\mathrm{d}x^{n+1}}[(x^2-1)^n \cdot (n+1)2x] \quad \text{und} \quad \frac{\mathrm{d}^{n+2}}{\mathrm{d}x^{n+2}}[(x^2-1)^n \cdot (x^2-1)]$$

beweise man die Gleichungen

$$P_{n+1}' = xP_n' + (n+1)P_n \quad \text{und} \quad P_{n+1}' = \frac{x^2-1}{2(n+1)}P_n'' + \frac{(n+2)x}{n+1}P_n' + \frac{n+2}{2}P_n.$$

(Auf die Legendre-Differentialgleichung führt z. B. die Berechnung rotationssymmetrischer Potentiale.)

---

[10]   Adrien-Marie Legendre (1752-1833), französischer Mathematiker.

4.4 Weierstraßsche Zerlegungsformel und Differentiale

Der folgende Satz stellt einen wichtigen Aspekt der Differenzierbarkeit einer Funktion heraus.

Satz 4.8 *Für die auf einer ε-Umgebung der Stelle x_0 definierte Funktion f sind die folgenden Aussagen (α) und (β) äquivalent:*

(α) *f ist an der Stelle x_0 differenzierbar.*

(β) *Es existieren eine reelle Zahl a und eine Funktion $r: (-\varepsilon,\varepsilon) \to R$,*

   so daß gilt

$$f(x_0+h) - f(x_0) = a{\cdot}h + r(h) \quad \text{für} \quad |h| < \varepsilon, \tag{4.25}$$

$$\lim_{h\to 0} \frac{r(h)}{h} = 0. \tag{4.26}$$

Gilt (β) und somit (α), dann ist $f'(x_0) = a$.

B e w e i s : Gilt (α), so ist definitionsgemäß

$$\lim_{h\to 0} \left[\frac{f(x_0+h) - f(x_0)}{h} - f'(x_0) \right] = 0.$$

Setzt man nun $a := f'(x_0)$ und $r(h) := f(x_0+h) - f(x_0) - hf'(x_0)$, $|h|<\varepsilon$, so ist (β) erfüllt. Gilt andererseits (β), dann folgt

$$\lim_{h\to 0} \frac{f(x_0+h) - f(x_0)}{h} = \lim_{h\to 0} \left(a + \frac{r(h)}{h} \right) = a,$$

so daß (α) gilt, wobei $f'(x_0)=a$ ist.

Die Formel (4.25) in Verbindung mit (4.26) heißt *Weierstraßsche Zerlegungsformel*. Nach (4.25) ist die Differenz $\Delta f(x_0,h) = f(x_0+h) - f(x_0)$ in zwei Summanden $a \cdot h$ und $r(h)$ zerlegt, wobei der zweite Summand wegen (4.26) für $h \to 0$ "schneller" gegen Null konvergiert als der erste (sofern man von dem Spezialfall $a = 0$ absieht). In diesem Sinne ist $r(h)$ ein "Rest". Mit dem Landauschen Ordnungssymbol o kann man statt (4.25) und (4.26) auch schreiben

$$\Delta f(x_0,h) = a \cdot h + o(h) \quad \text{für} \quad h \to 0. \tag{4.27}$$

Der erste Summand $a \cdot h$ ist somit der "Hauptteil" in der Zerlegung von $\Delta f(x_0,h)$; er heißt *Differential* der Funktion f an der Stelle x_0 zum Zuwachs h und wird mit $df(x_0,h)$ bezeichnet. Wegen $a = f'(x_0)$ ist

$$\boxed{\mathrm{d}f(x_0,h) = f'(x_0) \cdot h.}$$

Das Differential ist eine Funktion der zwei unabhängigen Variablen x_0 und h, die von h *linear* abhängt.

Gemäß Satz 4.8 bedeutet die Differenzierbarkeit von f an der Stelle x_0, daß

$$\boxed{\Delta f(x_0,h) = \mathrm{d}f(x_0,h) + o(h) \quad \text{für} \quad h \to 0} \tag{4.28}$$

gilt, d. h., *daß die Funktionswertdifferenz* $\Delta f(x_0,h)$ *lokal (nämlich "in der Nähe" von $h = 0$) approximiert werden kann durch das in h lineare Differential* $df(x_0,h)$.

Mit den häufig benutzten Bezeichnungen

$$\Delta y := \Delta f(x_0,h), \quad \mathrm{d}y := \mathrm{d}f(x_0,h), \quad \mathrm{d}x := h^{11)}$$

erhält (4.28) die folgende Form:

$$\Delta y = \mathrm{d}y + o(\mathrm{d}x) \quad \text{für} \quad \mathrm{d}x \to 0. \tag{4.29}$$

Bild 4.8 veranschaulicht (4.29): Es gilt $\overline{QP^*} = f(x_0 + \mathrm{d}x) - f(x_0) = \Delta y$ sowie

$$\overline{QQ^*} = \tan\alpha \cdot \mathrm{d}x = f'(x_0)\mathrm{d}x = \mathrm{d}y,$$

d. h., *das Differential* dy *ist der zu dem (beliebigen) Abszissenzuwachs* dx *gehörige Zuwachs der Tangentenordinate.*

---

[11] Diese Bezeichnung ist üblich, da die Funktion $y = g(x) = x$ das Differential $\mathrm{d}y = \mathrm{d}x = g'(x)h = h$ hat. Man nennt dx Differential der unabhängigen Variablen.

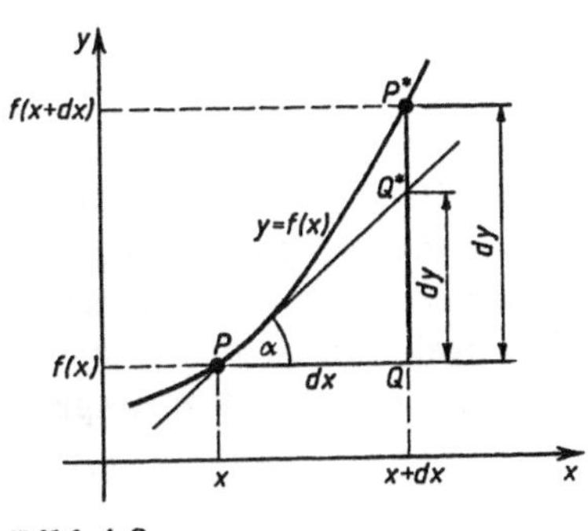

Bild 4.8

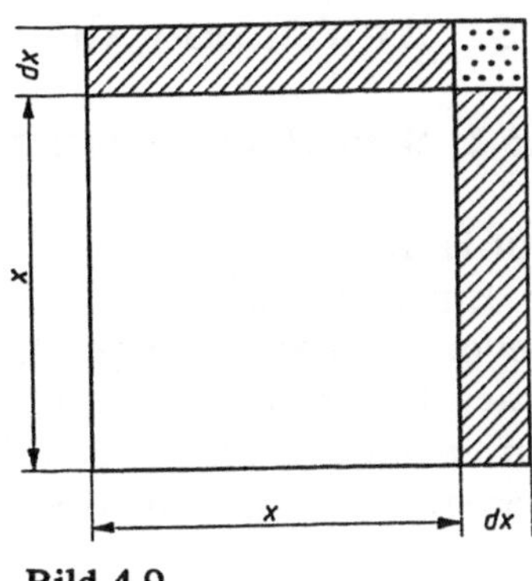

Bild 4.9

Beispiel 4.18: Für die Funktion $y = f(x) = x^2$ gilt

$$\Delta y = (x+dx)^2 - x^2 = 2x\,dx + (dx)^2, \quad dy = (x^2)'dx = 2x\,dx$$

und somit $\Delta y = dy + (dx)^2$. Hier ist also $r(dx) = (dx)^2$, vgl. (4.25).
Für $x > 0$ kann man $y = x^2$ als Flächeninhalt eines Quadrats mit der Seitenlänge x interpretieren (Bild 4.9). Vergrößert man x um dx, so vergrößert sich y um den Flächeninhalt Δy; dieser setzt sich zusammen aus den Inhalten der schraffierten Rechtecke, also dy, und dem Inhalt $(dx)^2$ des punktierten Quadrats. Falls dx "klein" im Vergleich zu x ist, trägt $(dx)^2$ nur unwesentlich zur Vergrößerung des Flächeninhalts bei; es ist dann Δy *ungefähr gleich* dy, und dafür schreibt man $\Delta y \approx dy$.

Mit den oben eingeführten Bezeichnungen ist

$$dy = df(x, dx) = f'(x)\,dx,$$

d. h., *die Ableitung $f'(x)$ ist der Quotient der Differentiale dy und dx (falls $dx \neq 0$)*. Daher sagt man statt "Ableitung" auch "Differentialquotient".

Aufgabe 4.23 Man berechne die zu einer beliebigen Stelle x und einem beliebigen Zuwachs dx gehörigen Differentiale der folgenden Funktionen .

a) $f(x) = \cos x,$ b) $f(x) = x e^{-x},$ c) $f(x) = \sqrt{x^2+3}$.

Aufgabe 4.24 Man gebe einen Näherungswert für $\sin 46°$ an, indem man die Funktionswertdifferenz $\Delta y = \sin 46° - \sin 45°$ durch das Differential dy ersetzt.

4.5 Anwendung des Differentials

4.5.1 Bemerkungen zum numerischen Rechnen

Mit Hilfe des Differentials kann man angenähert abschätzen, wie sich Fehler
in Eingangsdaten im Verlaufe der numerischen Rechnung "fortpflanzen".
Bevor wir darauf eingehen, machen wir einige Bemerkungen zum numerischen Rechnen allgemein. Dabei müssen wir uns im Rahmen dieses Buches
auf wenige Andeutungen beschränken. Bezüglich weiterer Ausführungen
verweisen wir auf das Buch [SKR].

Ist $\bar{x}$ ein Näherungswert für eine reelle Zahl x, so heißt

$$\mathrm{d}x := \bar{x} - x \qquad \textit{absoluter Fehler von } \bar{x},$$

$$\frac{\mathrm{d}x}{x} = \frac{\bar{x} - x}{x} \qquad \textit{relativer Fehler von } \bar{x}.$$

Im letzteren Falle muß natürlich $x \neq 0$ sein. Häufig bezeichnet man auch $\dfrac{\mathrm{d}x}{\bar{x}}$
(falls $\bar{x} \neq 0$) als relativen Fehler von $\bar{x}$.

Fehler in Eingangsdaten ergeben sich als

- Meßfehler,
- Rundungsfehler oder
- Fehler aus vorangegangenen Rechnungen.

Ist x die unbekannte Maßzahl einer (z.B. physikalischen) Größe und $\bar{x}$ ein
Meßwert für x, so ist der *Meßfehler* $\mathrm{d}x$ unbekannt. Aus der Art der Messung
und der Genauigkeit des verwendeten Meßgeräts ist im allgemeinen aber eine
Fehlerschranke bekannt, also eine Zahl $\delta > 0$ mit $|\mathrm{d}x| \leq \delta$.

Wir wollen nun auf die *Rundung* von Eingangsdaten mit Blick auf die Benut-
zung eines Computers eingehen. Bekanntlich ist jede reelle Zahl $x \neq 0$ darstellbar als (endlicher oder unendlicher) Dezimalbruch. Wir gehen aus von der
normalisierten Gleitpunktdarstellung

$$x = \pm \, 0.z_1 z_2 z_3 \ldots \times 10^{\varrho}, \quad z_1 \neq 0. \tag{4.30}$$

Hierbei ist

$0.z_1 z_2 z_3 \ldots$ die aus den Ziffern $z_i \in \{0,1, \ldots ,9\}$ gebildete Mantisse,

ϱ der (ganzzahlige) Exponent zur Basis $\beta = 10$.

Zum Beispiel ist in normalisierter Gleitpunktdarstellung

$$\pi = +0.31415\ldots\times 10^1 \quad (\text{statt } \pi = 3{,}1415\ldots),$$

$$\frac{\pi}{1000} = +0.31415\ldots\times 10^{-2} \quad (\text{statt } \frac{\pi}{1000} = 0{,}0031415\ldots).$$

Der Computer kann allerdings nur endlich viele Zustände realisieren. Daher ist zur Zahlendarstellung nur eine feste Anzahl t von Mantissenziffern und ein beschränkter Exponentenbereich $[-\varrho_1, \varrho_2]$ verfügbar. (Die Werte für t und ϱ_1, ϱ_2 hängen vom Computertyp und - bei programmierbaren Rechnern - von der verwendeten Programmiersprache ab. In höheren Programmiersprachen werden mehrere Varianten für die Wahl von t und ϱ_1, ϱ_2 angeboten.)

Die von Null verschiedenen *Computerzahlen* haben also die Form

$$y = \pm\, 0.z_1 z_2 \ldots z_t \times 10^\varrho \qquad (4.31)$$
$$\text{mit } z_i \in \{0,1,\ldots,9\}, \quad z_1 \neq 0, \quad \varrho \in \{-\varrho_1,\ldots,-1,0,1,\ldots,\varrho_2\}$$

Die Zahl Null wird dargestellt durch

$$0 = \pm\, 0.000\ldots 0 \times 10^{-\varrho_1}. \qquad (4.32)$$

Genauer gesagt ist (4.31) bzw. (4.32) die Form, in der reelle Zahlen in den Computer eingegeben und von diesem ausgegeben werden. Die Verarbeitung von Zahlen im Computer erfolgt in der Regel in einer Darstellung mit der Basis $\beta = 2$ (dual) oder $\beta = 16$ (hexadezimal) oder einer anderen Potenz von 2. Wir gehen hierauf nicht ein, sondern wir werden Beispiele auch im folgenden stets in dezimaler Darstellung behandeln.

Die Überführung einer reellen Zahl $x \neq 0$ in eine Computerzahl $\bar{x}$ geschieht in zwei Schritten:
Zuerst wird x in der Form (4.30) dargestellt und anschließend gerundet:

$$x = 0.z_1 z_2 z_3 \ldots \times 10^\varrho \;\Rightarrow\; \bar{x} = 0.\bar{z}_1 \bar{z}_2 \ldots \bar{z}_t \times 10^\varrho.$$

Rundet man in der üblichen Weise auf bzw. ab, so gilt für den absoluten und den relativen Rundungsfehler

$$|\mathrm{d}x| = |\bar{x} - x| \le 0{,}5 \cdot 10^{-t} \cdot 10^\varrho \quad \text{bzw.} \quad \left|\frac{\mathrm{d}x}{x}\right| = \left|\frac{\bar{x}-x}{x}\right| \le 0{,}5 \cdot 10^{1-t}.$$

Beispiel 4.19 Bei Rundung auf 3 Mantissenstellen ($t = 3$) gilt

$$x_1 = 0.1234\ldots \times 10^0 \quad \Rightarrow \quad \bar{x}_1 = 0.123 \times 10^0, \ |dx_1| \leq 0{,}5 \cdot 10^{-3}$$

$$x_2 = 0.4985\ldots \times 10^{-3} \quad \Rightarrow \quad \bar{x}_2 = 0.499 \times 10^{-3}, \ |dx_2| \leq 0{,}5 \cdot 10^{-6}$$

$$x_3 = 0.9996\ldots \times 10^1 \quad \Rightarrow \quad \bar{x}_3 = 0.100 \times 10^2, \ |dx_3| \leq 0{,}5 \cdot 10^{-2}.$$

Rechnungen im Computer laufen in der Menge der Computerzahlen ab. Daher kommt es in der Regel in jedem Rechenschritt zu neuen Rundungen, und die Fehler akkumulieren sich. Unterschiedliche Verfahren lösen im allgemeinen unterschiedliche Rundungen aus und können daher für dieselbe Aufgabe numerisch erheblich abweichende Resultate liefern.

Beispiel 4.20 Wir betrachten einen fiktiven Computer, der reelle Zahlen dezimal mit $t = 3$ und $\varrho_1 = \varrho_2 = 10$ verarbeitet. Zu berechnen sei $s = y_0 + y_1 + y_2$ für die Werte (vgl. Beispiel 4.19)

$$y_0 = -0.123 \times 10^0 \ , \ y_1 = +0.123 \times 10^0, \ y_2 = 0.499 \times 10^{-3}.$$

Rechnet man gemäß $s = (y_0 + y_1) + y_2$ nach dem Verfahren

$$V_1: \quad z_1 = y_0 + y_1, \quad s_1 = z_1 + y_2,$$

so erhält man $z_1 = 0 \ (= 0.000 \times 10^{-10})$ und $s_1 = 0.499 \times 10^{-3}$. Dies ist auch der exakte Wert s.
Andererseits ist $s = y_0 + (y_1 + y_2)$, und man kann nach dem Verfahren

$$V_2: \quad z_2 = y_1 + y_2, \quad s_2 = y_0 + z_2$$

rechnen. Unser "Computer" liefert für $z_2 = 0.123499 \times 10^0$ den gerundeten Wert $\bar{z}_2 = 0.123 \times 100$ und somit für s_2 den Näherungswert $\bar{s}_2 = y_0 + \bar{z}_2 = 0$. Das Beispiel zeigt, daß in der Menge der Computerzahlen das Assoziativgesetz $(y_0 + y_1) + y_2 = y_0 + (y_1 + y_2)$ nicht gilt.

4.5.2 Fehlerfortpflanzung

Gegeben sei eine Funktion f. Für die reelle Zahl x sei $\bar{x}$ ein Näherungswert (Meßwert, Computerzahl o. ä.) mit dem absoluten Fehler $dx = \bar{x} - x$. Wir fragen danach, wie sich dieser Fehler auf die Größe $y = f(x)$ "fortpflanzt". Es ist $\bar{y} = f(\bar{x})$ ein Näherungswert für $y = f(x)$ mit dem absoluten Fehler

$$\Delta y := \bar{y} - y = f(x + dx) - f(x).$$

Ist die Funktion f an der Stelle x differenzierbar und ist $|dx|$ "klein", so kann man gemäß (4.29) den Fehler Δy näherungsweise durch das Differential dy darstellen (vgl. Beispiel 4.18):

$$\boxed{\Delta y \approx dy = f'(x)\, dx.} \tag{4.33}$$

Im Falle $x \neq 0$ und $f(x) \neq 0$ hat man entsprechend für den relativen Fehler

$$\boxed{\frac{\Delta y}{y} \approx \frac{dy}{y} = \left[\frac{x}{f(x)}\, f'(x)\right] \frac{dx}{x}.} \tag{4.34}$$

In diesem Zusammenhang heißt

$$f'(x): \qquad \textit{absolute Konditionszahl,}$$

$$\frac{x}{f(x)}\, f'(x): \quad \textit{relative Konditionszahl.}$$

Diese Zahlen beschreiben den Einfluß des absoluten bzw. relativen Fehlers von $\bar{x}$ auf den absoluten bzw. relativen Fehler von $\bar{y}$. (In 4.1 hatten wir den Term $\frac{x}{f(x)}\, f'(x)$ als relative Elastizität einer ökonomischen Beziehung interpretiert.) Gilt

$$|dx| \leq \delta, \qquad \left|\frac{dx}{x}\right| \leq \varepsilon$$

mit bekannten Fehlerschranken $\delta > 0$ und $\varepsilon > 0$, so erhält man aus (4.33) bzw. (4.34) *genäherte* Schranken für den absoluten bzw. den relativen Fehler von $\bar{y}$:

$$|\Delta y| \approx |dy| \leq |f'(x)|\,\delta,$$

$$\left|\frac{\Delta y}{y}\right| \approx \left|\frac{dy}{y}\right| \leq \left|\frac{x}{f(x)}\, f'(x)\right| \varepsilon.$$

Beispiel 4.21 Zur Bestimmung der Höhe h eines Turmes wird vom Fußpunkt des Turmes eine Strecke der Länge l horizontal abgesteckt und vom Ende dieser Strecke die Turmspitze anvisiert (Bild 4.10).

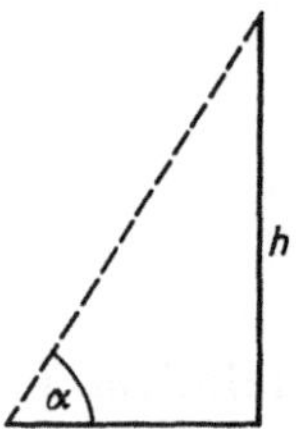

Bild 4.10

Die Messung liefere für den Winkel $\alpha \in (0, \frac{\pi}{2})$ einen Wert $\tilde{\alpha}$; für den absoluten Fehler gelte $|d\alpha| \leq \frac{\pi}{1800}$. Der Meßfehler der Strecke l werde vernachlässigt.

Es gilt $h = f(\alpha) = l \cdot \tan\alpha$, so daß $\bar{h} = l \cdot \tan\tilde{\alpha}$ ein Näherungswert für h ist.

Mit $f'(\alpha) = \dfrac{l}{\cos^2\alpha}$ folgt aus (4.33) und (4.34)

$$\Delta h \approx dh = \frac{l}{\cos^2\alpha},$$

$$\frac{\Delta h}{h} \approx \frac{dh}{h} = \frac{\alpha l}{l \tan\alpha \, \cos^2\alpha} \cdot \frac{d\alpha}{\alpha} = \frac{2\alpha}{\sin 2\alpha} \cdot \frac{d\alpha}{\alpha},$$

wobei zuletzt die Formel $\sin\alpha \cos\alpha = \frac{1}{2}\sin 2\alpha$ benutzt wurde. Man erkennt, daß für $\alpha \to \frac{\pi}{2} - 0$ sowohl die absolute als auch die relative Konditionszahl gegen $+\infty$ divergiert. Durch geeignete Wahl der Strecke l sei nun gewährleistet, daß $\frac{\pi}{6} \leq \alpha \leq \frac{5\pi}{12}$ ist, im Gradmaß also α zwischen 30° und 75° liegt. Dann gilt die Abschätzung

$$|\Delta h| \approx |dh| \leq \frac{l}{\cos^2 \frac{5\pi}{12}} |d\alpha| \leq \frac{\pi}{1800\cos^2 \frac{5\pi}{12}} l \leq 0{,}0261 \, l.$$

Weiter ist

$$\left|\frac{d\alpha}{\alpha}\right| \leq \frac{\pi}{1800} \bigg/ \frac{\pi}{6} = \frac{1}{300} \leq 0{,}0033... = 0{,}33...\%.$$

Für die relative Konditionszahl erhält man

$$\left|\frac{2\alpha}{\sin 2\alpha}\right| \leq \frac{\dfrac{5\pi}{6}}{\sin\dfrac{5\pi}{6}} = \frac{5\pi}{3} = 5{,}2359...$$

und somit für den relativen Fehler von h:

$$\left|\frac{\Delta h}{h}\right| \approx \left|\frac{dh}{h}\right| \leq \frac{5\pi}{900} = 0{,}0174... \leq 0{,}0175 = 1{,}75\%.$$

Beispiel 4.22 Wir betrachten die Gleichung

$$e^x + x^3 = y \quad (y \text{ gegeben, } x \text{ gesucht}).$$

In Beispiel 3.13 wurde erläutert, daß diese Gleichung für jedes $y \in R$ genau eine Lösung $x \in R$ besitzt, wobei "kleine" Störungen von y auch nur "kleine" Störungen von x zur Folge haben. Letzteres soll nun quantifiziert werden. Mit der (als Formel nicht bekannten) Umkehrfunktion g^{-1} von $g(x) = e^x + x^3$ gilt

$$e^x + x^3 = y \quad \Leftrightarrow \quad x = g^{-1}(y).$$

Nach (4.33), mit x und y vertauscht, ist

$$\Delta x \approx dx = (g^{-1})'(y)\,dy = \frac{1}{g'(x)}dy = \frac{dy}{e^x + 3x^2}. \tag{4.35}$$

Hierbei ergibt sich die Ableitung von g^{-1} nach Satz 4.5. Um eine praktisch brauchbare Fehleraussage zu erhalten, muß man auf der rechten Seite von (4.35) die Variable x "beseitigen". Wir beschränken uns auf Werte $y \geq 1$. Dann ist $x \geq 0$ (da $g(0) = 1$ und g streng monoton wachsend ist), folglich $e^x + 3x^2 \geq e^0 = 1$. Somit erhält man aus (4.35)

$$|\Delta x| \approx |dx| \leq |dy|, \quad \text{falls } y \geq 1.$$

Eine schärfere Abschätzung erhält man für $0 \leq x \leq 3$, was für $1 \leq y \leq 47$ (wegen $g(3) = 47{,}08...$) erfüllt ist. Dann gilt nämlich $e^x + 3x^2 \geq e^x + x \cdot x^2 = y$, also

$$|\Delta x| \approx |dx| \leq \frac{|dy|}{y}, \quad \text{falls} \ \ 1 \leq y \leq 47.$$

Wird z. B. die Gleichung $e^x + x^3 = 2$ betrachtet, wobei die rechte Seite $y = 2$ mit einem Fehler $|dy| \leq 0{,}005$ behaftet ist, dann hat die Lösung $x = 0{,}587\,6...$ (s. Beispiel 3.12) den Fehler $|\Delta x| \approx |dx| \leq 0{,}0025$.

Die Formeln (4.33) und (4.34) beziehen wegen $\Delta y = \bar{y} - y$ den eigentlich interessierenden Wert $y = f(x)$ auf den Funktionswert $\bar{y} = f(\bar{x})$. Praktisch wird in den meisten Fällen aber auch $\bar{y}$ nicht exakt berechenbar sein. Hiermit stoßen wir auf die Aufgabe der *numerischen Berechnung von Funktionswerten*. Wir erläutern dies zuerst an einem Beispiel.

Beispiel 4.23   Gesucht ist der Wert der Funktion $f(x) = e^x$ an der Stelle $x = \frac{\pi}{6}$. Diesen Wert - genauer gesagt, einen t-stelligen Näherungswert - kann man natürlich sofort mit einem Computer "per Tastendruck" ermitteln.
Hier soll aber einmal erörtert werden, wie man bei der Berechnung solcher Näherungswerte im Prinzip vorgeht und welche Fehler dabei entstehen. Drei Stufen sind zu unterscheiden.

1. Da auch im Computer letzlich nur die Grundrechenoperationen realisiert werden, versucht man, die gegebene Funktion f durch eine Funktion $\bar{f}$ zu approximieren, deren Werte allein mit diesen Operationen berechnet werden können. Für $\bar{f}$ kommt also insbesondere eine ganze rationale Funktion in Betracht. Später werden wir sehen, daß die Funktion $f(x) = e^x$ durch die (ganze rationale) Funktion

$$\bar{f}_n(x) = \sum_{v=0}^{n} \frac{x^v}{v!} = 1 + x + \frac{x^2}{2!} + ... + \frac{x^n}{n!}$$

in dem Sinne approximiert wird, daß $\lim_{n \to \infty} \bar{f}_n(x) = f(x)$ für jedes (feste) $x \in \mathbb{R}$ gilt. Somit ist $\bar{f}_n(\frac{\pi}{6})$ ein Näherungswert für $f(\frac{\pi}{6})$ mit dem *Verfahrens-* oder *Approximationsfehler* $\bar{f}_n(\frac{\pi}{6}) - f(\frac{\pi}{6})$.

2.   Zur tatsächlichen Berechnung von $\bar{f}_n(\frac{\pi}{6})$ muß $x = \frac{\pi}{6}$ durch eine Computerzahl $\bar{x}$ approximiert werden, wodurch der *fortgepflanzte* oder *unvermeidliche Fehler* $\bar{f}_n(\bar{x}) - \bar{f}_n(\frac{\pi}{6})$ entsteht.

3. Wegen der unerläßlichen Rundungen bei der numerischen Berechnung von $\bar{f}_n(\bar{x})$ (z. B. bei der Berechnung von $\bar{x}^3/3$!) erhält man aber auch für $\bar{f}_n(\bar{x})$ nur einen gerundeten Wert $\varphi(\bar{x})$ mit dem *Rundungsfehler* $\varphi(\bar{x}) - \bar{f}_n(\bar{x})$.

Verwendet man für $x = \frac{\pi}{6}$ den gerundeten Wert $\bar{x} = 0.5235988 \times 10^0$, so erhält man z. B. für $\bar{f}_5(\bar{x})$ den gerundeten Wert $\varphi(\bar{x}) = 0.1688061 \times 10^1$. Ohne eine Fehleranalyse kann man über die Genauigkeit dieses Wertes in Bezug auf den eigehtlich gesuchten Wert $f(\frac{\pi}{6})$ nichts aussagen. Zum Vergleich geben wir die ersten Stellen des exakten Wertes an:

$$f(\tfrac{\pi}{6}) = \exp(\tfrac{\pi}{6}) \times = 0.1688091 \ldots \times 10^1.$$

Wir stellen die in dem Beispiel durchgeführten Überlegungen nun im Überblick allgemein dar.

Gesucht ist ein Funktionswert $f(x)$. Man approximiert die Funktion f durch eine Funktion $\bar{f}$ und die Zahl x durch eine Zahl $\bar{x}$, und man berechnet einen gerundeten Wert $\varphi(\bar{x})$ für $\bar{f}(\bar{x})$. Damit begeht man insgesamt den Fehler

$$\varphi(\bar{x}) - f(x) = r_R + r_F + r_V, \tag{4.36}$$

der sich zusammensetzt aus

- dem Rundungsfehler $r_R = \varphi(\bar{x}) - \bar{f}(\bar{x})$,
- dem fortgepflanzten Fehler $r_F = \bar{f}(\bar{x}) - \bar{f}(x)$,
- dem Verfahrensfehler $r_V = \bar{f}(x) - f(x)$.

Mit der Dreiecksungleichung folgt aus (4.36) die Abschätzung

$$|\varphi(\bar{x}) - f(x)| \leq |r_R| + |r_F| + |r_V|. \tag{4.37}$$

Sind obere Schranken für die Beträge der einzelnen Fehler bekannt, so erhält man aus (4.37) eine obere Schranke für $|\varphi(\bar{x}) - f(x)|$. Eine Abschätzung des Rundungsfehlers r_R setzt eine genaue Analyse der Berechnung von $\varphi(\bar{x})$ im

Computer voraus; hierauf gehen wir nicht ein (vgl. aber Beispiel 4.20). Mit dem Verfahrensfehler r_V werden wir uns für den wichtigen Fall der Taylor-Approximation in Abschnitt 5.2.3 befassen.

Der fortgepflanzte Fehler r_F wurde oben untersucht. Nach (4.33) ist

$$r_F \approx \tilde{f}'(x)\,\mathrm{d}x \quad \text{mit} \quad \mathrm{d}x = \tilde{x} - x.$$

Wie bereits in Beispiel 4.23 erwähnt, bilden solche Fehleranalysen die Grundlage für Aussagen zur Genauigkeit von Funktionswertangaben. Software zur Berechnung der Werte der Grundfunktionen liefert in der Regel die zum exakten Wert $f(x)$ gehörige Computerzahl als Näherungswert $\varphi(\tilde{x})$.

Aufgabe 4.25 Für gewisse Werte $x \leq 1$ ist $y = f(x) = 1 - \sqrt{1-x}$ mit einem fiktiven Computer zu berechnen, der dezimal mit 3 Mantissenstellen und dem Exponentenbereich $[-10,10]$ arbeitet. Die Rechnung soll nach den Verfahren

V_1: $z_1 = 1 - x,$ $z_2 = \sqrt{z_1},$ $y_1 = 1 - z_2$ und

V_2: $z_1 = 1 - x,$ $z_2 = \sqrt{z_1},$ $z_3 = 1 + z_2,$ $y_2 = \dfrac{x}{z_3}$ erfolgen.

a) Man zeige, daß "theoretisch" für jedes $x \leq 1$ stets $y_1 = y_2$ ist.
b) Man führe die Rechnung für die folgenden Werte x nach beiden Verfahren durch und vergleiche die Ergebnisse:
x: 0.123×10^{-1}, 0.123×10^{-2}, 0.123×10^{-3}.
(Nach jedem Zwischenschritt ist auf 3 Mantissenstellen zu runden, vgl. Beispiel 4.17.)

Aufgabe 4.26 Unter Verwendung einer Wheatstoneschen Brücke (Bild 4.11) soll ein elektrischer Widerstand y gemessen werden. Mit dem Vergleichswiderstand R (in Ω), der Meßdrahtlänge l (in mm) und der Kontakteinstellung x (in mm) gilt $y = \dfrac{Rx}{l-x}$. Für x liest man einen Näherungswert $\tilde{x}$ ab, zu dem ein Näherungswert $\tilde{y}$ für y gehört. Man gebe genäherte obere Schranken für den Betrag des absoluten und des relativen (fortgepflanzten) Fehlers von $\tilde{y}$ an, wenn eine Schranke $\delta > 0$ mit $|\tilde{x} - x| \leq \delta$ bekannt ist.

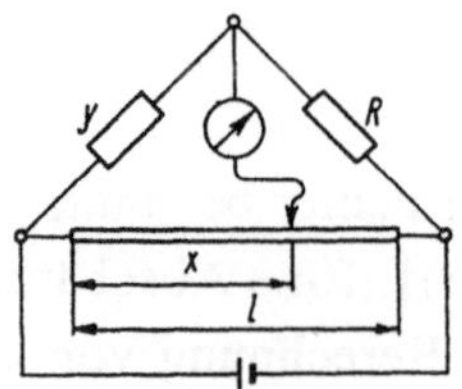

Bild 4.11

4.6 Ein Ausblick: Funktionenräume

Zum Abschluß des Kapitels 4 wollen wir auf "theoretische" Konsequenzen hinweisen, die sich aus Eigenschaften der grundlegenden Begriffe (Grenzwert, Stetigkeit, Differenzierbarkeit und Ableitungen) ergeben. Der eilige Leser kann diesen Abschnitt überspringen.

Wir bezeichnen mit

$$C[a,b] \quad \text{bzw.} \quad C^k[a,b]$$

die Menge aller auf dem Intervall $[a,b]$, $a < b$, definierten und dort stetigen bzw. k-mal stetig differenzierbaren Funktionen ($k = 1, 2, ...$).

Nach Satz 4.2 ist z. B. $C^1[a,b]$ eine Teilmenge von $C[a,b]$, und zwar eine echte Teilmenge, da beispielsweise die Funktion $f(x) = \sqrt{x-a}$, $x \in [a,b]$, zu $C[a,b]$, aber nicht zu $C^1[a,b]$ gehört (f ist an der Stelle $x = a$ nicht rechtsseitig differenzierbar).

Ist nun $f, g \in C[a,b]$ (d. h. f und g sind auf $[a, b]$ stetige Funktionen) und $\alpha \in \mathbb{R}$, so gilt nach Satz 3.2 auch $f+g \in C[a,b]$ und $\alpha f \in C[a,b]$. Beide Eigenschaften können offenbar zusammengefaßt werden:

$$f,g \in C[a,b] \text{ und } \alpha,\beta \in \mathbb{R} \Rightarrow \alpha f+\beta g \in C[a,b], \tag{*}$$

d. h., $C[a,b]$ enthält mit f und g jede *Linearkombination* $\alpha f + \beta g$. Hierbei gelten die von reellen Zahlen und auch von Vektoren her bekannten Rechenregeln, z. B. $f + g = g + f$. Die Menge $C[a,b]$ ist also (bez. der Addition und der Multiplikation mit reellen Zahlen) ein *linearer Raum* oder *Vektorraum* (vgl. z. B. [SSZ]).

Alles über $C[a,b]$ Gesagte gilt analog für $C^k[a,b]$, wobei die zu (*) analoge Eigenschaft nun aus den Sätzen 4.3 bzw. 4.7 und 3.2 folgt, so daß auch $C^k[a,b]$ ein linearer Raum ist. Man beachte, daß die herangezogenen Sätze ihrerseits eine Konsequenz der entsprechenden Rechenregeln für Grenzwerte (Satz 2.2) sind.

Nun definieren wir einen *Operator D* durch folgende Vorschrift:

$$Df := f', \quad f \in C^1[a,b],$$

d. h., D ordnet jeder auf $[a,b]$ stetig differenzierbaren Funktion f ihre Ableitung f' zu; diese ist auf $[a,b]$ noch stetig, also ein Element von $C[a,b]$. Der *Differentiationsoperator* D bildet somit $C^1[a,b]$ in $C[a,b]$ ab[12].

Gegeben seien Funktionen $f,g \in C^1[a,b]$ und Zahlen $\alpha, \beta \in R$. Nach Satz 4.3 gilt dann

$$D(\alpha f + \beta g) = (\alpha f + \beta g)' = \alpha f' + \beta g' = \alpha Df + \beta Dg.$$

Ein Operator T mit der Eigenschaft $T(\alpha f + \beta g) = \alpha Tf + \beta Tg$ heißt *linear*. Wir haben also soeben gezeigt, daß der Differentiationsoperator D linear ist. Mit diesem Operator kann man z. B. die Differentialgleichung $f'(x) = \alpha f(x)$, $x \in [a,b]$, (vgl. (4.3)) als *lineare Operatorgleichung* $Df = \alpha f$ schreiben; ihre Lösungen $f \in C^1[a,b]$ sind uns wohlbekannt (vgl. (4.4)).

Der Operator D ist das einfachste Beispiel eines *Differentialoperators*; darunter versteht man einen Operator, der gewissen Funktionen f eine von f, f' und evtl. höheren Ableitungen abhängige Funktion zuordnet. Zum Beispiel ist durch

$$Tf(x) = \varrho f''(x) - \sqrt{1 + [f'(x)]^2} \qquad (\varrho > 0, \quad \text{fest})$$

ein Differentialoperator T von $C^2[a,b]$ in $C[a,b]$ definiert. Dieser ist *nichtlinear* (man beachte, wie T von f' abhängt). Die *nichtlineare Operatorgleichung* $Tf = 0$, also die Differentialgleichung $\varrho f''(x) = \sqrt{1 + [f'(x)]^2}$, beschreibt das Durchhängen eines an beiden Enden befestigten Seils. Die Lösungen, hier im Raum $C^2[a,b]$ zu suchen, sind Hyperbelkosinus-Funktionen.

Nunmehr befinden wir uns am Beginn einer Betrachtungsweise, die die Mathematik dieses Jahrhunderts wesentlich geprägt hat: Man faßt die zu studierenden Objekte zu einer Menge zusammen, die man mit einer geeigneten Struktur versieht, so daß man mit ihr "wie mit Zahlen oder Vektoren rechnen" kann. Sind die Objekte Funktionen, so heißt die aus ihnen gebildete

---

[12] In Teil 2 (Integralrechnung) wird sich herausstellen, daß der Wertevorrat von D der ganze lineare Raum $C[a,b]$ ist.

strukturierte Menge *Funktionenraum*. $C[a,b]$ und $C^k[a,b]$ sind einfache Beispiele für Funktionenräume. Um in ihnen wirklich "rechnen" zu können, muß man neben der linearen Struktur (vgl. (*)) noch (mindestens) einen Abstandsbegriff einführen. In $C[a,b]$ kann man den *Abstand* zweier Funktionen f und g z. B. definieren durch

$$d(f,g) = \max_{a \le x \le b} |f(x) - g(x)| ;$$

die Existenz des Maximums ist dabei durch Satz 3.5(a) gesichert.

Gleichungen für Funktionen (z. B. Differentialgleichungen) können interpretiert und bearbeitet werden als *Operatorgleichungen in geeigneten Funktionenräumen*. Die konsequente Verfolgung dieser Grundidee hat zur Entwicklung eines mächtigen Apparates geführt, mit dem schwierige, insbesondere auch nichtlineare Probleme der Natur-, Ingenieur- und Wirtschaftswissenschaften behandelt werden können - von Existenzaussagen bis hin zur Begründung numerischer Verfahren. Dies ist der Gegenstand einer mathematischen Disziplin, die *Funktionalanalysis* heißt.

Die oben erwähnten Differentialgleichungen lassen sich mit elementaren Methoden lösen; hierzu bedarf es nicht der Funktionalanalysis (die Beispiele haben also nur illustrativen Charakter). In der Funktionalanalysis wurden aber Methoden entwickelt, mit denen zu anderen Differentialgleichungsproblemen Aussagen gewonnen werden können, die über klassische Ergebnisse weit hinausreichen. Dazu werden allerdings andere als die angedeuteten Funktionenräume benötigt.

Zur Funktionalanalysis gibt es eine Vielzahl von Lehrbüchern und Monographien, die auch von Anwendern der Mathematik genutzt werden (siehe z. B. [GRI]).

5 Eigenschaften differenzierbarer Funktionen

5.1 Mittelwertsätze der Differentialrechnung

Die beiden folgenden Sätze sind die Grundlage für die spätere Herleitung von Eigenschaften einer Funktion aus dem (lokalen) Verhalten ihrer Ableitungen.

> **Satz 5.1** (Satz von Fermat[13]) *Die Funktion f sei auf dem Intervall I definiert. Weiter sei x_0 eine Stelle im Inneren von I, wo die Funktion f differenzierbar ist und einen lokalen Extremwert annimmt. Dann gilt $f'(x_0) = 0$.*

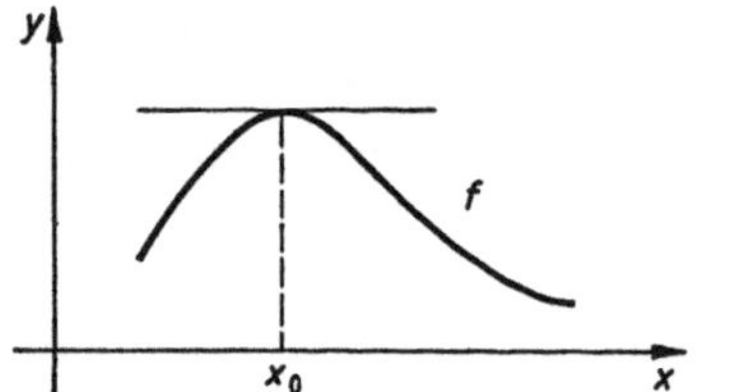

Bild 5.1

Geometrisch sagt Satz 5.1 aus, daß die zu der Extremstelle x_0 zugehörige Tangente an die Bildkurve von f parallel zur x-Achse verläuft (Bild 5.1).

B e w e i s von Satz 5.1: Es sei x_0 lokale Maximumstelle von f. (Für eine lokale Minimumstelle führt man den Beweis analog.) Da x_0 im Inneren von I liegt, enthält I ein hinreichend kleines Intervall $(x_0 - \varepsilon, x_0 + \varepsilon)$. Für $|h| < \varepsilon$ ist $f(x_0 + h) \le f(x_0)$ (Bild 5.1) und daher

$$\frac{\Delta f(x_0, h)}{h} \begin{cases} \le 0, & \text{falls} \quad 0 < h < \varepsilon, \\ \ge 0, & \text{falls} \quad -\varepsilon < h < 0. \end{cases}$$

Hieraus folgt

$$f'_+(x_o) = \lim_{h \to +0} \frac{\Delta f(x_0, h)}{h} \le 0$$

---

[13] Pierre de Fermat (1601-1665), französischer Mathematiker und Jurist.

und entsprechend $f'_-(x_0) \geq 0$. Wegen $f'(x_0) = f'_+(x_0) = f'_-(x_0)$ (Satz 4.1) ist somit $f'(x_0) = 0$.

Satz 5.2   (Mittelwertsatz[14]). *Die Funktion f sei auf [a,b] stetig und auf (a,b) differenzierbar. Dann gibt es (mindestens) ein $\xi \in (a,b)$, so daß gilt*

$$\frac{f(b) - f(a)}{b - a} = f'(\xi). \qquad (5.1)$$

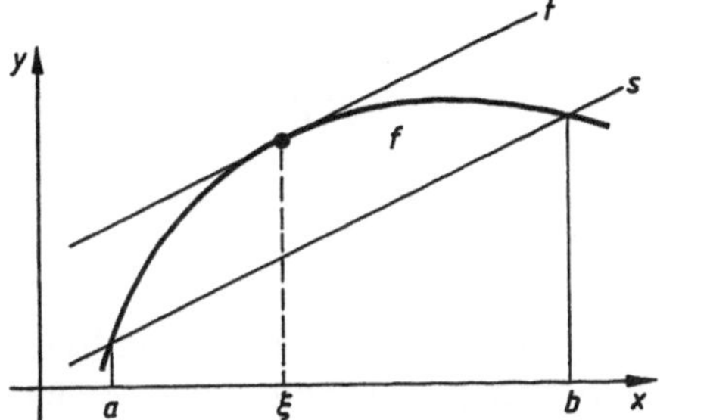

Bild 5.2

Mit den Bezeichnungen von Bild 5.2 ist

$$\frac{f(b) - f(a)}{b - a}$$ der Anstieg der Sekante s,

$$f'(\xi)$$ der Anstieg der Tangente t.

Satz 5.2 besagt also geometrisch, daß es zu der Sekante s (mindestens) eine *parallele* Tangente t an die Bildkurve von f gibt.

Satz 5.2 mit der zusätzlichen Voraussetzung $f(a) = f(b)$ heißt *Satz von Rolle*[15].

---

[14] Genauer: Mittelwertsatz der Differentialrechnung.
[15] Michel Rolle (1652-1719), französischer Mathematiker.

B e w e i s von Satz 5.2: a) Zuerst beweisen wir den Satz von Rolle. Nach Satz 3.5(a) besitzt die Funktion f auf $[a,b]$ ein globales Minimum m_1 und ein globales Maximum m_2. Ist $m_1 = m_2$, dann ist f auf $[a,b]$ konstant und folglich gilt $f'(\xi) = 0$ für jedes $\xi \in (a,b)$. Wegen $f(b) - f(a) = 0$ ist (5.1) erfüllt. Ist aber $m_1 \neq m_2$, dann wird einer der beiden Extremwerte an einer Stelle ξ im Inneren von $[a,b]$ angenommen (da $f(a) = f(b)$). Nach Satz 5.1 ist $f'(\xi) = 0$ für jedes $\xi \in (a,b)$, so daß (5.1) auch in diesem Falle gilt.

b) Nun beweisen wir Satz 5.2 allgemein. Es sei f_s die Funktion, deren Bildkurve die Sekante s ist, also

$$f_s(x) = f(a) + \frac{f(b) - f(a)}{b - a}(x - a).$$

Die Funktion $\varphi(x) = f(x) - f_s(x)$ (vgl. Bild 5.2) genügt auf $[a,b]$ den Voraussetzungen des Satzes von Rolle, der nach a) bereits bewiesen ist. Somit gibt es ein $\xi \in (a,b)$ mit

$$0 = \varphi'(\xi) = f'(\xi) - f_s'(\xi) = f'(\xi) - \frac{f(b) - f(a)}{b - a}.$$

Also gilt (5.1).

Satz 5.2 macht keine Aussage über die Lage der Zahl ξ im Intervall $[a,b]$; sie muß nicht - wie der Name "Mittelwertsatz" suggerieren könnte - der Mittelpunkt des Intervalls sein (vgl. Aufgabe 5.1a).

Die Ableitung einer konstanten Funktion ist bekanntlich gleich null; mit Hilfe des Mittelwertsatzes können wir nun auch die Umkehrung dieser Aussage beweisen.

Satz 5.3 *Die Funktion f sei auf dem Intervall I stetig und an jeder Stelle x im Inneren von I differenzierbar mit der Ableitung $f'(x) = 0$. Dann ist f auf I konstant.*

B e w e i s : Wir wählen eine beliebige Zahl $a \in I$. Zu jedem $x \in I$, $x \neq a$, gibt es nach Satz 5.2, angewandt auf das Intervall $a \ldots x$, eine im Inneren dieses Intervalls (also auch im Inneren von I) gelegene Zahl ξ mit

$$\frac{f(x) - f(a)}{x - a} = f'(\xi).$$

Wegen $f'(\xi) = 0$ ist $f(x) = f(a)$. Somit hat f auf I den Wert $f(a)$.

Beispiel 5.1 Wir können nun zeigen, daß *jede* Lösung f der Differentialgleichung

$$f'(x) = \alpha f(x), \quad x \in I, \tag{5.2}$$

die Form $f(x) = C e^{\alpha x}$, $x \in I$, hat, wobei C eine geeignete Konstante ist (vgl. die Ausführungen vor Beispiel 4.5). Dazu betrachten wir die Funktion

$$\varphi(x) = e^{-\alpha x} f(x), \quad x \in I.$$

Mit f ist auch φ auf I differenzierbar, und es gilt

$$\varphi'(x) = -\alpha e^{-\alpha x} f(x) + e^{-\alpha x} f'(x) = e^{-\alpha x}(f'(x) - \alpha f(x)), \quad x \in I.$$

Da f nach Voraussetzung der Gleichung (5.2) genügt, ist $\varphi'(x) = 0$ für jedes $x \in I$. Gemäß Satz 5.3 gibt es daher ein $C \in \mathbb{R}$ mit $\varphi(x) = C$ für jedes $x \in I$; hieraus folgt die Behauptung.

Eine auf einem Intervall I definierte Funktion f heißt auf I *Lipschitz*[16]*-stetig* mit der *Lipschitz-Konstanten* $\lambda > 0$, wenn gilt

$$|f(x) - f(x')| \le \lambda |x - x'| \quad \text{für alle}\ \ x, x' \in I. \tag{5.3}$$

Offenbar ist eine auf I Lipschitz-stetige Funktion dort auch stetig. Die Lipschitz-Stetigkeit spielt bei numerischen Verfahren eine wichtige Rolle, wie wir in Kapitel 7 sehen werden. Der folgende Satz gibt eine leicht zu verifizierende hinreichende Bedingung für Lipschitz-Stetigkeit.

Satz 5.4 *Ist die Funktion f auf $[a,b]$ stetig differenzierbar, so ist sie dort Lipschitz-stetig mit der Lipschitz-Konstanten* $\lambda = \max\limits_{a \le x \le b} |f'(x)|$.

B e w e i s : Es seien Zahlen $x, x' \in [a,b]$ mit $x \ne x'$ gegeben. Nach dem Mittelwertsatz, angewendet auf das Intervall $x \ldots x'$, gibt es eine in diesem Intervall gelegene Zahl ξ, so daß gilt

---

[16] Rudolf Lipschitz (1832-1903), deutscher Mathematiker.

$$|f(x) - f(x')| = |f'(\xi)| \cdot |x - x'|.$$

Hieraus folgt die Behauptung. (Man beachte, daß das globale Maximum von $|f'|$ auf $[a,b]$ nach Satz 3.5(a) existiert.)

Satz 5.5 (Verallgemeinerter Mittelwertsatz). *Die Funktionen f und g seien auf $[a,b]$ stetig und auf (a,b) differenzierbar. Es sei $g'(x) \neq 0$ für jedes $x \in (a,b)$. Dann gibt es (mindestens) ein $\xi \in (a,b)$, so daß gilt*

$$\frac{f(b)-f(a)}{g(b)-g(a)} = \frac{f'(\xi)}{g'(\xi)}.$$

Diese Aussage beweist man durch Anwendung von Satz 5.2 auf die Funktion

$$\varphi(x) = f(x) - \frac{f(b)-f(a)}{g(b)-g(a)} g(x).$$

Man beachte, daß wegen $g'(x) \neq 0$ für jedes $x \in (a,b)$ nach Satz 5.2 auch $g(b) - g(a) \neq 0$ ist.

Aufgabe 5.1 Man ermittle die Zahl ξ des Mittelwertsatzes für die folgenden Funktionen.

a) $f(x) = \dfrac{1}{x}$, $x \in [a,b]$ $(0 < a < b)$,

b) $f(x) = \alpha_2 x^2 + \alpha_1 x + \alpha_0$, $x \in [a,b]$ $(\alpha_0, \alpha_1, \alpha_2$: reelle Konstanten, $a < b)$.

Aufgabe 5.2 Man zeige, daß die Funktionen $f(x) = -\arcsin\dfrac{1}{x}$, $x \geq 1$, und $g(x) = \arctan\sqrt{x^2-1}$, $x \geq 1$, sich nur um eine additive Konstante unterscheiden und ermittle diese Konstante.

Hinweis: Man differenziere die Funktion $\varphi(x) = g(x) - f(x)$.

5.2   Die Taylor-Formel und ihre Anwendung

5.2.1   Die Taylor-Formel für ganze rationale Funktionen

Es sei g eine ganze rationale Funktion n-ten Grades, also

$$g(x) = a_0 + a_1 x + a_2 x^2 + \dots + a_n x^n, \quad a_n \neq 0, \tag{5.4}$$

wobei die Koeffizenten $a_0, \dots, a_n$ reelle Zahlen sind. Mit einer beliebigen reellen Zahl x_0 sei nun $g(x)$ nach Potenzen von $x - x_0$ entwickelt:

$$g(x) = c_0 + c_1(x - x_0) + c_2(x - x_0)^2 + \dots + c_n(x - x_0)^n, \quad c_n \neq 0 \ . \tag{5.5}$$

Für die Ableitungen von g erhält man nach (5.5)

$$g'(x) \ = c_1 + 2c_2(x - x_0) + \dots + nc_n(x - x_0)^{n-1} \ ,$$
$$g''(x) = 2c_2 + \dots + n(n-1)c_n(x - x_0)^{n-2} \ ,$$
$$\cdots$$
$$g^{(n)}(x) = n(n-1) \dots 2 \cdot 1 \cdot c_n = n! c_n$$

und daraus speziell für $x = x_0$

$$
\begin{aligned}
g(x_0) \ &= c_0 & c_0 &= g(x_0) \ , \\[2mm]
g'(x_0) &= c_1 = 1! c_1 \ , & c_1 &= \frac{g'(x_0)}{1!} \ , \\[2mm]
g''(x_0) &= 2c_2 = 2! c_2 \ , & c_2 &= \frac{g''(x_0)}{2!} \ , \\[2mm]
\cdots & & & \\[2mm]
g^{(n)}(x_0) &= n! c_n \ , & c_n &= \frac{g(n)(x_0)}{n!} \ .
\end{aligned}
\tag{5.6}
$$

Hiermit geht (5.5) über in

$$\boxed{\ g(x) = g(x_0) + \frac{g'(x_0)}{1!}(x - x_0) + \frac{g''(x_0)}{2!}(x - x_0)^2 + \dots + \frac{g^{(n)}(x_0)}{n!}(x - x_0)^n. \ } \tag{5.7}$$

Das ist die *Taylor[17]-Formel* oder *Taylor-Entwicklung* für eine ganze rationale

---

[17]   Brook Taylor (1685-1731), englischer Mathematiker.

Funktion n-ten Grades mit der Entwicklungsstelle x_0.

Gemäß (5.6) sind die Koeffizienten $c_0, \dots, c_n$ in der Entwicklung (5.5) durch die Werte der Funktion g und ihrer Ableitungen $g', \dots, g^{(n)}$ an einer einzigen Stelle x_0 eindeutig bestimmt. Hieraus resultiert der folgende Satz.

Satz 5.6 *Ist neben (5.5) auch*

$$g(x) = \bar{c}_0 + \bar{c}_1(x-x_0) + \bar{c}_2(x-x_0)^2 + \dots + \bar{c}_n(x-x_0)^n \;, \quad \bar{c}_n \neq 0 \;,$$

eine Entwicklung von $g(x)$ nach Potenzen von $x - x_0$, so gilt

$$\bar{c}_\nu = \frac{g^{(\nu)}(x_0)}{\nu!} = c_\nu \quad \textit{für} \quad \nu = 0, 1, \dots, n.$$

Dieser Satz ist die Grundlage für die *Methode des Koeffizientenvergleichs*, die wir im nächsten Abschnitt sogleich anwenden werden.

5.2.2. Das Horner-Schema

Es sei wieder g eine ganze rationale Funktion n-ten Grades:

$$g(x) = a_n x^n + a_{n-1} x^{n-1} + \dots + a_1 x + a_0 \;, \quad a_n \neq 0 \;. \tag{5.8}$$

Häufig steht die Aufgabe, für eine gegebene reelle Zahl x_0 den Funktionswert $g(x_0)$ und die Ableitungen $g^{(\nu)}(x_0)$ numerisch zu berechnen. Für $n \geq 3$ ist eine direkte Berechnung nach (5.8) im allgemeinen recht aufwendig. Gemäß (5.6) kann man diese Werte aber mühelos ermitteln, wenn man die Koeffizienten c_ν der Entwicklung von $g(x)$ nach Potenzen von $x - x_0$ kennt. Im folgenden leiten wir ein einfaches Verfahren zur Berechnung dieser Koeffizienten her.

Wir gehen aus von der Taylor-Formel (5.7), in der wir vom zweiten Summanden ab den Faktor $x - x_0$ ausklammern:

$$g(x) = g(x_0) + (x-x_0) \cdot g_1(x) \;, \tag{5.9}$$

$$g_1(x) := \frac{g'(x_0)}{1!} + \frac{g''(x_0)}{2!}(x-x_0) + \dots + \frac{g^{(n)}(x_0)}{n!}(x-x_0)^{n-1}. \tag{5.10}$$

Die Entwicklung von $g_1(x)$ nach Potenzen von x ist von der Form

$$g_1(x) = b_{n-1}x^{n-1} + b_{n-2}x^{n-2} + \ldots + b_1 x + b_0.$$

Setzt man das in (5.9) ein und ordnet wieder nach Potenzen von x, so erhält man

$$g(x) = b_{n-1}x^n + (b_{n-2}-x_0 b_{n-1})x^{n-1} + \ldots + (b_0 - x_0 b_1)x + (g(x_0) - x_0 b_0).$$

Dies und (5.8) sind verschiedene Entwicklungen von $g(x)$ nach Potenzen von x. Gemäß Satz 5.6 (mit $x_0 = 0$) müssen die Koeffizienten gleicher Potenzen von x übereinstimmen; der *Koeffizientenvergleich* ergibt

$$
\begin{aligned}
x^n &: a_n = b_{n-1}, \\
x^{n-1} &: a_{n-1} = b_{n-2} - x_0 b_{n-1}, \\
&\ldots \\
x^1 &: a_1 = b_0 - x_0 b_1, \\
x^0 &: a_0 = g(x_0) - x_0 b_0,
\end{aligned}
\qquad \text{also} \qquad
\boxed{
\begin{aligned}
b_{n-1} &= a_n, \\
b_{n-2} &= a_{n-1} + x_0 b_{n-1}, \\
&\ldots \\
b_0 &= a_1 + x_0 b_1, \\
g(x_0) &= a_0 + x_0 b_0.
\end{aligned}
}
\qquad (5.11)
$$

Nach (5.11) kann man die Koeffizienten b_{n-1}, b_{n-2}, $\ldots$, b_0 und schließlich den Funktionswert $g(x_0)$ bereits mit einem nichtprogrammierbaren Taschenrechner bequem berechnen. Führt man die Rechnungen im Kopf durch, so empfiehlt sich die Anwendung des sog. *Horner*[18]*-Schemas*:

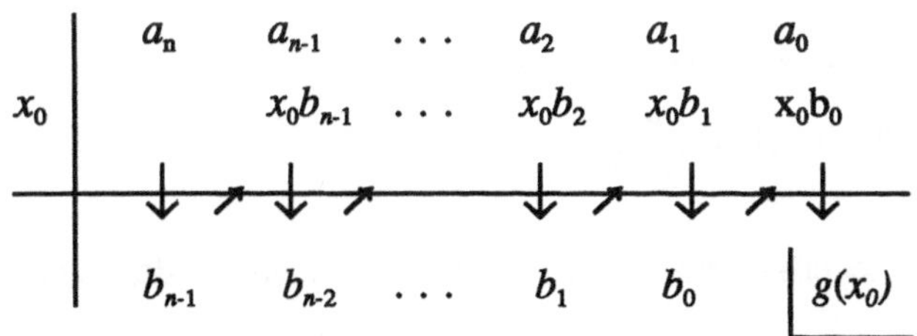

In der ersten Zeile notiert man die Koeffizienten a_n, a_{n-1}, $\ldots$, a_0 der Darstellung (5.8). Dann schreibt man a_n unverändert in die dritte Zeile. Nun rechnet man in der durch die Pfeile angedeuteten Reihenfolge, wobei die schrägen Pfeile "Multiplikation mit x_0" und die senkrechten Pfeile (vom zweiten ab) "Addition der darüber-

---

[18] William George Horner (1786-1837), englischer Mathematiker.

stehenden Zahlen" bedeuten.

Nach (5.9) ist

$$\frac{g(x)}{x-x_0} = g_1(x) + \frac{g(x_0)}{x-x_0} \, ;$$

man kann das Horner-Schema daher auch als *Algorithmus zur Division einer ganzen rationalen Funktion durch einen Linearfaktor* $x - x_0$ auffassen: In der dritten Zeile ergeben sich die Koeffizienten $b_{n-1}, \ldots , b_0$ des reduzierten Polynoms $g_1(x)$ und der Zähler $g(x_0)$ des "Restes".

Beispiel 5.2 Im Falle

$$g(x) = 3x^4 + x^2 - 5x + 2, \quad x_0 = 2$$

hat man das folgende Horner-Schema:

	3	$0^{19)}$	1	-5	2
2		6	12	26	42
	3	6	13	21	44 = g(2)

Daraus liest man ab:

$$g(x) = 44 + (x-2) \cdot (3x^3 + 6x^2 + 13x + 21) \text{ bzw.}$$
$$\frac{g(x)}{x-2} = 3x^3 + 6x^2 + 13x + 21 + \frac{44}{x-2}.$$

Verfährt man analog mit $g_1(x)$, so erhält man den Funktionswert $g_1(x_0)$, der nach (5.10) gleich $\dfrac{g'(x_0)}{1!}$ ist. Durch Fortsetzung des Verfahrens kann man sämtliche Koeffizienten

$$\frac{g^{(\nu)}(x_0)}{\nu!} \qquad (\nu = 0,1,\ldots,n)$$

---

[19] Für jede fehlende Potenz x^k, $0 \le k < n$, ist der Koeffizient $a_k = 0$ zu notieren.

der Taylor-Formel (5.7) und somit die Ableitungen $g^{(\nu)}(x_0)$ berechnen. Das in dieser Weise erweiterte Schema nennt man auch *vollständiges Horner-Schema*.

Beispiel 5.3 Dies ist das vollständige Horner-Schema für das Beispiel 5.2:

```
        3       0       1      -5       2
  2             6      12      26      42
        3       6      13      21    | 44 = g(2)
  2             6      24      74
        3      12      37   | 95 = g'(2)
  2             6      36
        3      18   | 73 = g''(2)/2!
  2             6
        3   | 24 = g'''(2)/3!
  2
      | 3 = g^(4)(2)/4!
```

Hieraus liest man die Taylor-Formel der Funktion $g(x) = 3x^4 + x^2 - 5x + 2$ mit der Entwicklungsstelle $x_0 = 2$ ab:

$$g(x) = 44 + 95(x-2) + 73(x-2)^2 + 24(x-2)^3 + 3(x-2)^4.$$

Ferner ist zum Beispiel $g'''(2) = 3! \cdot 24 = 144$.

Es sei wieder g eine ganze rationale Funktion n-ten Grades, und für ein $k \in \{1, 2, \ldots, n\}$ gelte

$$\frac{g^{(\nu)}(x_0)}{\nu!} = 0 \quad \text{für} \quad \nu = 0, 1, \ldots, k-1, \quad \text{aber} \quad \frac{g^{(k)}(x_0)}{k!} \neq 0.$$

Nach der Taylor-Formel (5.7) ist dann g von der Form

$$g(x) = (x-x_0)^k \cdot g_k(x), \tag{5.12}$$

wobei g_k eine ganze rationale Funktion $(n-k)$-ten Grades mit

$$g_k(x_0) = \frac{g^{(k)}(x_0)}{k!} \neq 0$$

ist. Man nennt in diesem Falle x_0 eine *k-fache Nullstelle* der Funktion g. Aus dem vollständigen Horner-Schema kann man die Vielfachheit einer Nullstelle ablesen (s. Aufgabe 5.4).

Aufgabe 5.3 Man entwickle die Funktion $g(x) = 2x^6 + 5x^3 - 4x + 9$ nach Potenzen von $x + 2$. Welchen Wert hat $g^{(4)}(-2)$?

Aufgabe 5.4 Man ermittle die Vielfachheit k der Nullstelle $x_0 = -3$ der Funktion $g(x) = x^4 - 19x^2 - 6x + 72$ und stelle g in der Form (5.12) dar.

5.2.3 Die Taylor-Formel für beliebige Funktionen

Eine wichtige Aufgabe ist die Approximation einer gegebenen Funktion durch Funktionen, die in irgendeinem Sinne "einfacher" sind. Für die numerische Berechnung von Funktionswerten, aber auch für die Aufstellung praktikabler Näherungsformeln erweisen sich insbesondere ganze rationale Funktionen als "einfach". Im Zusammenhang mit der Funktionswertberechnung hatten wir dies bereits in Beispiel 4.23 erläutert.

Wir wollen nun die Approximation einer Funktion f durch ganze rationale Funktionen behandeln. Dabei lassen wir uns von der Taylor-Formel (5.7) leiten. Wir setzen also voraus, daß die Funktion f an der Stelle x_0 Ableitungen bis zur n-ten Ordnung besitzt und ordnen ihr die folgende ganze rationale Funktion zu:

$$T_n(x) := f(x_0) + \frac{f'(x_0)}{1!}(x - x_0) + \frac{f''(x_0)}{2!}(x - x_0)^2 + \ldots + \frac{f^{(n)}(x_0)}{n!}(x - x_0)^n. \tag{5.13}$$

Man nennt T_n *Taylor-Polynom* n-ter Ordnung der Funktion f mit der Entwicklungsstelle x_0.

Falls f speziell eine ganze rationale Funktion n-ten Grades ist, gilt gemäß (5.7) $f(x) = T_n(x)$ für jedes $x \in \mathbb{R}$. In jedem anderen Falle wird sich $f(x)$ von $T_n(x)$ für $x \neq x_0$ "mehr oder weniger" unterscheiden. In vielen Fällen wird jedoch $f(x)$ durch $T_n(x)$ in einer Umgebung von x_0 mit wachsendem n immer besser approximiert. Daher nennt man die Bildkurve von T_n auch *Schmiegparabel* n-ter Ordnung der Funktion f. Die Schmiegparabel erster Ordnung, also die Bildkurve der Funktion

$$T_1(x) = f(x_0) + f'(x_0)(x - x_0),$$

ist gerade die Tangente an die Bildkurve von f im Punkt $(x_0, f(x_0))$.

Beispiel 5.4   Wir betrachten die Funktion $f(x) = e^x$ mit $x_0 = 0$. Wegen $f^\nu(x) = e^x$, also $f^\nu(0) = e^0 = 1$ für $\nu = 0, 1, \dots$ gilt nach (5.13)

$$T_n(x) = 1 + \frac{x}{1!} + \frac{x^2}{2!} + \dots + \frac{x^n}{n!},$$

also insbesondere

$$T_1(x) = 1 + x, \quad T_2(x) = 1 + x + \tfrac{1}{2}x^2, \quad T_3(x) = 1 + x + \tfrac{1}{2}x^2 + \tfrac{1}{6}x^3.$$

Bild 5.3 zeigt die Bildkurve der Funktion f und ihre ersten drei Schmiegparabeln. Diese schmiegen sich der Bildkurve von f mit wachsender Ordnung tatsächlich immer besser an.

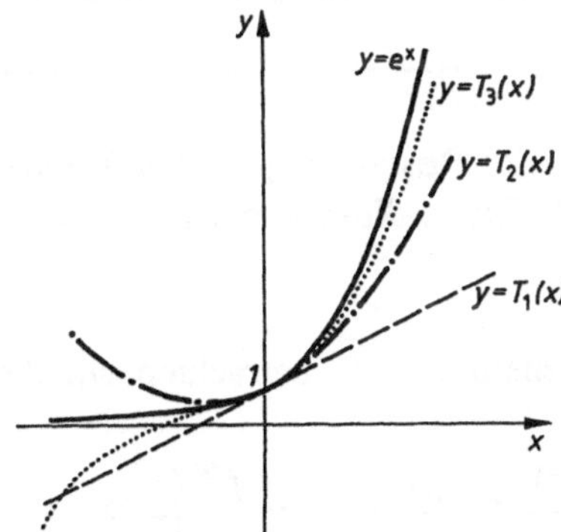

Bild 5.3

Um zu quantitativen Aussagen über die "Güte" der Approximation von f durch T_n gelangen zu können, benötigt man geeignete Darstellungen für das sog. *Restglied* n-ter Ordnung

$$R_n(x) := f(x) - T_n(x). \tag{5.14}$$

Solche Darstellungen stellt der folgende Satz bereit.

Satz 5.7 (Satz von Taylor) *Die Funktion f sei auf einer Umgebung U der Stelle x_0 $(n+1)$-mal differenzierbar, und es sei $x \in U$. Setzt man (wie in (5.14) und (5.13))*

$$f(x) = T_n(x) + R_n(x), \quad \text{wobei} \quad T_n(x) = \sum_{v=0}^{n} \frac{f^{(v)}(x_0)}{v!}\,(x-x_0)^v, \quad (5.15)$$

so gilt:

Es gibt eine zwischen x_0 und x gelegenen Zahl ξ, so daß

$$R_n(x) = \frac{f^{(n+1)}(\xi)}{(n+1)!}\,(x-x_0)^{n+1} \quad \text{(Lagrange[20]-Form des Restglieds),} \quad (5.16)$$

und es gibt eine zwischen x_0 und x gelegene Zahl ξ', so daß

$$R_n(x) = \frac{f^{(n+1)}(\xi')}{n!}\,(x-\xi')^n(x-x_0) \quad \text{(Cauchy[21]-Form d. Restglieds).} \quad (5.17)$$

Wir erwähnen, daß es weitere Darstellungen des Restglieds gibt. Die Formel (5.15) mit $R_n(x)$ in einer dieser Darstellungen heißt *Taylor-Formel* der Funktion f mit der Entwicklungsstelle x_0.

B e w e i s von Satz 5.7: Bei festgehaltenem $x \in U$ betrachten wir die Hilfsfunktion

$$\varphi(z) := f(z) + \frac{f'(z)}{1!}(x-z) + \frac{f''(z)}{1!}(x-z)^2 + \ldots + \frac{f^{(n)}(z)}{n!}(x-z)^n, \quad z \in U.$$

Die Funktion φ genügt auf dem Intervall $x_0 \ldots x$ den Voraussetzungen des verallgemeinerten Mittelwertsatzes (Satz 5.5). Nun sei ψ eine zunächst beliebige Funktion, die diese Voraussetzungen auch erfüllt. Dann gibt es eine zwischen x_0 und x gelegene Zahl ξ, so daß gilt

$$\frac{\varphi(x) - \varphi(x_0)}{\psi(x) - \psi(x_0)} = \frac{\varphi'(\xi)}{\psi'(\xi)}. \qquad\qquad (5.18)$$

---

[20] Joseph Louis Lagrange (1736-1813), französischer Mathematiker.
[21] Augustin Louis Cauchy (1789-1857), französischer Mathematiker.

Man erhält

$$\varphi'(z) = f'(z) + \left[\frac{f''(z)}{1!}(x-z) - \frac{f'(z)}{1!}\right] + \left[\frac{f'''(z)}{2!}(x-z)^2 - \frac{f''(z)}{2!}\cdot 2(x-z)\right] +$$

$$+ \ldots + \left[\frac{f^{(n+1)}(z)}{n!}(x-z)^n - \frac{f^{(n)}(z)}{n!}n(x-z)^{n-1}\right],$$

also, da sich alle übrigen Summanden gegenseitig aufheben,

$$\varphi'(z) = \frac{f^{(n+1)}(z)}{n!}(x-z)^n .$$

Wegen $\varphi(x) = f(x)$ und $\varphi(x_0) = T_n(x)$ ist weiter $\varphi(x) - \varphi(x_0) = R_n(x)$. Aus (5.18) folgt daher

$$R_n(x) = \frac{\psi(x) - \psi(x_0)}{\psi'(\xi)} \cdot \frac{f^{(n+1)}(\xi)}{n!}(x-\xi)^n .$$

Setzt man hierin nun $\psi(z) = (x-z)^{n+1}$ bzw. $\psi(z) = x - z$, so erhält man die Lagrange- bzw. die Cauchy-Form des Restglieds, und Satz 5.7 ist bewiesen. (Da die Zahl ξ in (5.18) von der Wahl der Funktion ψ abhängt, schreiben wir ξ bzw. ξ'.)

Wir interpretieren nun die Aussage von Satz 5.7: Man geht davon aus, daß an einer Stelle x_0 die Werte $f(x_0)$, $f'(x_0)$, ... , $f^{(n)}(x_0)$ (leicht) berechnet werden können, so daß man das Taylor-Polynom T_n gemäß (5.13) bilden kann. Für eine (zu x_0 "benachbarte") Stelle x ist dann $T_n(x)$ eine Approximation des interessierenden Wertes $f(x)$ mit dem Approximationsfehler[22]

$$f(x) - T_n(x) = R_n(x) ,$$

für den der Satz 5.7 zwei Darstellungen gibt. Nun enthält jede dieser Darstellungen eine Zahl ξ bzw. ξ', von der im allg. nur bekannt ist, daß sie zwischen x_0 und x liegt. Um eine verwertbare Fehleraussage zu erhalten, muß man versuchen, durch eine Abschätzung von $R_n(x)$ diese Zahl zu beseitigen. Dazu ist es häufig zweck-

---

[22] Zu dem in 4.5.2 betrachteten Verfahrensfehler r_v besteht die Beziehung $r_v = -R_n(x)$.

mäßig, sie in der Form

$$\xi = x_0 + \vartheta(x - x_0) \text{ mit einem } \vartheta \in (0,1)$$

darzustellen (Bild 5.4), analog für ξ'.

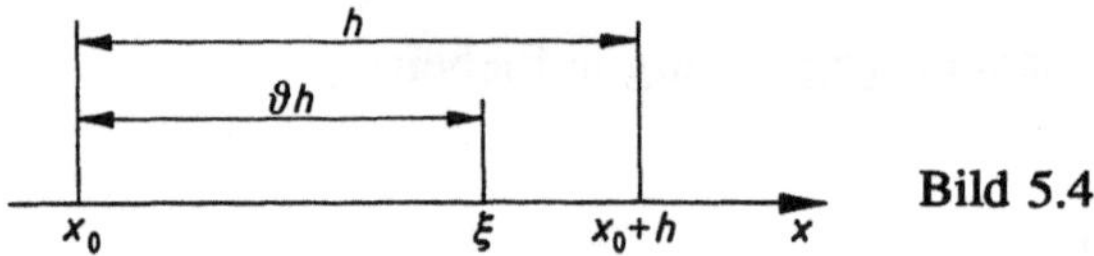

Bild 5.4

Wie man eine Restgliedabschätzung konkret durchführt, hängt von der Funktion f und gelegentlich auch von den Werten x und n ab. Wegen der etwas einfacheren Gestalt der Lagrange-Form des Restglieds wird man zuerst versuchen, mit dieser zum Ziel zu kommen. Im nächsten Abschnitt behandeln wir mehrere Beispiele.

Wir notieren noch die Formeln (5.15) bis (5.17) für die Entwicklungsstelle $x_0 = 0$, wobei wir $\xi = \vartheta x$ mit $0 < \vartheta < 1$ bzw. $\xi' = \vartheta'x$ mit $0 < \vartheta' < 1$ schreiben:

$$
\begin{aligned}
f(x) &= \sum_{v=0}^{n} \frac{f^{(v)}(0)}{v!} x^v + R_n(x) \\
\text{mit} \quad R_n(x) &= \frac{f^{(n+1)}(\vartheta x)}{(n+1)!} x^{n+1} \\
\text{bzw.} \quad R_n(x) &= \frac{f^{(n+1)}(\vartheta'x)}{n!} (1 - \vartheta')^n x^{n+1} .
\end{aligned}
\tag{5.19}
$$

Das ist die *MacLaurin*[23]*-Form* der Taylor-Formel.

5.2.4 Die Taylor-Formel einiger elementarer Funktionen

In diesem Abschnitt werden wir die Taylor-Formel einiger Funktionen für eine beliebige Ordnung n in der MacLaurin-Form herleiten und das Restglied abschätzen.

---

[23] Colin MacLaurin (1698-1746), schottischer Mathematiker.

1. $f(x) = e^x$, $x \in \mathbf{R}$:

Es gilt (vgl. Beispiel 5.4)

$$e^x = 1 + \frac{x}{1!} + \frac{x^2}{2!} + \dots + \frac{x^n}{n!} + R_n(x) \, ,$$

$$R_n(x) = \frac{e^{\vartheta x}}{(n+1)!} x^{n+1} .$$

(5.20)

Hierbei haben wir das Restglied in Lagrange-Form notiert.

Zur Abschätzung unterscheiden wir die Fälle $x \geq 0$ und $x < 0$. Für $x \geq 0$ ist $0 \leq \vartheta x \leq x$ (wegen $0 < \vartheta < 1$) und daher wegen der Monotonie der e-Funktion $1 = e^0 \leq e^{\vartheta x} \leq e^x$. Hiermit folgt

$$\frac{x^{n+1}}{(n+1)!} \leq R_n(x) \leq e^x \frac{x^{n+1}}{(n+1)!} \quad \text{für } x \geq 0 \, .$$

(5.21)

Für $x < 0$ ist $\vartheta x < 0$, und man erhält analog

$$\left| R_n(x) \right| \leq \frac{|x|^{n+1}}{(n+1)!} \text{ für } x < 0.$$

(5.22)

Nun gilt

$$\lim_{n \to \infty} \frac{|x|^{n+1}}{(n+1)!} = 0 \quad \text{für jedes } x \in \mathbf{R}.$$

(5.23)

Aus den Abschätzungen folgt also $\lim\limits_{n \to \infty} R_n(x) = 0$ und somit

$$e^x = \lim_{n \to \infty} \sum_{\nu=0}^{n} \frac{x^\nu}{\nu!} \quad \text{für jedes } x \in \mathbf{R}.$$

Der Funktionswert $f(x) = e^x$ kann also durch den Polynomwert $T_n(x) = \sum\limits_{\nu=0}^{n} \frac{x^\nu}{\nu!}$ *beliebig genau* approximiert werden.

Bei vorgeschriebener Genauigkeit ist nach (5.21) bzw. (5.22) die Ordnung n umso größer zu wählen, je weiter der Wert x von der Entwicklungsstelle $x_0 = 0$ entfernt ist (Bild 5.3).

Beispiel 5.5 Gesucht ist ein numerischer Wert $\bar{e}$ für die Eulersche Zahl e, wobei für den Fehler $|\bar{e} - e| \le 10^{-8}$ gelten soll. Wir verwenden die Taylor-Formel (5.20) und die Abschätzung (5.21) mit $x = 1$:

$$e = T_n(1) + R_n(1) \, ,$$

$$T_n(1) = 1 + \frac{1}{1!} + \frac{1}{2!} + \dots + \frac{1}{n!} \, ,$$

$$\frac{1}{(n+1)!} \le R_n(1) \le \frac{e}{(n+1)!} \le \frac{3}{(n+1)!} \, ,$$

wobei zuletzt die aus der Definition von e folgende Ungleichung $e < 3$ benutzt wurde. Die numerische Berechnung von $T_n(1)$ führt zu dem Wert $\bar{e}$ mit dem Rundungsfehler $\bar{e} - T_n(1)$. Insgesamt ergibt sich der Fehler (vgl. (4.36))

$$\bar{e} - e = [\bar{e} - T_n(1)] + [T_n(1) - e] \, .$$

Daraus folgt mit der Dreiecksungleichung

$$|\bar{e} - e| \le |\bar{e} - T_n(1)| + |R_n(1)| \le |\bar{e} - T_n(1)| + \frac{3}{(n+1)!} \, . \tag{5.24}$$

Die Zahl n ist nun so groß zu wählen, daß die rechte Seite von (5.24) höchstens gleich 10^{-8} ist. Dies ist für $n = 11$ zu erreichen. Es ist nämlich

$$\frac{3}{(11+1)!} = 0{,}626 \dots \cdot 10^{-8} < 0{,}627 \cdot 10^{-8} \, .$$

Weiter kann man in

$$T_{11}(1) = \left(1 + \frac{1}{1!} + \frac{1}{2!}\right) + \left(\frac{1}{3!} + \dots + \frac{1}{11!}\right)$$

die ersten 3 Summanden exakt berechnen. Rundet man die restlichen 9 Summanden jeweils auf 10 Stellen nach dem Komma, so beträgt der Rundungsfehler

$$|\bar{e} - T_{11}(1)| \le 9 \cdot 0{,}5 \cdot 10^{-10} = 0{,}045 \cdot 10^{-8} \, .$$

Nach (5.24) begeht man also insgesamt den Fehler

$$|\bar{e} - e| \le 0{,}045 \cdot 10^{-8} + 0{,}627 \cdot 10^{-8} < 0{,}68 \cdot 10^{-8} \, ,$$

so daß die vorgeschriebene Genauigkeit erreicht wird.

Führt man die numerische Berechnung von $T_{11}(1)$ in der geschilderten Weise durch, so erhält man $\bar{e} = 2{,}718\,281\,826\,3$, und es gilt $\bar{e} - 0{,}68 \cdot 10^{-8} < e < \bar{e} + 0{,}68 \cdot 10^{-8}$, also

$$2{,}718\,281\,819\,5 < e < 2{,}718\,281\,833\,1.$$

Hieraus liest man ab: $e = 2{,}718\,281\,8...$

2. $f(x) = \sin x$, $x \in \mathbf{R}$:

Nach Beispiel 4.15 gilt

$$f^{(2\nu)}(0) \; = 0 \; , \; f^{(2\nu+1)}(0) \; = (-1)^{\nu} \quad \text{für } \nu = 0, 1, \ldots,$$
$$f^{(2k+1)}(x) \; = (-1)^k \cos x \; .$$

Wegen $f^{(2k)}(0) = 0$ ist $T_{2k}(x) = T_{2k-1}(x)$ und daher

$$f(x) \; = \; T_{2k-1}(x) \; + \; \begin{cases} R_{2k-1}(x) \; , \\ R_{2k}(x) \; . \end{cases}$$

Mit dem Restglied $R_{2k}(x)$ in Lagrange-Form gilt[24]

$$\boxed{\begin{aligned} \sin x \; &= x - \frac{x^3}{3!} + \frac{x^5}{5!} - + \ldots + (-1)^{k-1}\frac{x^{2k-1}}{(2k-1)!} + R_{2k}(x), \\ R_{2k}(x) \; &= (-1)^k \frac{\cos \vartheta x}{(2k+1)!} \, x^{2k+1}. \end{aligned}} \qquad (5.25)$$

Aus $|\cos \vartheta x| \leq 1$ folgt die Abschätzung

$$|R_{2k}(x)| \leq \frac{|x|^{2k+1}}{(2k+1)!} \quad \text{für jedes } x \in \mathbf{R}. \qquad (5.26)$$

Für $R_{2k-1}(x)$ gilt analog

---

[24] Wir weisen noch einmal darauf hin, daß Winkel - wenn nicht anderes gesagt ist - stets im Bogenmaß einzusetzen sind.

$$|R_{2k-1}(x)| \le \frac{x^{2k}}{(2k)!},$$ (5.27)

so daß also für $|x| < 2k+1$ die obere Schranke in (5.26) kleiner ist als die in (5.27). Daher verwenden wir in (5.25) das Restglied $R_{2k}(x)$.

Wegen (5.23) und (5.26) gilt auch hier $\lim\limits_{k\to\infty} R_{2k}(x) = 0$ für jedes $x \in \mathbf{R}$.

3. $f(x) = \cos x$, $x \in \mathbf{R}$:

Mit den Ableitungen (s. Aufgabe 4.17)

$$f^{2\nu}(0) = (-1)^{\nu}\ ,\quad f^{(2\nu+1)}(0) = 0 \quad \text{für}\quad \nu = 0,1,\dots,$$
$$f^{(2k+2)}(x) = (-1)^{k+1}\cos x$$

erhält man wie im voranstehenden Beispiel

$$\cos x = 1 - \frac{x^2}{2!} + \frac{x^4}{4!} - + \dots + (-1)^k \frac{x^{2k}}{(2k)!} + R_{2k+1}(x),$$
$$R_{2k+1}(x) = (-1)^{k+1}\frac{\cos\vartheta x}{(2k+2)!}\,x^{2k+2}$$

sowie die Abschätzung

$$|R_{2k+1}(x)| \le \frac{x^{2k+2}}{(2k+2)!}\ \text{für jedes } x \in \mathbf{R}.$$

Auch in diesem Falle ist $\lim\limits_{k\to\infty} R_{2k+1}(x) = 0$ für jedes $x \in \mathbf{R}$.

4. $f(x) = \ln(1+x)$, $x > -1$:

Zuerst sei darauf hingewiesen, daß die Funktion $g(x) = \ln x$ für $x \le 0$ nicht definiert ist, also nicht nach der Taylor-Formel mit der Entwicklungsstelle $x_0 = 0$ darstellbar ist. Jedoch kann man die Funktion $f(x) = g(1+x) = \ln(1+x)$ um die Stelle $x_0 = 0$ entwickeln.

Für die Funktion f ergibt sich mit den Ableitungen (s. Beispiel 4.16)

$$f^{(\nu)}(0) = (-1)^{\nu-1}(\nu-1)! \ \text{für} \ \nu = 1,2,\ldots, \quad f^{(n+1)}(x) = (-1)^n \frac{n!}{(1+x)^{n+1}}$$

die Taylorformel

$$\ln(1+x) = x - \frac{x^2}{2} + \frac{x^3}{3} - + \ldots + (-1)^{n-1}\frac{x^n}{n} + R_n(x), \tag{5.28}$$

$$R_n(x) = \frac{(-1)^n}{(1+\vartheta x)^{n+1}} \frac{x^{n+1}}{n+1}, \tag{5.29a}$$

$$R_n(x) = \frac{(-1)^n (1-\vartheta')^n}{(1+\vartheta'x)^{n+1}} x^{n+1}. \tag{5.29b}$$

Hierbei haben wir das Restglied in Lagrange- und in Cauchy-Form notiert.
Zur Abschätzung verwenden wir für $x \geq 0$ die Lagrange-Form (5.29a). Wegen $1 + \vartheta x \geq 1$ erhalten wir

$$|R_n(x)| \leq \frac{x^{n+1}}{n+1} \ \text{für} \ x \geq 0 \ . \tag{5.30}$$

Für $-1 < x < 0$ empfiehlt sich die Anwendung der Cauchy-Form (5.29b), die wir zunächst umformen:

$$|R_n(x)| = \left| \left(\frac{1-\vartheta'}{1+\vartheta'x}\right)^n \frac{1}{1+\vartheta'x} x^{n+1} \right| . \tag{5.31}$$

Wegen $0 < \vartheta' < 1$ gelten für $-1 < x < 0$ die Ungleichungen

$$0 < 1-\vartheta' < 1+\vartheta'x \ , \quad 0 < 1+x < 1+\vartheta'x \ ,$$

$$0 < \frac{1-\vartheta'}{1+\vartheta'x} < 1 \ , \qquad 0 < \frac{1}{1+\vartheta'x} < \frac{1}{1+x} \ .$$

Hiermit folgt aus (5.31) schließlich

$$|R_n(x)| \leq \frac{|x|^{n+1}}{1+x} \ \text{für} \ -1 < x < 0. \tag{5.32}$$

Aus den Abschätzungen (5.30) und (5.32) ergibt sich

$$\lim_{n \to \infty} R_n(x) = 0 \quad \text{für} \quad -1 < x \le 1.$$ (5.33)

Für $x > 1$ ist dagegen $\lim_{n \to \infty} \dfrac{x^{n+1}}{n+1} = +\infty$, so daß für diese x aus (5.30) *nicht* $\lim_{n \to \infty} R_n(x) = 0$ folgt.

5. $f(x) = (1+x)^\alpha$, $x > -1$, $\alpha \in \mathbf{R}$, fest:

Mit den Ableitungen

$$f^{(\nu)}(x) = \alpha \, (\alpha - 1) \, \dots \, (\alpha - \nu + 1) \, (1+x)^{\alpha - \nu} \quad \text{für} \quad \nu = 1, 2, \dots,$$
$$f^{(\nu)}(0) = \alpha \, (\alpha - 1) \, \dots \, (\alpha - \nu + 1)$$

erhält man unter Verwendung der Binomialkoeffizienten

$$\frac{\alpha \, (\alpha - 1) \, \dots \, (\alpha - \nu + 1)}{\nu !} = \binom{\alpha}{\nu}$$

die Taylor-Formel

$$\begin{aligned}
(1+x)^\alpha &= 1 + \binom{\alpha}{1}x + \binom{\alpha}{2}x^2 + \dots + \binom{\alpha}{n}x^n + R_n(x), \\
R_n(x) &= \binom{\alpha}{n+1} (1+\vartheta x)^{\alpha - n - 1} \, x^{n+1}, \\
R_n(x) &= (n+1) \binom{\alpha}{n+1} (1-\vartheta')^n \, (1+\vartheta' x)^{\alpha - n - 1} \, x^{n+1},
\end{aligned}$$ (5.34)

wobei das Restglied wieder in Lagrange- und in Cauchy-Form notiert wurde.
Wie im vorigen Beispiel ist es auch hier zweckmäßig, zur Abschätzung für $x \ge 0$ die Lagrange-Form und für $-1 < x < 0$ die Cauchy-Form zu verwenden. Wir geben sogleich das Ergebnis an:

$$|R_n(x)| \le \begin{cases} \left| \binom{\alpha}{n+1} \right| x^{n+1} & \text{für} \quad x \ge 0, \ n+1 \ge \alpha, \\[2mm] \binom{\alpha}{n+1} (1+x)^{\alpha - n - 1} \, x^{n+1} & \text{für} \quad x \ge 0, \ n+1 < \alpha, \\[2mm] (n+1) \left| \binom{\alpha}{n+1} \right| |x|^{n+1} & \text{für} \quad -1 < x < 0, \ \alpha \ge 1, \\[2mm] (n+1) \left| \binom{\alpha}{n+1} \right| \dfrac{|x|^{n+1}}{(1+x)^{1-\alpha}} & \text{für} \quad -1 < x < 0, \ \alpha < 1. \end{cases}$$ (5.35)

Hieraus folgt

$$\lim_{n \to \infty} R_n(x) = 0 \quad \text{für} \quad -1 < x < 1.$$

·Ist speziell $\alpha = n$, so ist $\binom{\alpha}{n+1} = 0$ und daher $R_n(x) = 0$ für jedes $x > -1$, so daß (5.34) in die binomische Formel übergeht.

Aufgabe 5.5 Man ermittle die Taylor-Formel der Funktion $g(x) = 3x^4 + x^2 - x + 2$ mit der Entwicklungsstelle $x_0 = 2$ und dem Restglied $R_1(x)$ in Lagrange-Form (vgl. Beispiel 5.3).

Aufgabe 5.6 Man bestimme die Taylor-Formel in der MacLaurin-Form für die Funktion $f(x) = \cosh x$ mit dem Restglied $R_{2k+1}(x)$ ($k \geq 0$, ganz) nach Lagrange.

Aufgabe 5.7 Man approximiere die Funktion $f(x) = e^{\cos x}$ durch das Taylor-Polynom zweiter Ordnung mit $x_0 = 0$. Man schätze sowohl $|R_2(x)|$ als auch $|R_3(x)|$ in Lagrange-Form nach oben ab (s. die Bemerkungen zur Taylor-Formel von $f(x) = \sin x$).

5.2.5 Anwendungen der Taylor-Formel

Eine wichtige Anwendung ist die Aufstellung von *Näherungsformeln* der Form

$$f(x) \approx T_n(x) \; ,$$

deren Fehler $|f(x) - T_n(x)| = |R_n(x)|$ wie in 5.2.4 abgeschätzt werden kann. Für die Variable n wählt man, je nach Verwendungszweck, üblicherweise eine kleine natürliche Zahl. Die Fehlerschranke hängt dann noch von x ab, so daß zwei Vorgehensweisen möglich sind.

<u>Fall 1:</u> Zu einem gegebenen Intervall I ist eine für alle $x \in I$ gültige Fehlerschranke zu berechnen.

<u>Fall 2:</u> Zu einer vorgeschriebenen Genauigkeit $\delta > 0$ sind diejenigen Werte x zu ermitteln, für die $|R_n(x)| \leq \delta$ ist.

Natürlich schätzt man damit nur die "analytische Genauigkeit" - nämlich den Approximationsfehler - der Näherungsformel $f(x) \approx T_n(x)$ ab. Bei numerischen Rechnungen muß, wie in den Beispielen 4.20 und 5.5 erläutert, immer noch der

Rundungsfehler beachtet werden. Darauf gehen wir im folgenden aber nicht ein.

Wir behandeln einige Beispiele, wobei wir stets $x_0 = 0$ wählen; wir betrachten also Näherungsformeln der Form

$$f(x) \approx \sum_{v=0}^{n} \frac{f^{(v)}(0)}{v!} x^v.$$

Beispiel 5.6 Es ist die Funktion $f(x) = \sin x$ durch das Taylor-Polynom erster Ordnung zu approximieren und der Fehler für $|x| \leq 5\pi/180$ $(= 5°)$ abzuschätzen (Fall 1).
Nach (5.25) und (5.26) mit $k = 1$ ist für jedes $x \in R$

$$\sin x \approx x , \quad |\sin x - x| \leq \frac{|x|^3}{6}.$$

Ist insbesondere

$$|x| \leq \frac{5\pi}{180} = 0,0872 \ldots < 0,0873,$$

so folgt

$$|\sin x - x| < \tfrac{1}{6}(0,00873)^3 < 0,00012.$$

Für Winkel x zwischen $-5\pi/180$ und $+5\pi/180$ ist die Näherungsformel $\sin x \approx x$ also mindestens auf 3 Stellen nach dem Komma genau.
Als praktische Anwendung betrachten wir die Schwingung eines mathematischen Pendels der Länge l. Diese wird beschrieben durch die Abhängigkeit des Auslenkwinkels x von der Zeit t (Bild 5.5).

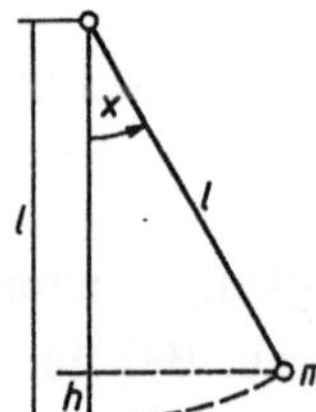

Bild 5.5

Die Funktion $x = x(t)$ genügt der Differentialgleichung

$$\ddot{x} + \frac{g}{l}\sin x = 0 \qquad (g: \text{Erdbeschleunigung}), \tag{5.36}$$

deren Lösungen sich nicht durch elementare Funktionen darstellen lassen. Für "kleine" Auslenkwinkel x kann man (5.36) näherungsweise ersetzen durch die Differentialgleichung

$$\ddot{x} + \frac{g}{l}x = 0,$$

deren Lösungen die einfache Form $x = A \cos(\sqrt{\frac{g}{l}}\,t - \alpha)$ $(A, \alpha: \text{Konstanten})$ haben (vgl. Aufgabe 4.21).

Beispiel 5.7 Approximiert man die Funktion $f(x) = \sin x$ durch das Taylor-Polynom dritter Ordnung, so erhält man die Näherungsformel

$$\sin x \approx x - \frac{x^3}{6}. \tag{5.37}$$

Gesucht seien diejenigen Werte x, für die der absolute Fehler dieser Formel höchstens gleich 10^{-4} ist (Fall 2).
Aus (5.25) und (5.26) folgt mit $k = 2$

$$\left|\sin x - (x - \frac{x^3}{6})\right| = |R_4(x)| \le \frac{|x|^5}{120}.$$

Nun gilt

$$\frac{|x|^5}{120} \le 10^{-4} \quad \Leftrightarrow \quad |x| \le \sqrt[5]{0{,}012} = 0{,}41\ldots$$

Für diese Werte x wird mit (5.37) die geforderte Genauigkeit erzielt.

Beispiel 5.8 Für die Funktion $f(x) = \sqrt{1+x}$, $x > -1$, erhält man aus (5.34) mit $\alpha = \frac{1}{2}$ und $n = 1$ die Näherungsformel

$$\sqrt{1+x} \approx 1 + \frac{x}{2},$$

deren Fehler wir für $|x| < 10^{-2}$ abschätzen wollen (Fall 1). Nach (5.35) gilt

$$|R_1(x)| \leq \begin{cases} \dfrac{x^2}{8} & \text{für } x \geq 0 , \\[3mm] \dfrac{x^2}{4\sqrt{1+x}} & \text{für } -1 < x < 0 \end{cases}$$

und somit

$$\left| \sqrt{1+x} - \left(1 + \frac{x}{2}\right) \right| = |R_1(x)| < \begin{cases} \dfrac{10^{-4}}{8} = 1,25 \cdot 10^{-5} & \text{für } 0 \leq x < 10^{-2} , \\[3mm] \dfrac{10^{-4}}{4\sqrt{1 - 10^{-2}}} < 2,52 \cdot 10^{-5} & \text{für } -10^{-2} < x < 0. \end{cases}$$

Aufgabe 5.9 enthält eine praktische Anwendung.

Beispiel 5.9 Ein Generator mit dem inneren Widerstand R_i erzeuge die Urspannung E. Wird ein äußerer Widerstand R_a (Verbraucher) angeschlossen, so ist die über R_a abfallende Spannung U (Klemmenspannung) durch

$$U = E \, \frac{R_a}{R_i + R_a}$$

gegeben. Gesucht ist eine für $R_a \gg R_i$ (d. h. "R_a ist groß gegen R_i") gültige Näherungsformel für die relative Spannungsänderung $\dfrac{E - U}{E}$. Wegen

$$\frac{U}{E} = \frac{R_a}{R_i + R_a} = \frac{1}{1 + R_i / R_a}$$

wenden wir (5.34), (5.35) mit $\alpha = -1$ und $n = 1$ an:

$$\frac{1}{1+x} \approx 1 - x , \qquad \left| \frac{1}{1+x} - (1-x) \right| \leq x^2 \quad \text{für } x \geq 0.$$

Mit $x = R_i / R_a$ erhält man

$$\frac{U}{E} = \frac{1}{1 + R_i/R_a} \approx 1 - \frac{R_i}{R_a}, \text{ also } \frac{E-U}{E} = 1 - \frac{U}{E} \approx \frac{R_i}{R_a}. \qquad (5.38)$$

Der Fehler dieser Näherungsformel ergibt sich zu

$$\left| \frac{E-U}{E} - \frac{R_i}{R_a} \right| = \left| \frac{U}{E} - \left(1 - \frac{R_i}{R_a}\right) \right| \leq \left(\frac{R_i}{R_a}\right)^2.$$

Ist z. B. eine Genauigkeit von 10^{-2} vorgeschrieben, so darf (5.38) also nur angewendet werden, wenn $R_a \geq 10 R_i$ ist.

Aufgabe 5.8 Man stelle die Auslenkhöhe h eines mathematischen Pendels (s. Beispiel 5.6 und Bild 5.5) in Abhängigkeit vom Auslenkwinkel x für "kleine" Werte von x näherungsweise dar.

Aufgabe 5.9[25] Ein biegsamer Stab liege in zwei Punkten A und B in der Höhe h auf und werde in einem Punkt C durch einen Stab der Länge h gestützt (Bild 5.6). Der Fußpunkt F' der Stütze sei gegenüber dem Fußpunkt F des Lotes von C auf die Horizontale um eine Strecke s verschoben.

Man gebe eine für $s \ll h$ gültige Näherungsformel für die Strecke d an, um die sich der aufliegende Stab im Punkt C senken kann. Wie groß ist der absolute Fehler dieser Näherungsformel für $h = 1,5$ m und $s \leq 0,1$ m höchstens?

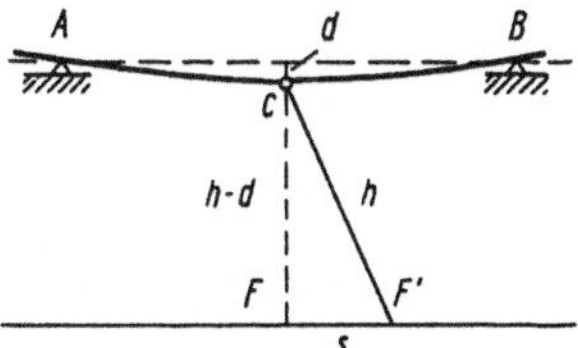

Bild 5.6

[25] Siehe Heinrich,H.: Einführung in die Praktische Analysis, Bd. I. Leipzig: Teubner-Verlag 1963.

Aufgabe 5.10 Es seien x_1 und x_2 positive Zahlen mit $0 \le x_2 - x_1 \le \frac{x_1}{10}$. Man gebe eine einfache Näherungsformel für $\ln \frac{x_2}{x_1}$ an und schätze den absoluten Fehler ab.

Aufgabe 5.11 In Beispiel 2.6 wurde die Geschwindigkeit v eines fallenden Körpers bei geschwindigkeitsproportionalem Luftwiderstand mit

$$v = (v_0 - \frac{mg}{k})e^{-\frac{kt}{m}} + \frac{mg}{k}$$

angegeben. Man ermittle eine für $\frac{kt}{m} \ll 1$ gültige Näherungsformel für v, indem man die Funktion $f(t) = e^{-\frac{kt}{m}}$ durch ihr Taylor-Polynom erster Ordnung approximiert.

5.2.6 Ein Ausblick: Potenzreihen

Wir betrachten die Taylor-Formel der Funktion f mit der Entwicklungsstelle x_0 (s. (5.15)). Gilt $\lim\limits_{n \to \infty} R_n(x) = 0$ für jedes x eines Intervalls I, so ist

$$f(x) = \lim_{n \to \infty} T_n(x) = \lim_{n \to \infty} \sum_{\nu = 0}^{n} \frac{f^{(\nu)}(x_0)}{\nu!} (x - x_0)^\nu, \quad x \in I. \tag{5.39}$$

Die Glieder der hierin vorkommenden Folge $(T_n(x))$ sind Summen der Form $\sum\limits_{\nu = 0}^{n} \dots$: Solche Folgen heißen *unendliche Reihen*. Man bezeichnet sie und ihren Grenzwert - sofern er existiert - mit dem Symbol $\sum\limits_{\nu = 0}^{\infty} \dots$ Statt (5.39) kann man daher auch schreiben

$$f(x) = \sum_{\nu = 0}^{\infty} \frac{f^{(\nu)}(x_0)}{\nu!} (x - x_0)^\nu, \quad x \in I.$$

Da die Glieder dieser unendlichen Reihe Potenzfunktionen sind, spricht man von einer *Potenzreihe*.

Nach 5.2.3 gilt z. B. die Potenzreihendarstellung

$$\cos x = \sum_{k = 0}^{\infty} (-1)^k \frac{x^{2k}}{(2k)!}, \quad x \in R,$$

die zur analytischen Definition der Kosinusfunktion verwendet wird; analog für die Sinusfunktion.

Potenzreihen und andere Klassen unendlicher Reihen sind wichtige Hilfsmittel der angewandten Mathematik (s. z. B. [SCE]).

6 Untersuchung von Funktionen mit Hilfe ihrer Ableitungen

6.1 Berechnung von Grenzwerten (Regeln von Bernoulli-de l'Hospital)

Mit Hilfe der Differentialrechnung können wir nun die in 2.2 behandelten Regeln zur Berechnung von Grenzwerten von Funktionen ergänzen.
Ein in 2.2 nicht betrachteter Grenzwert ist unter anderem

$$\lim_{x \to x_0} [f_1(x) \cdot f_2(x)], \quad \text{falls} \quad \lim_{x \to x_0} f_1(x) = \pm \infty \quad \text{und} \quad \lim_{x \to x_0} f_2(x) = 0. \qquad (6.1)$$

In diesem Falle hängt das Verhalten von $f_1(x) \cdot f_2(x)$ für $x \to x_0$ von den spezifischen Eigenschaften der Funktionen f_1 und f_2 in einer punktierten Umgebung von x_0 ab.

Man charakterisiert die Grenzwertaufgabe (6.1) durch das Symbol

$$"(\pm\infty) \cdot 0".$$

Die Anführungszeichen sollen signalisieren, daß es sich hierbei nicht um einen Rechenausdruck handelt.

Auch die durch die Symbole

$$"\frac{0}{0}", \qquad "\frac{\pm\infty}{\pm\infty}", \qquad "(+\infty) - (+\infty)",$$

$$"0^0", \qquad "(+\infty)^0", \qquad "1^{\pm\infty}"$$

charakterisierten Grenzwerte hängen von den jeweils darin vorkommenden konkreten Funktionen ab.

Wir geben im folgenden eine Methode an, mit der solche Grenzwerte unter Umständen berechnet werden können. Wir formulieren die Aussagen wieder für die "Bewegung" $x \to x_0$; sie gelten jedoch analog auch für die "Bewegungen" $x \to x_0 \pm 0$, $x \to \pm\infty$.

1. Grenzwerte vom Typ $\dfrac{"0"}{0}$ und $\dfrac{"\pm\infty"}{\pm\infty}$

Satz 6.1 (Regeln von Bernoulli-de l'Hospital) *Die Funktionen f_1 und f_2 seien auf einer Umgebung von x_0 differenzierbar, und es gelte dort*
$f_2'(x) \neq 0$. *Weiter sei*

$$\lim_{x \to x_0} f_1(x) = 0 \quad \textit{und} \quad \lim_{x \to x_0} f_2(x) = 0$$

oder

$$\lim_{x \to x_0} f_1(x) = \pm\infty \quad \textit{und} \quad \lim_{x \to x_0} f_2(x) = \pm\infty.$$

Ist nun $\dfrac{f_1'(x)}{f_2'(x)}$ *für* $x \to x_0$ *konvergent oder* bestimmt *divergent, so gilt*

$$\lim_{x \to x_0} \frac{f_1(x)}{f_2(x)} = \lim_{x \to x_0} \frac{f_1'(x)}{f_2'(x)}. \tag{6.2}$$

Man beachte, daß auf der rechten Seite von (6.2) Zähler und Nenner gesondert differenziert werden, also nicht die Quotientenregel angewendet wird.

Beispiel 6.1 Der Grenzwert $\displaystyle\lim_{x \to 1} \frac{\ln x}{x-1}$ ist vom Typ $\dfrac{"0"}{0}$. Wir untersuchen daher den folgenden Grenzwert:

$$\lim_{x \to 1} \frac{(\ln x)'}{(x-1)'} = \lim_{x \to 1} \frac{\frac{1}{x}}{1} = 1.$$

Da dieser Grenzwert existiert, gilt nach Satz 6.1

$$\lim_{x \to 1} \frac{\ln x}{x-1} = \lim_{x \to 1} \frac{(\ln x)'}{(x-1)'} = 1.$$

Beispiel 6.2 Der Grenzwert $\lim\limits_{x \to 1+0} \dfrac{\sqrt{x-1}}{\ln x}$ ist ebenfalls vom Typ $\dfrac{"0"}{0}$. Es gilt

$$\lim_{x \to 1+0} \frac{\sqrt{x-1}\,'}{(\ln x)'} = \lim_{x \to 1+0} \frac{\dfrac{1}{2\sqrt{x-1}}}{\dfrac{1}{x}} = \lim_{x \to 1+0} \frac{x}{2\sqrt{x-1}} = +\infty,$$

wobei sich die bestimmte Divergenz mit Satz 2.2(c) ergibt. Auch in diesem Falle ist Satz 6.1 anwendbar und liefert

$$\lim_{x \to 1+0} \frac{\sqrt{x-1}}{\ln x} = \lim_{x \to 1+0} \frac{\sqrt{x-1}\,'}{(\ln x)'} = +\infty.$$

Die Beispiele 6.1 und 6.2 zeigen, daß Grenzwerte desselben Typs tatsächlich zu verschiedenen Ergebnissen führen können.
Gelegentlich kommt man erst nach wiederholter Anwendung von (6.2) zum Ziel.

Beispiel 6.3 Der Grenzwert $\lim\limits_{x \to +\infty} \dfrac{x^2}{e^x}$ ist vom Typ $\dfrac{"+\infty"}{+\infty}$. Doch auch der Grenzwert

$$\lim_{x \to +\infty} \frac{(x^2)'}{(e^x)'} = \lim_{x \to +\infty} \frac{2x}{e^x}$$

ist noch von diesem Typ. Durch nochmaliges Differenzieren erhält man

$$\lim_{x \to +\infty} \frac{(2x)'}{(e^x)'} = \lim_{x \to +\infty} \frac{2}{e^x} = 0.$$

Zweimalige Anwendung von Satz 6.1 liefert also

$$\lim_{x \to +\infty} \frac{x^2}{e^x} = \lim_{x \to +\infty} \frac{2x}{e^x} = \lim_{x \to +\infty} \frac{2}{e^x} = 0.$$

Schließlich betrachten wir ein Beispiel, in dem die Voraussetzungen von Satz 6.1 nicht erfüllt sind.

Beispiel 6.4 Gesucht ist der Grenzwert $\lim\limits_{x \to +\infty} \dfrac{x + \sin x}{x}$ (Typ $"\dfrac{+\infty}{+\infty}"$). Da aber

$$\frac{(x + \sin x)'}{(x)'} = 1 + \cos x \text{ für } x \to +\infty \quad \textit{unbestimmt} \text{ divergent ist, darf (6.2) nicht}$$

angewendet werden. Auf anderem Wege erhält man jedoch sofort (siehe Aufgabe 2.2 f))

$$\lim_{x \to +\infty} \frac{x + \sin x}{x} = \lim_{x \to +\infty} \left(1 + \frac{\sin x}{x}\right) = 1 + 0 = 1.$$

2. Grenzwerte vom Typ $"(\pm\infty)\cdot 0"$ und $"(+\infty)-(+\infty)"$

Diese Typen lassen sich auf die zuvor behandelten zurückführen. Im Fall

$$\lim_{x \to x_0} \left[f_1(x) \cdot f_2(x)\right] \quad (\text{Typ } "(\pm\infty)\cdot 0")$$

formt man um in

$$\lim_{x \to x_0} \frac{f_2(x)}{\frac{1}{f_1(x)}} \quad \left("\frac{0}{0}"\right) \quad \text{oder} \quad \lim_{x \to x_0} \frac{f_1(x)}{\frac{1}{f_2(x)}} \quad \left("\frac{\pm\infty}{\pm\infty}"\right)^{[26]}$$

Beispiel 6.5 Für den Grenzwert $\lim\limits_{x \to +0} (x \ln x)$ (Typ $"0\cdot(-\infty)"$) erhält man

$$\lim_{x \to +0} (x \ln x) = \lim_{x \to +0} \frac{\ln x}{\frac{1}{x}} = \lim_{x \to +0} \frac{(\ln x)'}{\left(\frac{1}{x}\right)'} = \lim_{x \to +0} (-x) = 0.$$

Die Grenzwertaufgabe

$$\lim_{x \to x_0} \left[f_1(x) - f_2(x)\right] \quad (\text{Typ } "(+\infty)-(+\infty)")$$

läßt sich stets durch die Umformung

---

[26] Damit sich dieser Typ ergibt, muß f_2 in einer punktierten Umgebung von x_0 konstantes Vorzeichen haben (vgl. Satz 2.2 (c)).

$$f_1(x) - f_2(x) = \frac{\dfrac{1}{f_2(x)} - \dfrac{1}{f_1(x)}}{\dfrac{1}{f_1(x)\,f_2(x)}}$$

in den Typ $"\dfrac{0}{0}"$ überführen. Häufig kommmt man aber durch eine den konkreten Funktionen angepaßte andere Umformung schneller auf diesen Typ.

Beispiel 6.6 In Beispiel 2.6 und Aufgabe 5.11 haben wir die Geschwindigkeit

$$v = \left(v_0 - \frac{mg}{k}\right) e^{-\frac{kt}{m}} + \frac{mg}{k}$$

eines fallenden Körpers betrachtet. Dabei ist $k > 0$ ein Maß für den Luftwiderstand. Für $k = 0$ hat diese Formel keinen Sinn. Wir wollen das Verhalten von v für $k \to +0$ untersuchen. Nach der Umformung

$$v = \frac{mg}{k} - \left(\frac{mg}{k} - v_0\right) e^{-\frac{kt}{m}}$$

ist der Grenzwert $\lim\limits_{k \to +0} v$ vom Typ $"(+\infty) - (+\infty)"$, und man könnte ihn wie oben angegeben in den Typ $"\dfrac{0}{0}"$ überführen. Einfacher ist folgendes Vorgehen. Man schreibt

$$v = \frac{mg\left(1 - e^{-\frac{kt}{m}}\right)}{k} + v_0 e^{-\frac{kt}{m}}.$$

Für $k \to +0$ konvergiert der zweite Summand gegen v_0, und der erste führt auf einen Grenzwert vom Typ $"\dfrac{0}{0}"$. Mit

$$\lim_{k \to +0} \frac{\dfrac{d}{dk}\left[\, mg\left(1 - e^{-\frac{kt}{m}}\right)\right]}{\dfrac{dk}{dk}} = \lim_{k \to +0} (gt) = gt$$

erhält man nach Satz 6.1 schließlich $\lim\limits_{k \to +0} v = gt + v_0$, also die bekannte Formel für die Geschwindigkeit eines fallenden Körpers bei Vernachlässigung des Luftwiderstandes.

3. Grenzwerte vom Typ $"0^0"$, $"(+\infty)^0"$ und $"1^{\pm\infty}"$

Zur Ermittlung des Grenzwertes

$$g := \lim_{x \to x_0} [f_1(x)]^{f_2(x)} \qquad (f_1(x) > 0) \tag{6.3}$$

beachte man, daß gilt

$$[f_1(x)]^{f_2(x)} = e^{f_2(x) \cdot \ln f_1(x)}.$$

Man untersucht daher den Grenzwert

$$a := \lim_{x \to x_0} [f_2(x) \cdot \ln f_1(x)]. \tag{6.4}$$

Ist (6.3) von einem der unter 3. genannten Typen, so ist (6.4) vom Typ $"(\pm\infty)\cdot 0"$, kann also (unter Umständen) gemäß 2. berechnet werden. Aus Eigenschaften der Exponentialfunktion, insbesondere der Stetigkeit, ergibt sich der gesuchte Grenzwert dann zu

$$g = \begin{cases} e^a, & \text{falls} \quad a \in \mathbf{R}, \\ +\infty, & \text{falls} \quad a = +\infty, \\ 0, & \text{falls} \quad a = -\infty. \end{cases} \tag{6.5}$$

Beispiel 6.7 Für den Grenzwert

$$g = \lim_{x \to -0} (1 + \sin x)^{\frac{1}{x}} \qquad (\text{Typ } "1^{-\infty}")$$

erhält man wegen

$$a = \lim_{x \to -0} \frac{\ln(1 + \sin x)}{x} = \lim_{x \to -0} \frac{(\ln(1 + \sin x))'}{(x)'} = \lim_{x \to -0} \frac{\frac{\cos x}{1 + \sin x}}{1} = 1$$

gemäß (6.5) den Wert $g = e^1 = e$.

Aufgabe 6.1 Man berechne die folgenden Grenzwerte.

a) $\displaystyle\lim_{x \to 0} \frac{a^x - b^x}{x}$ $(a, b > 0)$

b) $\displaystyle\lim_{x \to \frac{\pi}{2}} \frac{\ln\sin x}{(\pi - 2x)^2}$,

c) $\displaystyle\lim_{x \to +\infty} \frac{x^3}{\ln x}$,

d) $\displaystyle\lim_{x \to 0} \left(x^2\, e^{\frac{1}{x^2}}\right)$,

e) $\displaystyle\lim_{x \to +\infty} \left(\sqrt[3]{x^3 + 2x^2} - x\right)$,

f) $\displaystyle\lim_{x \to +0} x^{\sin x}$,

g) $\displaystyle\lim_{x \to +\infty} \left(1 + \frac{c}{x}\right)^x$ $(c \in \mathbb{R})$.

6.2   Monotonie

In diesem und den folgenden Abschnitten wird sich herausstellen, daß ein enger Zusammenhang zwischen charakteristischen Eigenschaften einer Funktion und dem Vorzeichen ihrer Ableitungen besteht.

Zuerst stellen wir Beziehungen her zwischen Monotonie bzw. strenger Monotonie (s. Abschnitt 1.2) und dem Vorzeichen der ersten Ableitung.

Für ein beliebiges Intervall I bezeichnen wir mit $\overset{\circ}{I}$ das Innere von I, also I ohne Randpunkte. (Für $I = [a,b]$ ist $\overset{\circ}{I} = (a,b)$; im Falle $I = [a, +\infty)$ ist $\overset{\circ}{I} = (a, +\infty)$ usw.)

Satz 6.2 *Ist die Funktion f auf dem Intervall I stetig und auf $\overset{\circ}{I}$ differenzierbar, dann gilt:*

(i) $\left.\begin{cases} f'(x) \geq 0 \\ f'(x) \leq 0 \end{cases}\right\}$ *für jedes $x \in \overset{\circ}{I} \Leftrightarrow f$ ist auf I monoton $\begin{cases} \text{wachsend} \\ \text{fallend} \end{cases}$.*

(ii) $\left.\begin{cases} f'(x) > 0 \\ f'(x) < 0 \end{cases}\right\}$ *für jedes $x \in \overset{\circ}{I} \Rightarrow f$ ist auf I streng monoton $\begin{cases} \text{wachsend} \\ \text{fallend} \end{cases}$.*

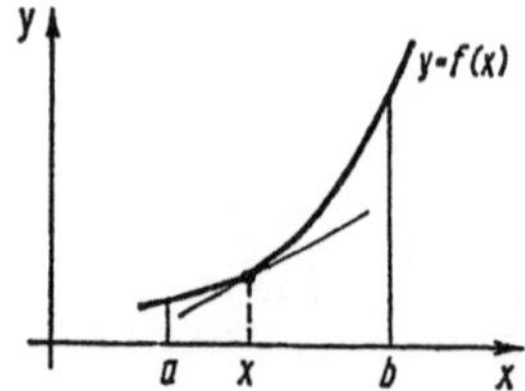

Bild 6.1

Bild 6.1 illustriert die Ausssage (ii) des Satzes: Die Bildkurve von f hat auf $\overset{\circ}{I} = (a,b)$ einen positiven Tangentenanstieg und ist daher auf $I = [a,b]$ streng monoton wachsend. In (ii) gilt - im Unterschied zu (i) - nicht die umgekehrte Aussage $\Leftarrow$; so ist z. B. die Funktion $f(x) = x^3$ auf $I = \mathbb{R}$ streng monoton wachsend, aber es ist $f'(0) = 0$.

Beispiel 6.8 Für die Funktion $f(x) = \ln(1+x) - x, \quad x > -1$, gilt

$$f'(x) = \frac{1}{1+x} - 1 = -\frac{x}{1+x} \quad \begin{cases} > 0 & \text{für } x \in (-1, 0), \\ < 0 & \text{für } x \in (0, +\infty). \end{cases}$$

Nach Satz 6.2 (ii) ist f auf $(-1,0]$ streng monoton wachsend und auf $[0, +\infty)$ streng monoton fallend (Bild 6.2). Für jedes $x > -1, x \neq 0$, ist daher $f(x) < f(0) = 0$; es gilt also die Ungleichung

$$\ln(1+x) < x \quad (x > -1, x \neq 0).$$

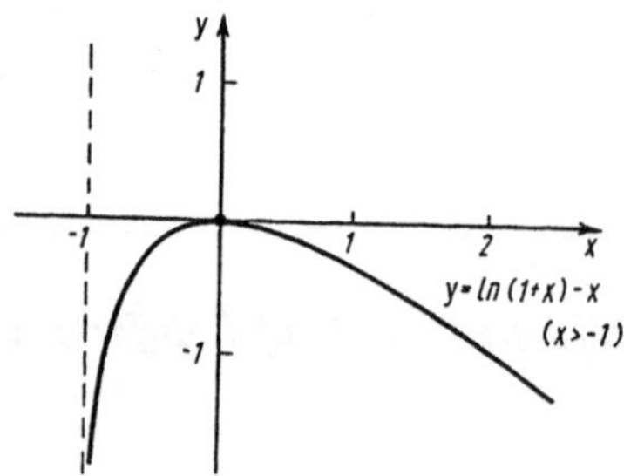

Bild 6.2

Aufgabe 6.2 Man untersuche die Monotonieeigenschaften der Funktion
$$f(x) = \tfrac{1}{3}x^3 + x^2 - 7.$$

Aufgabe 6.3 Man beweise die *Bernoulli-Ungleichung*
$$(1+x)^n > 1 + nx \quad (x > -1, x \neq 0; n \geq 2, \text{ ganz}).$$

6.3 Konvexität

Mit dem Begriff der Konvexität beschreibt man das Krümmungsverhalten von Funktionen.

Wir bezeichnen wieder mit I ein Intervall in R und mit $\overset{\circ}{I}$ das Innere von I.

Definition 6.1 *Die Funktion $f\colon I \to$ R heißt* k o n v e x , *wenn für alle* $x_1, x_2 \in I$ *mit* $x_1 \neq x_2$ *und jedes* $\alpha \in (0,1)$ *gilt*

$$f(\alpha x_1 + (1-\alpha)x_2) \leq \alpha f(x_1) + (1-\alpha)f(x_2). \tag{6.6}$$

Gilt in (6.6) statt $\leq$ stets $<$, so heißt f s t r e n g   k o n v e x . *Ist* $(-f)$ *(streng) konvex, so nennt man f* (s t r e n g)   k o n k a v .

Wir wollen diese Definitionen geometrisch interpretieren. Für zwei Stellen $x_1, x_2 \in I$ mit $x_1 < x_2$ und $\alpha \in (0,1)$ ist $x_\alpha := \alpha x_1 + (1-\alpha)x_2$ ein Punkt im Intervall (x_1, x_2). Weiter ist

$$\alpha\, f(x_1) + (1-\alpha)\, f(x_2) = f(x_2) + \frac{f(x_2) - f(x_1)}{x_2 - x_1}\, (x_\alpha - x_2) =: f_s(x_\alpha)$$

der Wert der zum Intervall $[x_1, x_2]$ gehörigen Sekantenfunktion an dieser Stelle x. Hiermit ist (6.6) äquivalent zu $f(x_\alpha) \leq f_s(x_\alpha)$, d. h., die Bildkurve einer konvexen Funktion f liegt jeweils unterhalb (oder höchstens auf) der zugehörigen Sekante. Konkavität kann man analog interpretieren.

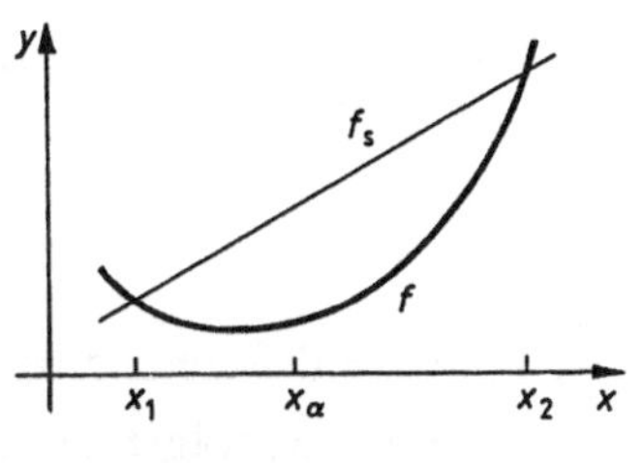

Bild 6.3a

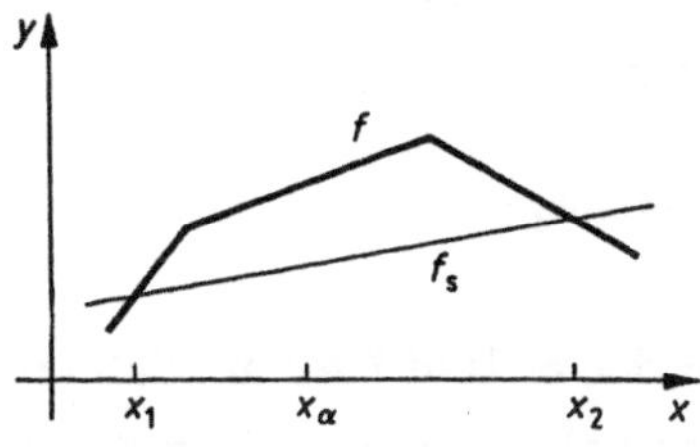

Bild 6.3b

Bild 6.3a zeigt eine streng konvexe Funktion f, Bild 6.3b eine konkave, aber nicht streng konkave Funktion f. Ein konkretes Beispiel für eine konvexe, aber nicht streng konvexe Funktion ist $f(x) = |x|$.

Die Ableitungen differenzierbarer konvexer Funktionen haben eine wichtige Eigenschaft.

Satz 6.3 *Ist die Funktion $f : I \to \mathbb{R}$ konvex und in $x_0 \in \overset{\circ}{I}$ differenzierbar, so gilt*

$$f(x) \geq f(x_0) + f'(x_0) \cdot (x - x_0) \quad \text{für jedes } x \in I. \tag{6.7}$$

Zur Interpretation dieser Aussage beachte man, daß die Bildkurve der Funktion

$$f_t(x) := f(x_0) + f'(x_0) \cdot (x - x_0)$$

die Tangente an die Bildkurve von f ist. Somit bedeutet (6.7), also

$$f(x) \geq f_t(x) \quad \text{für jedes } x \in I,$$

daß die Bildkurve von f oberhalb (oder höchstens auf) dieser Tangente liegt (Bild 6.4a).

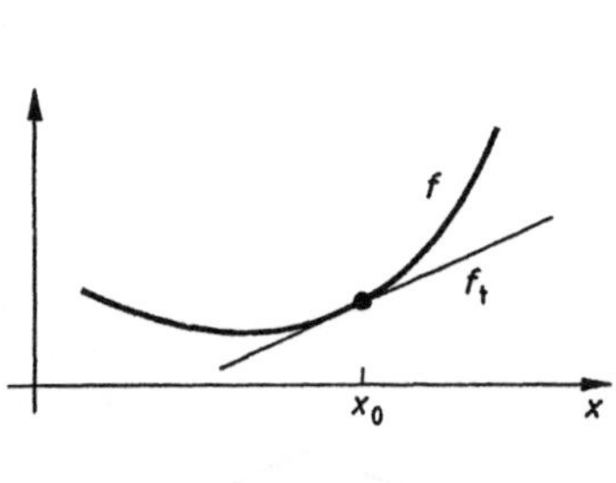

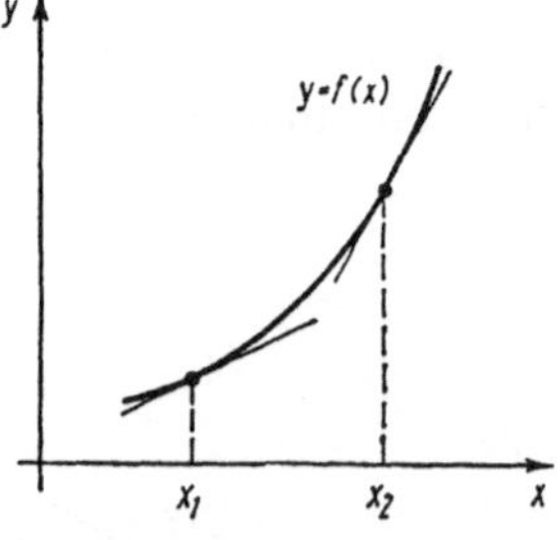

Bild 6.4a   Bild 6.4b

Schließlich deutet Bild 6.4b an, daß eine (streng) konvexe differenzierbare Funktion eine (streng) monoton wachsende Ableitung hat: Aus $x_1 < x_2$ folgt $f'(x_1) \leq f'(x_2)$. Der folgende Satz beschreibt den Sachverhalt genau.

> **Satz 6.4** *Ist die Funktion f auf dem Intervall I differenzierbar, dann gilt dort:*
>
> $$f \text{ ist (streng)} \left\{ \begin{array}{l} konvex \\ konkav \end{array} \right\} \Leftrightarrow f' \text{ ist (streng)} \left\{ \begin{array}{l} monoton\ wachsend \\ monoton\ fallend \end{array} \right\}.$$

Wendet man Satz 6.2 auf f' an, so erhält man aus Satz 6.4 das folgende Konvexitätskriterium.

> **Satz 6.5** *Die Funktion f habe auf dem Intervall I eine stetige erste Ableitung und auf $\overset{\circ}{I}$ eine zweite Ableitung. Dann gilt:*
>
> (i) $\left\{ \begin{array}{l} f''(x) \geq 0 \\ f''(x) \leq 0 \end{array} \right\}$ *für jedes* $x \in \overset{\circ}{I} \iff f$ *ist auf* I $\left\{ \begin{array}{l} konvex \\ konkav \end{array} \right\}.$
>
> (ii) $\left\{ \begin{array}{l} f''(x) > 0 \\ f''(x) < 0 \end{array} \right\}$ *für jedes* $x \in \overset{\circ}{I} \implies f$ *ist auf* I *streng* $\left\{ \begin{array}{l} konvex \\ konkav \end{array} \right\}.$

Beispiel 6.9 Für die Funktion $f(x) = (x-1)^3(x+1)$ gilt

$$f'(x) = 12x(x-1) \left\{ \begin{array}{ll} >0 & \text{für } x < 0 \text{ und } x > 1, \\ <0 & \text{für } 0 < x < 1. \end{array} \right.$$

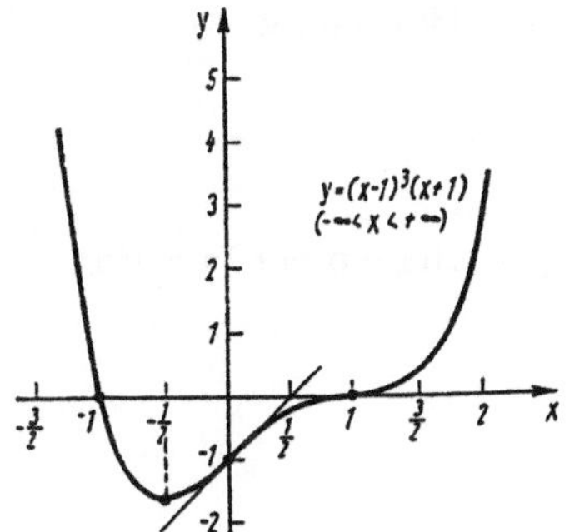

Bild 6.5

Nach Satz 6.5 ist f auf $(-\infty, 0]$ und $[1, +\infty)$ streng konvex und auf $[0, 1]$ streng konkav (Bild 6.5).

Die Konvexität einer Funktion f ist nicht nur geometrisch, sondern auch analytisch interessant. Hat man nämlich - z. B. mit Satz 6.5 - die Konvexität von f gezeigt, so gilt ja (6.6), und das ist unter Umständen eine nützliche Ungleichung.

Beispiel 6.10 Wir behaupten, daß für reelle Zahlen

$$x_1, \ldots, x_m \geq 0; \quad \alpha_1, \ldots, \alpha_m > 0 \text{ mit } \alpha_1 + \ldots + \alpha_m = 1$$

die Ungleichung

$$x_1^{\alpha_1} \ldots x_m^{\alpha_m} \leq \alpha_1 x_1 + \ldots + \alpha_m x_m \tag{*}$$

gilt. Für $\alpha_1 = \ldots = \alpha_m = 1/m$ geht (*) über in die AGM-Ungleichung; daher heißt (*) auch *verallgemeinerte AGM-Ungleichung*. (Die AGM-Ungleichung wurde bereits in Beispiel 1.5 nutzbringend angewendet.)
Offenbar ist (*) richtig, wenn ein $x_i = 0$ ist. Wir können für den Beweis also voraussetzen, daß $x_1, \ldots, x_m > 0$ gilt. Ferner beschränken wir uns auf den Fall $m = 2$; der allgemeine Fall ergibt sich daraus durch vollständige Induktion. Als "Werkzeug" verwenden wir die Funktion $f(s) = e^s$, die wegen $f''(s) = e^s > 0$ auf R (streng) konvex ist. Mit $x^\alpha = e^{\alpha \ln x}$ folgt daher nach (6.6) (man beachte $\alpha_2 = 1 - \alpha_1$)

$$x_1^{\alpha_1} x_2^{\alpha_2} = e^{\alpha_1 \ln x_1 + \alpha_2 \ln x_2} \leq \alpha_1 e^{\ln x_1} + \alpha_2 e^{\ln x_2} = \alpha_1 x_1 + \alpha_2 x_2,$$

womit (*) für $m = 2$ bewiesen ist.
Die Ungleichung (*) ist die Grundlage für die Herleitung weiterer wichtiger Ungleichungen der Mathematik.

Aufgabe 6.4 Man untersuche die Konvexitätseigenschaften der Funktion

$$f(x) = \frac{x}{x^2 + 1}.$$

6.4 Extremstellen und Wendestellen

6.4.1 Notwendige und hinreichende Bedingungen für Extremstellen

Lokale und globale Extremstellen einer Funktion wurden in Abschnitt 3.3.3 definiert. Wir empfehlen dem Leser, den Anfang dieses Abschnittes (bis zu Satz 3.5) noch einmal zu studieren.

Nun behandeln wir Verfahren zum Auffinden von Extremstellen einer Funktion f, die auf einem Intervall I definiert ist. Mit $\overset{\circ}{I}$ bezeichnen wir wieder das Innere von I. Wir beginnen mit einem neuen Begriff.

Definition 6.2 *Eine Stelle x_0 heißt* k r i t i s c h e *(oder* s t a t i o n ä r e*) Stelle der Funktion $f : I \to R$, wenn x_0 zu $\overset{\circ}{I}$ gehört, f in x_0 differenzierbar ist und $f'(x_0) = 0$ gilt.*

Nach der Weierstraßschen Zerlegungsformel (s. 4.4) gilt

$$f(x_0 + h) \approx f(x_0) + f'(x_0)h, \text{ falls } |h| \text{ "klein" ist.}$$

Ist x_0 kritische Stelle von f, so gilt also $f(x_0 + h) \approx f(x_0)$, d. h. bei einer "kleinen" Änderung des Arguments x_0 ändert sich der Funktionswert "praktisch nicht": Die Funktion f verhält sich in einer Umgebung von x_0 stationär.

Die Bedeutung des Begriffs der kritischen Stelle für Extremwertaufgaben ergibt sich aus dem Satz von Fermat (Satz 5.1), der nun wie folgt formuliert werden kann.

Satz 6.6 *Ist die Funktion $f : I \to R$ an der Stelle $x_0 \in \overset{\circ}{I}$ differenzierbar, so gilt :*

x_0 *ist lokale Extremstelle von f $\Rightarrow$ x_0 ist kritische Stelle von f.*

Satz 6.6 liefert eine *notwendige Bedingung* für lokale Extremstellen. Die schematischen Bilder 6.6 a-f deuten an, daß

- nicht jede kritische Stelle auch Extremstelle von f sein muß (Bild 6.6 e; konkretes Beispiel: $f(x) = x^3$, $x_0 = 0$),

- Extremstellen in $\overset{\circ}{I}$ auch dort vorliegen können, wo f nicht differenzierbar ist (Bild 6.6 b, d; konkretes Beispiel: $f(x) = |x|$, $x_0 = 0$).

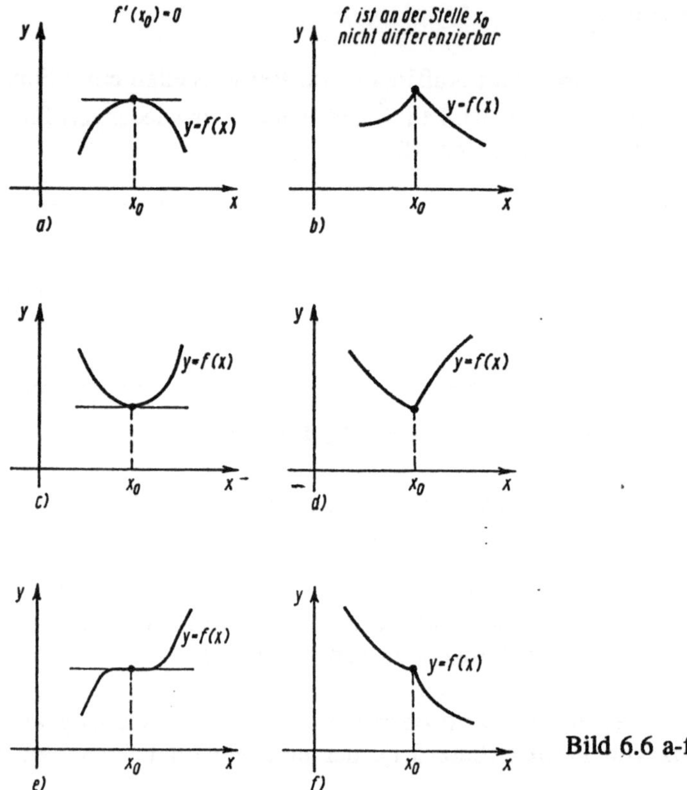

Bild 6.6 a-f

Außerdem ist zu beachten, daß an einer lokalen Extremstelle x_0, die ein Randpunkt des Definitionsbereiches I von f ist, die Gleichung $f'(x_0) = 0$ *nicht* zu gelten braucht, auch nicht für die entsprechende einseitige Ableitung. So hat die Funktion $f(x) = x^2$ auf $I = [1, +\infty)$ die globale (und somit lokale) Minimumstelle $x_0 = 1$, aber dort gilt $f_+'(1) = 2$.

Im folgenden geben wir *hinreichende Bedingungen* für Extremstellen an. Mit ihnen kann man (unter Umständen) entscheiden, ob an einer "extremwertverdächtigen" Stelle tatsächlich ein Extremwert vorliegt und ob dies dann ein Maximum oder ein Minimum ist. Diese Bedingungen beziehen sich durchweg auf Stellen x_0 im Inneren $\mathring{I}$ von I; Randpunkte von I müssen als "grundsätzlich extremwertverdächtig" gesondert untersucht werden.

Für konvexe Funktionen ist die notwendige Bedingung von Satz 6.6 sogar hinreichend für eine globale Minimumstelle.

Satz 6.7 *Ist die Funktion f auf dem Intervall I $\left\{\begin{matrix} konvex \\ konkav \end{matrix}\right\}$ und an der Stelle $x_0 = \mathring{I}$ differenzierbar, so gilt:*

x_0 ist kritische Stelle von f $\Leftrightarrow$ x_0 ist globale $\left\{\begin{matrix} Minimumstelle \\ Maximumstelle \end{matrix}\right\}$ von f auf I.

B e w e i s : Ist x_0 kritische Stelle der konvexen Funktion f, so gilt nach Satz 6.3

$$f(x) \geq f(x_0) + f'(x_0) \cdot (x - x_0) = f(x_0) \qquad \text{für jedes} \quad x \in I,$$

also ist x_0 globale Minimumstelle. Ist f konkav, so schließt man analog mit $(-f)$. Die Umkehrung $\Leftarrow$ ist in Satz 6.6 enthalten.

Ein typisches Beispiel ist die konvexe Funktion $f(x) = x^2$ mit der globalen Minimumstelle $x_0 = 0$ auf $I = \mathbb{R}$.

Für nichtkonvexe Funktionen erhält man hinreichende Bedingungen für lokale Extremstellen, indem man höhere Ableitungen an der Stelle x_0 betrachtet (Satz 6.8) oder das Verhalten der ersten Ableitung in einer Umgebung von x_0 untersucht (Satz 6.9).

Satz 6.8 *Die Funktion $f : I \to \mathbb{R}$ sei auf einer Umgebung der Stelle $x_0 \in \mathring{I}$ n-mal stetig differenzierbar ($n \geq 2$), und es gelte*

$$f'(x_0) = f''(x_0) = \ldots = f^{(n-1)}(x_0) = 0, \quad aber \quad f^{(n)}(x_0) \neq 0. \quad (6.8)$$

Ist n gerade , dann ist x_0 lokale Extremstelle von f und zwar

$$\text{im Fall } \left.\begin{cases} f^{(n)}(x_0) < 0 \\ f^{(n)}(x_0) > 0 \end{cases}\right\} \text{ lokale } \left\{\begin{matrix} \textit{Maximumstelle} \\ \textit{Minimumstelle} \end{matrix}\right\} \text{ i. e. S.}$$

Ist n ungerade, dann ist x_0 keine lokale Extremstelle von f.

Wir heben den Spezialfall $n = 2$ des Satzes hervor:

$$f'(x_0) = 0 \text{ und } \left.\begin{cases} f''(x_0) < 0 \\ f''(x_0) > 0 \end{cases}\right\} \Rightarrow x_0 \text{ ist lokale } \left\{\begin{matrix} \text{Maximumstelle} \\ \text{Minimumstelle} \end{matrix}\right\} \text{ i. e. S. von } f.$$

B e w e i s von Satz 6.8: Wir betrachten nur den Fall $f^{(n)}(x_0) < 0$; im Fall $f^{(n)}(x_0) > 0$ schließt man analog. Nach der Taylor-Formel mit dem Restglied $R_{n-1}(x)$ in Lagrange-Form gilt wegen (6.8) für jedes x in einer Umgebung von x_0

$$f(x) - f(x_0) = \frac{f^{(n)}(\xi)}{n!}(x - x_0)^n. \tag{6.9}$$

Dabei liegt ξ zwischen x_0 und x. Wegen $f^{(n)}(x_0) < 0$ und der Stetigkeit von $f^{(n)}$ in x_0 ist auch $f^{(n)}(\xi) < 0$, falls nur x und somit ξ hinreichend nahe bei x_0 gelegen ist. Für diese x folgt aus (6.9) bei geradem n wegen $(x - x_0)^n > 0$, daß $f(x) - f(x_0) < 0$ ist. In diesem Falle ist x_0 also lokale Maximumstelle i. e. S. von f. Ist n ungerade, dann ist $(x - x_0)^n < 0$ für $x < x_0$ und $(x - x_0)^n > 0$ für $x > x_0$, so daß nach (6.9) x_0 keine Extremstelle von f sein kann.

Zur Anwendung von Satz 6.8 auf eine Stelle x_0 ist f so oft zu differenzieren, bis erstmalig eine Ableitung an dieser Stelle von Null verschieden ist.

Die folgende hinreichende Bedingung kommt - wie angekündigt - mit der Ableitung erster Ordnung aus, die zudem an der betrachteten Stelle x_0 selbst nicht zu existieren braucht.

Satz 6.9 *Die Funktion f sei auf dem Intervall I stetig und auf $\overset{\circ}{I}$ - evtl. außer an der Stelle $x_0 \in \overset{\circ}{I}$ - differenzierbar.*

(i) Es gebe ein Teilintervall $(x_0 - \varepsilon,\ x_0 + \varepsilon)$ von I (wobei $\varepsilon > 0$ sehr klein sein kann), so daß gilt

$$\left.\begin{array}{l} f'(x) > 0 \\ f'(x) < 0 \end{array}\right\} \textit{für } x \in (x_0 - \varepsilon,\ x_0) \textit{ und } \left.\begin{array}{l} f'(x) < 0 \\ f'(x) > 0 \end{array}\right\} \textit{für } x \in (x_0,\ x_0 + \varepsilon).$$

Dann ist x_0 lokale $\left\{\begin{array}{l} \textit{Maximumstelle} \\ \textit{Minimumstelle} \end{array}\right\}$ *i. e. S. von f.*

(ii) Gilt sogar

$$\left.\begin{array}{l} f'(x) > 0 \\ f'(x) < 0 \end{array}\right\} \textit{für jedes } x \in \overset{\circ}{I},\, x < x_0 \textit{ und } \left.\begin{array}{l} f'(x) < 0 \\ f'(x) > 0 \end{array}\right\} \textit{für jedes } x \in \overset{\circ}{I},\, x > x_0,$$

dann ist x_0 globale $\left\{\begin{array}{l} \textit{Maximumstelle} \\ \textit{Minimumstelle} \end{array}\right\}$ *von f auf I.*

Qualitativ kann man die Aussage (i) so formulieren:

Wechselt f' beim Überschreiten der Stelle x_0 von links nach rechts das Vorzeichen

von $\left\{\begin{array}{l} +\ nach\ - \\ -\ nach\ + \end{array}\right\}$, so ist x_0 lokale $\left\{\begin{array}{l} \textit{Maximumstelle} \\ \textit{Minimumstelle} \end{array}\right\}$ i. e. S. von f (Bild 6.7).

Der B e w e i s von Satz 6.9 ergibt sich unmittelbar aus Satz 6.2.

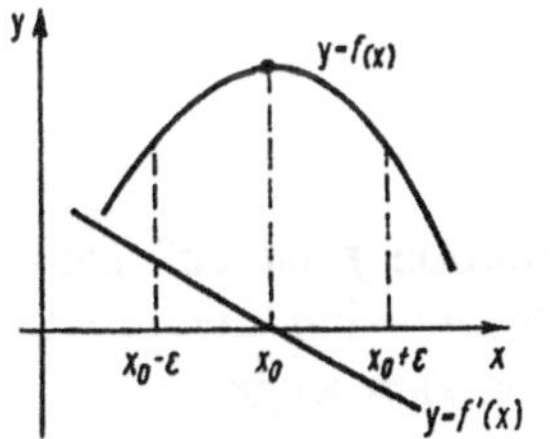

Bild 6.7

Zusammenfassend beschreiben wir nun ein **Verfahren zur Ermittlung der Extremstellen von $f : I \to \mathbf{R}$**:

1. *Ermittlung aller "Kandidaten" für lokale Extremstellen*; das sind (s. Satz 6.6)

a) alle Stellen in $\overset{\circ}{I}$, an denen die Funktion f nicht differenzierbar ist,

b) alle kritischen Stellen (also alle Lösungen $x \in \overset{\circ}{I}$ der Gleichung $f'(x) = 0$),

c) alle Randpunkte von I, sofern solche existieren und zu I gehören (maximal 2).

2. *Auswahl der lokalen Extremstellen aus den "Kandidaten"*; dafür stehen zur Verfügung

- für die nach 1a) ermittelten Stellen: Satz 6.9,
- für die nach 1b) ermittelten Stellen: Satz 6.7, Satz 6.8, Satz 6.9,
- für die nach 1c) ermittelten Stellen: Definition 3.2.

2'. *Auswahl der globalen Extremstellen aus den "Kandidaten"*

Erster Weg: Man untersucht, falls möglich,

- die nach 1a) ermittelten Stellen mit Satz 6.9 (ii),
- die nach 1b) ermittelten Stellen mit Satz 6.7 oder Satz 6.9 (ii),
- die nach 1c) ermittelten Stellen gemäß Definition 3.2.

Zweiter Weg: Man vergleicht die Funktionswerte der nach 1a), 1b) und 1c) ermittelten Stellen hinsichtlich ihrer Größe. Darunter befinden sich die globalen Extremwerte von f auf I, *sofern diese existieren*. Hiervon muß man sich bei diesem Vorgehen also überzeugen. Auskunft darüber geben Satz 3.5(a) und der daran anschließende Zusatz.

6.4.2 Beispiele und Anwendungen

Wir erläutern das soeben beschriebene Verfahren an einigen Beispielen.

Beispiel 6.11 Gesucht sind die lokalen und globalen Extremstellen der Funktion

$$f(x) = x^2 e^{-x}, \ x \in \mathbf{R}.$$

1. "Kandidaten" für lokale Extremstellen: Die Funktion f ist auf ganz $\mathbf{R}(=I)$ differenzierbar, und $\mathbf{R}$ besitzt keine Randpunkte. Somit sind nur die kritischen Stellen "Kandidaten" für Extremstellen. Diese ergeben sich wegen

$$f'(x) = 2xe^{-x} - x^2 e^{-x} = x(2-x)e^{-x}$$

aus $f'(x) = 0$ zu $x_0 = 0$ und $x_1 = 2$.

2. Lokale Extremstellen: Wir untersuchen die kritischen Stellen mit Satz 6.8. Es gilt $f''(x) = (2-4x+x^2)e^{-x}$ und daher $f''(0) = 2 > 0$, $f''(2) = -2e^{-2} < 0$. Somit ist $x_0 = 0$ lokale Minimumstelle i. e. S. und $x_1 = 2$ lokale Maximumstelle i. e. S. von f.

2'. Globale Extremstellen: Wegen $f(0) = 0$ und $f(x) > 0$ für jedes $x \neq 0$ ist $x_0 = 0$ globale Minimumstelle von f auf R. Wegen $\lim_{x \to -\infty} f(x) = +\infty$ besitzt f auf R kein globales Maximum (Bild 6.8).

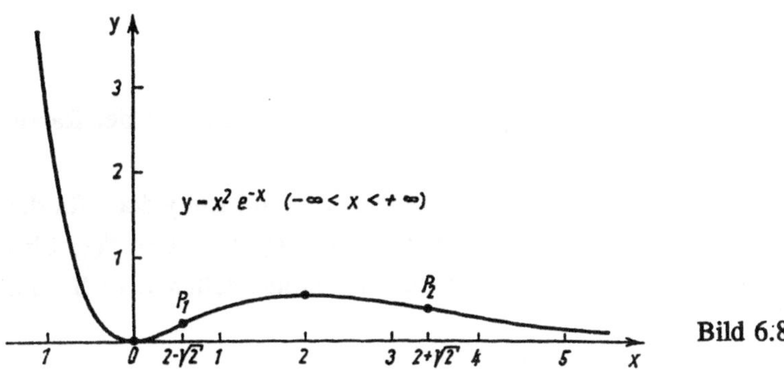

Bild 6.8

Wir modifizieren das Beispiel und betrachten nun die Funktion

$$g(x) = x^2 e^{-x}, \quad x \in [1, +\infty),$$

1. Als "Kandidaten" für lokale Extremstellen erhalten wir wie oben die kritische Stelle $x_1 = 2$ sowie nun den Randpunkt $x_2 = 1$ des Definitionsbereichs $I = [1, +\infty)$.

2. Wie oben weist man nach, daß x_1 lokale Maximumstelle i. e. S. von g ist. Den Randpunkt x_2 kann man wie folgt untersuchen: Wegen $g'(x) = x(2 - x)e^{-x} > 0$ für $1 < x < 2$ ist g auf [1,2] streng monoton wachsend, daher ist $x_2 = 1$ lokale Minimumstelle i. e. S. von g.

2'. Wir betrachten zuerst die Stelle $x_1 = 2$. Es gilt $g'(x) > 0$ für $1 < x < 2$ und $g'(x) < 0$ für $x > 2$. Nach Satz 6.9 (ii) ist x_1 globale Maximumstelle von g. Als globale Minimumstelle kommt nur noch $x_2 = 1$ in Betracht. Nun gilt aber

$$g(x) > 0 \text{ für } x \in [1, +\infty), \quad \lim_{x \to +\infty} g(x) = \lim_{x \to +\infty} \frac{x^2}{e^x} = 0, \text{ so daß die Funktion } g$$

beliebig kleine positive Werte annimmt. Also kann $g(1) = e^{-1}$ nicht globales Minimum von g sein; ein solches existiert somit nicht.

Beispiel 6.12 Gesucht sind die lokalen und globalen Extremstellen der Funktion

$$f(x) = \sqrt[3]{x^2(x+2)}, \quad x \in [-2, +\infty).$$

1. In Beispiel 4.13 hatten wir festgestellt, daß die Funktion f an der Stelle $x_0 = 0$ nicht differenzierbar ist[27] . Weiter ist

$$f'(x) = \frac{x(3x+4)}{\sqrt[3]{x^4(x+2)^2}} \quad \text{für} \quad x > -2, \ x \neq 0 \tag{6.10}$$

und daher $f'(x) = 0$ für $x_1 = -\frac{4}{3}$ (kritische Stelle). Ferner ist der Randpunkt $x_2 = -2$ zu betrachten.

2. Auf die Stelle x_0 könnte man Satz 6.9 anwenden. Man kann jedoch für diese und für die Stelle x_2 einfach so schließen: Wegen $f(0) = f(-2) = 0 < f(x)$ für jedes $x > -2$, $x \neq 0$ sind $x_0 = 0$ und $x_2 = -2$ lokale Minimumstellen i. e. S. und sogar globale Minimumstellen.
Auf x_1 wenden wir Satz 6.9 an: Aus (6.10) folgt

$$f'(x) > 0 \quad \text{für} \quad -2 < x < -\frac{4}{3} \quad \text{und} \quad f'(x) < 0 \quad \text{für} \quad -\frac{4}{3} < x < 0,$$

d. h., beim Überschreiten der Stelle $x_1 = -\frac{4}{3}$ von links nach rechts ändert f' das Vorzeichen von + nach -. Gemäß Satz 6.9 ist x_1 lokale Maximumstelle i. e. S.

2'. Die globalen Minimumstellen sind bereits bestimmt. Als globale Maximumstelle käme nur x_1 in Betracht, doch wegen $\lim\limits_{x \to +\infty} f(x) = +\infty$ besitzt die Funktion f keine solche Stelle (Bild 6.9; die Gerade $y = x + \frac{2}{3}$ lassen wir zunächst außer acht).

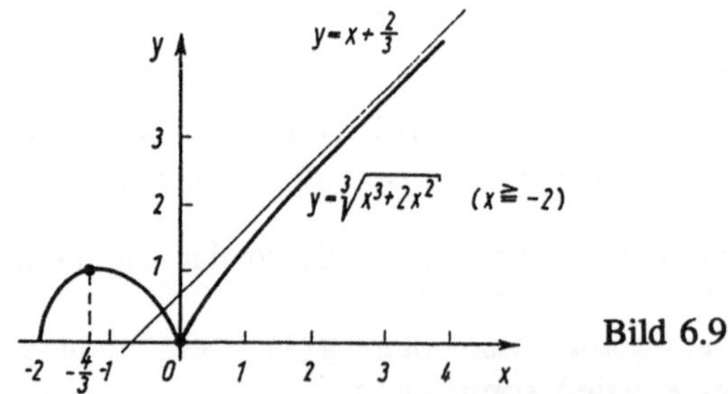

Bild 6.9

Wir kommen nun zu praktischen Aufgaben, die auf die Bestimmung von (im

---

[27] Hier würde die Feststellung genügen, daß f bei $x_0 = 0$ nicht nach der Kettenregel differenziert werden kann, um die Stelle $x_0 = 0$ als "Kandidaten" für eine Extremstelle weiter zu untersuchen.

allgemeinen globalen) Extremstellen führen.

Beispiel 6.13 Die Bahnkurve für den schrägen Wurf ist - bei Vernachlässigung des Luftwiderstandes - die Parabel (Bild 6.10)

$$y = f(x) = x\tan\alpha - \frac{gx^2}{2v_0^2\cos^2\alpha};$$

hierbei ist $\alpha \in (0,\frac{\pi}{2})$ der Wurfwinkel, v_0 die Anfangsgeschwindigkeit und g die Erdbeschleunigung. Gesucht sind

a) die Wurfhöhe $y_H = f(x_H)$,

b) derjenige Winkel α_0, für den die Wurfweite x_W am größten ist.

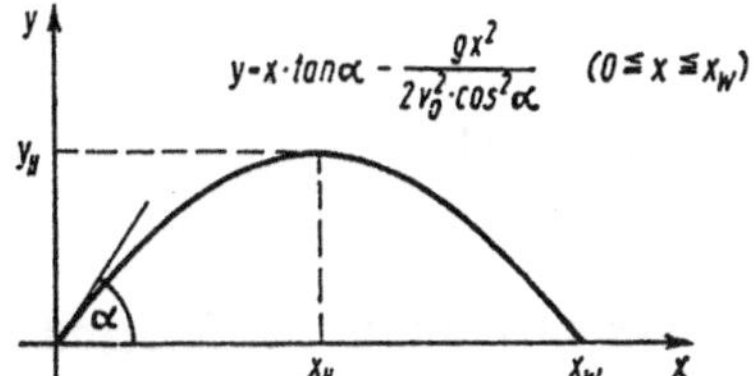

Bild 6.10

Zu a): y_H ist das (nach Satz 3.5 existierende) globale Maximum der stetigen Funktion f auf dem Intervall $[0, x_W]$, wobei sich $x_W > 0$ aus $f(x_W) = 0$ zu

$$x_W = \frac{2v_0^2}{g}\sin\alpha\cos\alpha = \frac{v_0^2}{g}\sin 2\alpha \qquad (6.11)$$

ergibt. Eine kritische Stelle x_H erhält man aus

$$f'(x) = \tan\alpha - \frac{2gx}{2v_0^2\cos^2\alpha} = 0 \Leftrightarrow x_H = \frac{v_0^2}{g}\sin\alpha\cos\alpha = \frac{x_W}{2}.$$

Wegen $f(0) = f(x_W) = 0$, aber $y_H = f(x_H) = \frac{v_0^2}{2g}\sin^2\alpha > 0$ ist dieses y_H die gesuchte Wurfhöhe.

Zu b): α_0 ist die globale Maximumstelle der durch (6.11) gegebenen Funktion

$x_w(\alpha)$ auf dem offenen Intervall $(0,\frac{\pi}{2})$. Die (einzige) kritische Stelle ergibt sich aus $x'_w(\alpha) = 0$ zu $\alpha_0 = \frac{\pi}{4}$. Dies ist auch die gesuchte globale Maximumstelle (und somit der optimale Wurfwinkel), da die Funktion $x_w(\alpha)$ wegen $x''_w(\alpha) < 0$ für $0 < \alpha < \frac{\pi}{2}$ auf $(0,\frac{\pi}{2})$ streng konkav ist (Satz 6.7).

Beispiel 6.14 In einer Ebene seien eine Gerade g und zwei auf derselben Seite von g gelegene Punkte A und B gegeben. Gesucht ist derjenige Punkt P auf g, für den die Abstandssumme $\overline{AP} + \overline{PB}$ am kleinsten ist (Bild 6.11).

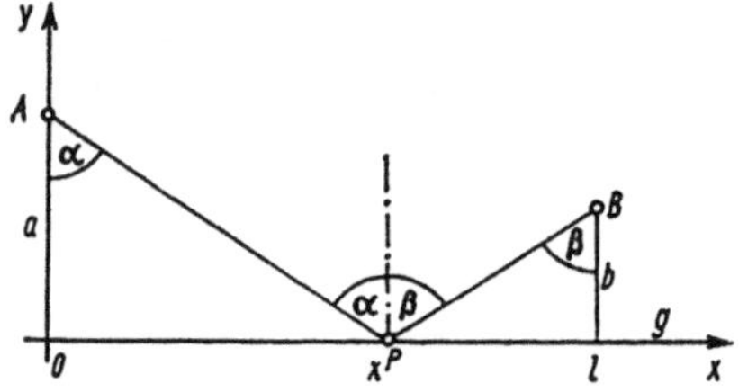

Bild 6.11

Nach Einführung eines geeigneten Koordinatensystems gilt für die Abstandssumme

$$f(x) = \sqrt{x^2 + a^2} + \sqrt{(l-x)^2 + b^2}\ .$$

Die positiven Konstanten a, b und l werden als bekannt angesehen. Gesucht ist die globale Minimumstelle x_0 von f auf R. Wegen

$$f'(x) = \frac{x}{\sqrt{x^2 + a^2}} - \frac{l-x}{\sqrt{(l-x)^2 + b^2}}$$

sind die kritischen Stellen von f die Lösungen der Gleichung

$$\frac{x}{\sqrt{x^2 + a^2}} = \frac{l-x}{\sqrt{(l-x)^2 + b^2}}. \tag{6.12}$$

Durch Quadrieren folgt

$$(6.12) \Rightarrow b^2 x^2 = a^2 (l-x)^2 \quad \Leftrightarrow \quad [bx = a(l-x) \quad \text{oder} \quad bx = -a(l-x)].$$

Löst x die Gleichung $bx = -a(l-x)$, so haben x und l-x entgegengesetzte Vorzeichen, was der Gleichung (6.12) widerspricht. Somit gilt

$$(6.12) \iff bx = a(l-x) \iff x = \frac{al}{a+b} =: x_0. \tag{6.13}$$

Die stetige Funktion f besitzt also genau die kritische Stelle x_0, und diese ist wegen

$$\lim_{x \to +\infty} f(x) = \lim_{x \to -\infty} f(x) = +\infty$$

globale Minimumstelle von f auf R (vgl. Zusatz zu Satz 3.5(a)).

Wir geben noch zwei Interpretationen dieser geometrischen Aufgabe.

1. Ein von A ausgehender und an g (Spiegel) reflektierter Lichtstrahl, der in B ankommen soll, verläuft auf dem Weg der kürzesten Laufzeit (Fermatsches Prinzip). Bei konstanter Geschwindigkeit (homogenes Medium) ist das der kürzeste Weg. In diesem Fall wird der Lichtstrahl also im Punkt $P(x_0, 0)$ reflektiert. Für x_0 gilt (6.13) und daher (s. Bild 6.11) $\sin\alpha = \sin\beta$, also $\alpha = \beta$. Aus dem Fermatschen Prinzip folgt somit das Reflektionsgesetz "Einfallswinkel gleich Ausfallswinkel".

2. Zur Energieversorgung der Orte A und B soll an dem geradlinig verlaufenden Fluß g ein Kraftwerk gebaut werden. Die Gesamtlänge der von dem Kraftwerk nach A und B zu legenden Leitungen ist genau dann minimal, wenn dieses an der Stelle $P(x_0, 0)$ errichtet wird.

Aufgabe 6.5 Man ermittle die lokalen und die globalen Extremstellen der folgenden Funktionen $f : \text{R} \to \text{R}$.

a) $f(x) = 4\cos x + \cos 2x$,   b) $f(x) = x^3 e^{-x}$,

c) $f(x) = (x+1)^5 (x-2)$,   d) $f(x) = x|x-1|$.

Aufgabe 6.6 Man bestimme von der Funktion $f(x) = (x+3)^2 (x-2)^3$ die globalen Extremstellen auf dem Intervall [-2,3].

Aufgabe 6.7 Hat die Funktion

$$f(x) = \begin{cases} x \sin\frac{1}{x} & \text{für } x > 0 , \\ 0 & \text{für } x = 0 \end{cases}$$

in dem Randpunkt $x = 0$ ihres Definitionsbereichs einen lokalen Extremwert?

Aufgabe 6.8 Man ermittle den Grundkreisradius r_0 und die Höhe h_0 derjenigen zylindrischen Dose, die bei vorgeschriebenem Volumen V eine möglichst kleine Oberfläche S hat (geringster Materialverbrauch).

Aufgabe 6.9 Die Genauigkeit der Widerstandsmessung mit einer Wheatstoneschen Brücke (s. Aufgabe 4.26) hängt von der Kontakteinstellung x ab und läßt sich daher durch die Wahl des Vergleichswiderstandes R beeinflussen. Für welchen Wert x ist der in der Lösung zu Aufgabe 4.26 angegebene Näherungswert für $\left|\frac{\Delta y}{y}\right|$ am kleinsten?

Aufgabe 6.10 Ein Ort A soll regelmäßig mit Waren aus einem Ort B, der an einer geradlinigen Eisenbahnlinie g liege, versorgt werden (Bild 6.12). Die Transportkosten pro Kilometer und Wareneinheit seien α bei Straßentransport und β bei Bahntransport. Es gelte $\alpha > \beta$. An welcher Stelle P zwischen A und B ist von g eine geradlinige Straße nach A abzuzweigen, damit die Kosten für den Transport einer Wareneinheit von B über P nach A möglichst gering sind? Die Strecken a und l seien in km gegeben. (Natürlich ist dieses Planungsmodell stark vereinfacht. Insbesondere läßt es ökologische Aspekte außer acht.)

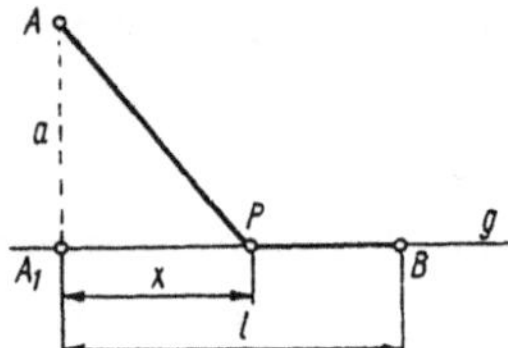

Bild 6.12

6.4.3 Wendestellen

> **Definition 6.3** *Die Funktion f sei auf einer Umgebung der Stelle x_0 differenzierbar. Man nennt x_0* W e n d e s t e l l e *und den Punkt $(x_0, f(x_0))$* W e n d e p u n k t *der Funktion f, wenn x_0 lokale Extremstelle i. e. S. der Ableitung f' ist. Die Tangente in einem Wendepunkt heißt* W e n d e t a n - g e n t e; *ist diese horizontal (gilt also $f'(x_0) = 0$), dann heißt $(x_0, f(x_0))$* H o r i z o n t a l w e n d e p u n k t *oder* S t u f e n p u n k t.

Mit Satz 6.4 erhält man unmittelbar die folgende geometrische Bedingung für eine Wendestelle.

> **Satz 6.10** *Die Funktion f sei auf dem Intervall $[x_0 - \varepsilon, \, x_0 + \varepsilon]$, $\varepsilon > 0$, differenzierbar. Ist f auf $[x_0 - \varepsilon, \, x_0]$ streng konvex und auf $[x_0, \, x_0 + \varepsilon]$ streng konkav oder umgekehrt, so ist x_0 eine Wendestelle von f (s. Bild 6.13a und 6.13b[28]).*

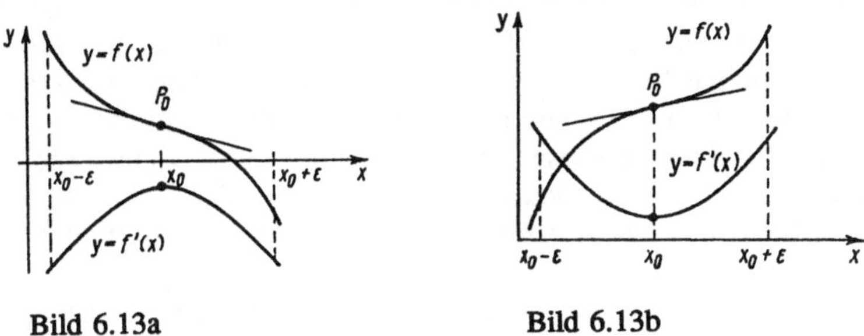

Bild 6.13a   Bild 6.13b

Beispiel 6.15 Nach Satz 6.10 hat die in Beispiel 6.9 betrachtete Funktion $f(x) = (x-1)^3 (x+1)$ die Wendestellen $x_1 = 0$ und $x_2 = 1$, also die Wendepunkte $P_1(0, -1)$ und $P_2(1, 0)$. Zu P_1 gehört die Wendetangente $y = -1 + 2x$. Der Punkt P_2 ist wegen $f'(1) = 0$ ein Horizontalwendepunkt (Bild 6.5).

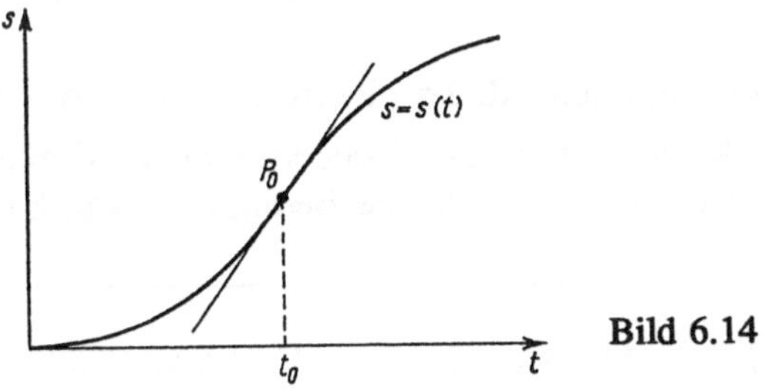

Bild 6.14

Beispiel 6.16 In Bild 6.14 ist die Weg-Zeit-Funktion $s = s(t)$ der geradlinigen Bewegung einer Punktmasse dargestellt. Im Wendepunkt P_0 geht die Bildkurve

---

[28] Man beachte den Zusammenhang zwischen der Monotonie von f und dem Vorzeichen von f'.

mit zunehmender Zeit t aus einem streng konvexen in einen streng konkaven Verlauf über: Die Geschwindigkeit $v(t) = \dot{s}(t)$ ist für $t < t_0$ streng monoton wachsend und für $t > t_0$ streng monoton fallend (vgl. Satz 6.4). Für die Beschleunigung $b(t) = \dot{v}(t) = \ddot{s}(t)$ gilt daher $b(t) > 0$ für $t < t_0$, $b(t) < 0$ für $t > t_0$, also aus Stetigkeitsgründen $b(t_0) = 0$. Zum Zeitpunkt t_0 setzt ein Bremsvorgang ein.

Wir geben noch eine ökonomische Interpretation der in Bild 6.14 dargestellten Kurve. Wir fassen die Funktion $s = s(t)$ jetzt als Produktionsfunktion auf, die den Zusammenhang zwischen "Inputs" und "Outputs" beschreibt. Hier beschränken wir uns auf die eine Input-Variable t. Die Kurve veranschaulicht nun das sog. Ertragsgesetz, nach dem von einem gewissen Input t_0 an eine weitere Input-Erhöhung nur noch zu einem immer kleineren Output-Zuwachs führt. Man sagt dafür auch, die Produktion gehe bei t_0 von einem *progressiven* in ein *degressives Wachstum* über.

Wir kommen zu Kriterien, mit denen man eine Funktion auf Wendestellen untersuchen kann. Aus Satz 6.6, angewendet auf die Ableitung f', erhält man folgende notwendige Bedingung.

Satz 6.11 *Ist die Funktion* $f : I \rightarrow \mathbb{R}$ *an der Stelle* $x_0 \in \overset{\circ}{I}$ *zweimal differenzierbar, so gilt:*

$$x_0 \text{ ist Wendestelle von } f \Rightarrow f''(x_0) = 0 \ .$$

Diese Bedingung ist jedoch nicht hinreichend. So gilt für die Funktion $f(x) = x^4$ zwar $f''(0) = 0$, aber $x_0 = 0$ ist keine Wendestelle (sondern globale Minimumstelle) von f. Der folgende Satz enthält eine hinreichende Bedingung (vgl. Satz 6.8).

Satz 6.12 *Die Funktion* $f : I \rightarrow \mathbb{R}$ *sei auf einer Umgebung der Stelle* $x_0 \in \overset{\circ}{I}$ *n-mal stetig differenzierbar, und es gelte*

$$f''(x_0) = f'''(x_0) = \ldots = f^{(n-1)}(x_0) = 0 \ , \quad \text{aber} \ \ f^{(n)}(x_0) \neq 0 \ .$$

Ist n ungerade, *so ist* x_0 *Wendestelle von f, andernfalls nicht.*

Beispiel 6.17 Die Van-der-Waals-Zustandsgleichung eines realen Gases lautet

$$p = \frac{RT}{v-b} - \frac{a}{v^2}, \quad v > b. \tag{6.14}$$

Hierbei ist T die Temperatur, v das Molvolumen, p der Druck, R die allgemeine Gaskonstante, a und b sind gasspezifische Konstanten. Bei konstanter Temperatur T ist der Druck p eine Funktion des Volumens v, deren Bildkurve *Isotherme* heißt. Mit physikalischen Überlegungen folgt die Existenz einer Isotherme $T = T_k$ mit einem Horizontalwendepunkt. In Bild 6.15 sind drei typische Isothermen dargestellt; dabei ist $T_1 < T_k < T_2$. (Das tatsächliche Verhalten des Gases zwischen den Punkten A und B wird durch ein zur v-Achse paralleles Geradenstück beschrieben.)

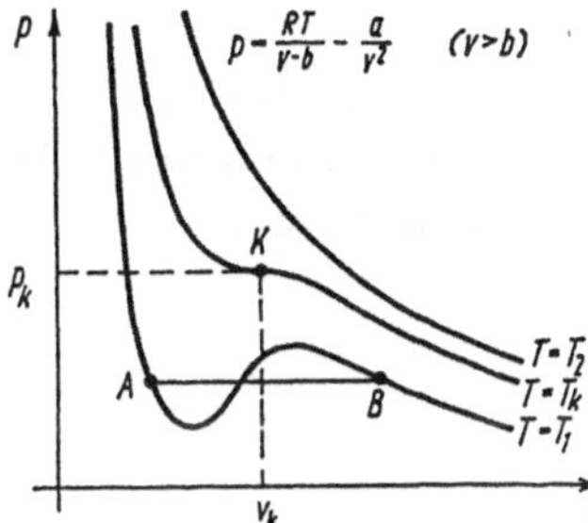

Bild 6.15

Wir wollen die Existenz eines Horizontalwendepunktes K mathematisch beweisen und K ermitteln. Die notwendigen Bedingungen

$$\frac{dp}{dv} = 0 \quad \text{und} \quad \frac{d^2p}{dv^2} = 0$$

führen mit $T = T_k$ auf

$$-\frac{RT_k}{(v-b)^2} + \frac{2a}{v^3} = 0 \quad \text{und} \quad \frac{2RT_k}{(v-b)^3} - \frac{6a}{v^4} = 0.$$

Die einzige Lösung $v = v_k$ dieser Gleichungen ist $v_k = 3b$. Setzt man dies in eine der beiden Gleichungen ein, so erhält man $T_k = 8a/(27Rb)$. Aus (6.14) folgt hiermit $p_k = a/(27b^2)$. Wegen

$$\frac{\mathrm{d}^3 p}{\mathrm{d}v^3}\bigg|_{v=v_k} = -\frac{6RT_k}{(v_k-b)^4} + \frac{24a}{v_k^5} = -\frac{a}{81\,b^5} \neq 0$$

ist $K(v_k, p_k)$ nach Satz 6.12 (mit n = 3) tatsächlich ein Wendepunkt. Man nennt T_k, v_k, p_k kritische Daten und K kritischen Punkt.

Aufgabe 6.11 Man ermittle Wendepunkt(e) und zugehörige Wendetangente(n) der Funktion $f(x) = x^2 \ln x$, $x > 0$.

6.5 Kurvendiskussion

Bisher haben wir die Bildkurven von Funktionen dargestellt, ohne auf die Anfertigung dieser Bilder einzugehen. Damit wollen wir uns nun befassen. Man untersucht dazu die vorgelegte Funktion auf folgende Eigenschaften:

1. Unstetigkeitsstellen (s. 3.2),
2. Monotonieintervalle (s. 6.2),
3. Lokale Extremstellen (s. 6.4.1),
4. Konvexitätsintervalle (s. 6.3),
5. Wendestellen (s. 6.4.1),
6. Verhalten für $x \to \pm\infty$, Asymptoten (s. unten),
7. Spezifische Eigenschaften (Periodizität, Symmetrie u. a.).

Auf Grund einer solchen *Kurvendiskussion* kann die Bildkurve prinzipiell skizziert werden.

Natürlich kann man Funktionsbilder über ein geeignetes Programm auch von einem Computer anfertigen lassen. Hierzu müssen aber die Bereiche auf Abszissen- und Ordinatenachse, über denen die Bildkurve darzustellen ist, vorgegeben werden. Daher sollte man sich vorab einen Überblick verschaffen, wo mit der Bildkurve "etwas Wesentliches geschieht". Es gibt auch Fälle, in denen das Computerbild die tatsächliche Bildkurve nicht überall richtig darstellt. Aus diesen Gründen empfiehlt sich eine Kurvendiskussion auch dann, wenn die Bildkurve von einem Computer erzeugt werden soll.

Wir müssen noch den Begriff der Asymptote einer Funktion f definieren. Man nennt

- die Gerade $x = x_0$ *(vertikale) Asymptote* von f, falls f für mindestens eine der "Bewegungen" $x \to x_0 + 0$ oder $x \to x_0 - 0$ bestimmt divergent ist (Bild 6.16a),
- die Gerade $y = ax + b$ *(geneigte) Asymptote* von f für $x \to +\infty$, falls gilt (Bild 6.16b)

$$\lim_{x \to +\infty} [f(x) - (ax + b)] = 0; \tag{6.15}$$

analog für $x \to -\infty$.

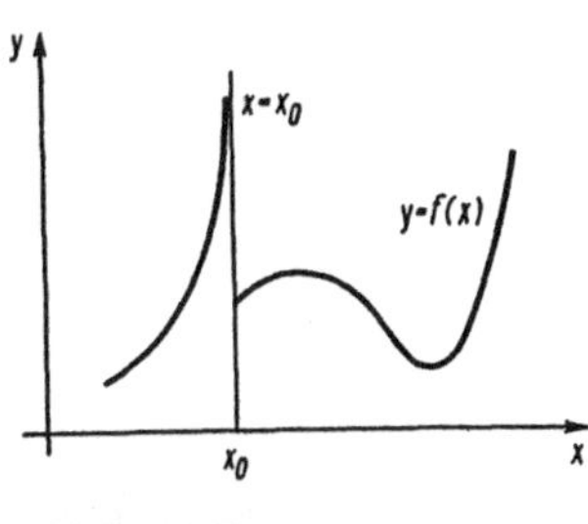

Bild 6.16a

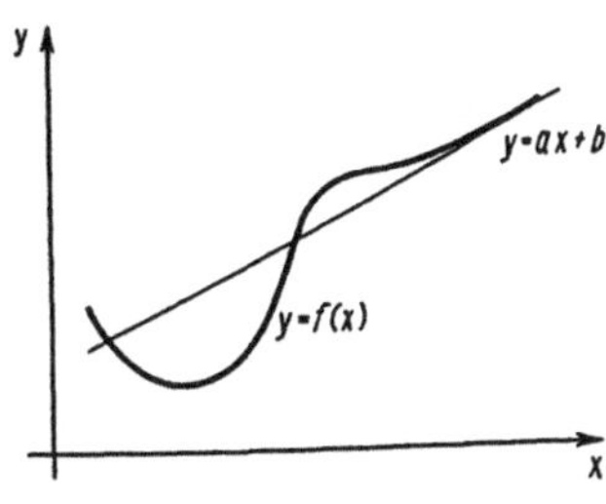

Bild 6.16b

Eine vertikale Asymptote kann nur an einer Unstetigkeitsstelle x_0 der Funktion f vorkommen. Über Existenz und Berechnung geneigter Asymptoten gibt der folgende Satz Auskunft.

Satz 6.13 *Die Funktion f besitzt genau dann eine Asymptote für $x \to +\infty$, wenn die Grenzwerte*

$$a = \lim_{x \to +\infty} \frac{f(x)}{x} \quad \text{und} \quad b = \lim_{x \to +\infty} [f(x) - ax] \tag{6.16}$$

existieren. Mit diesen Grenzwerten ist $y = ax + b$ die Gleichung der Asymptote.
Analoges gilt für $x \to -\infty$.

B e w e i s : Wenn die Grenzwerte (6.16) beide existieren, folgt aus der zweiten Gleichung unmittelbar (6.15), also ist $y = ax + b$ Asymptote von f für $x \to +\infty$. Gilt umgekehrt (6.15), so ist

$$\lim_{x \to +\infty} \left[x \cdot \left(\frac{f(x)}{x} - a - \frac{b}{x} \right) \right] = 0, \quad \text{woraus} \quad \lim_{x \to +\infty} \left(\frac{f(x)}{x} - a - \frac{b}{x} \right) = 0$$

und daher die erste Gleichung von (6.16) folgt. Die zweite Gleichung von (6.16) ergibt sich direkt aus (6.15).

Speziell für *gebrochen rationale Funktionen* definiert man auch krummlinige Asymptoten. Jede gebrochene rationale Funktion f kann man (durch Division des Zählerpolynoms durch das Nennerpolynom) zerlegen in eine ganze rationale Funktion g und eine echt gebrochene rationale Funktion h:

$$f(x) = g(x) + h(x).$$

Hiermit ergibt sich

$$\lim_{x \to +\infty} [f(x) - g(x)] = \lim_{x = \to +\infty} h(x) = 0$$

(letzteres nach Aufgabe 2.3). Für $x \to +\infty$ kommt also die Funktion f ihrem ganzen Teil g beliebig nahe. Daher heißt g auch *(krummlinige) Asymptote* von f für $x \to +\infty$. Das gleiche gilt für $x \to -\infty$. Ist insbesondere $g(x) = ax + b$, so stimmt dieser Begriff mit dem der geneigten Asymptote überein.

Für gebrochene rationale Funktionen ist die Ermittlung des Kurvenverlaufs mit Hilfe der Ableitungen häufig recht aufwendig. Andererseits liefert für solche Funktionen eine genaue Analyse der Unstetigkeitsstellen sowie die Bestimmung von Nullstellen und Asymptoten i. allg. schon einen guten Einblick in den Kurvenverlauf (vgl. Aufgabe 6.12b).

Wir wollen nun zwei Kurvendiskussionen durchführen.

Beispiel 6.18 Zu untersuchen ist die Funktion $f(x) = x^2 e^{-x}$.

1. Die Funktion f ist für alle $x \in \mathbb{R}$ stetig (und beliebig oft differenzierbar).

2. Wegen

$$f'(x) = x(2-x)e^{-x} \begin{cases} > 0 & \text{für } 0 < x < 2, \\ < 0 & \text{für } x < 0 \text{ und für } x > 2 \end{cases}$$

ist f auf $[0,2]$ streng monoton wachsend und auf $(-\infty, 0]$ sowie $[2, +\infty)$ streng monoton fallend.

3. Nach 2. hat f das lokale Minimum $f(0) = 0$ und das lokale Maximum $f(2) =$
$= 4e^{-2} = 0{,}541\ \ldots$.

4. Es gilt $f''(x) = (x^2 - 4x + 2)e^{-x}$, und das Polynom $(x^2 - 4x + 2)$ hat die Nullstellen

$$x_1 = 2 - \sqrt{2} = 0{,}585\ldots \quad \text{und} \quad x_2 = 2 + \sqrt{2} = 3{,}414\ldots$$

Daher ist

$$f''(x) = (x - x_1)(x - x_2)e^{-x} \begin{cases} > 0 & \text{für} \quad x < x_1 \text{ und für } x > x_2, \\ < 0 & \text{für} \quad x_1 < x < x_2. \end{cases}$$

Somit ist f auf $(-\infty, x_1]$ sowie $[x_2, +\infty)$ streng konvex und auf $[x_1, x_2]$ streng konkav.

5. Nach 4. hat f die Wendepunkte $P_1(x_1, f(x_1))$ und $P_2(x_2, f(x_2))$; hierbei gilt
$f(x_1) = 0{,}190\ldots$ und $f(x_2) = 0{,}383\ldots$

6. Wegen $\lim\limits_{x \to +\infty} f(x) = 0$ gilt (6.16) mit $a = 0$; also hat f für $x \to +\infty$ die Asymptote $y = 0$. Weiter ist $\lim\limits_{x \to -\infty} f(x) = +\infty$, und wegen

$$\lim\limits_{x \to -\infty} \frac{f(x)}{x} = \lim\limits_{x \to -\infty} xe^{-x} = -\infty$$

hat f für $x \to -\infty$ keine Asymptote.

7. Wir berechnen noch die Funktionswerte $f(-1) = e = 2{,}718\ldots$ und $f(5) =$
$= 25e^{-5} = 0{,}168\ \ldots$ und beachten $f(x) > 0$ für alle $x \neq 0$.

Nun kann man die Bildkurve von f recht genau skizzieren; dies sollte der Leser jetzt tun, bevor er Bild 6.8 in Abschnitt 6.4.2 betrachtet.

Beispiel 6.19 Wir untersuchen die Funktion

$$f(x) = \sqrt[3]{x^3 + 2x^2}, \quad x \geq -2.$$

1. Die Funktion f ist auf $[-2, +\infty)$ stetig.

2. Für $x > -2$, $x \neq 0$ erhält man durch gewöhnliche Differentiation

$$f'(x) = \frac{x(3x+4)}{3(x^3+2x^2)^{\frac{2}{3}}} \quad \begin{cases} > 0 & \text{für} \quad -2 < x < -\frac{4}{3} \quad \text{und für} \quad x > 0, \\ < 0 & \text{für} \quad -\frac{4}{3} < x < 0. \end{cases}$$

(Zu den Stellen $x = -2$ und $x = 0$ vgl. 7.) Daher ist f auf $[-2, -\frac{4}{3}]$ sowie $[0, +\infty)$ streng monoton wachsend und auf $[-\frac{4}{3}, 0]$ streng monoton fallend.

3. Nach 2. hat f das lokale Maximum $f(-\frac{4}{3}) = \frac{2}{3}\sqrt[3]{4} = 1{,}058\ldots$ und das lokale Minimum $f(0) = 0$ (vgl. auch Beispiel 6.12).

4. Es gilt

$$f''(x) = -\frac{8}{9(x+2)(x^3+2x^2)^{\frac{2}{3}}} \quad \text{für} \quad x > -2,\ x \neq 0,$$

also $f''(x) < 0$ für diese x. Somit ist f auf $(-2,0)$ und $(0, +\infty)$ jeweils streng konkav.

5. Nach 4. hat f keine Wendepunkte.

6. Es gilt

$$\lim_{x \to +\infty} \frac{f(x)}{x} = \lim_{x \to +\infty} \frac{\sqrt[3]{x^3\left(1+\frac{2}{x}\right)}}{x} = \lim_{x \to +\infty} \sqrt[3]{1+\frac{2}{x}} = 1$$

und $\lim\limits_{x \to +\infty} [f(x) - 1x] = \frac{2}{3}$ (s. Aufgabe 6.1e). Daher ist die Gerade $y = x + \frac{2}{3}$ Asymptote von f für $x \to +\infty$. Da die Funktion f nur für $x \geq -2$ definiert ist, ist eine Untersuchung für $x \to -\infty$ gegenstandslos.

7. Es empfiehlt sich, die Funktion f noch auf (einseitige) Differenzierbarkeit an den Stellen $x = -2$ und $x = 0$ zu untersuchen. Nach Beispiel 4.13 gilt

$$f'_+(-2) = +\infty,\ f'_+(0) = +\infty,\ f'_-(0) = -\infty;$$

die Bildkurve von f hat bei $x = -2$ und $x = 0$ also vertikale einseitige Tangenten. Die Funktion f ist in Bild 6.9 (in Abschnitt 6.4.2) skizziert.

Aufgabe 6.12 Für die folgenden Funktionen ist eine Kurvendiskussion durchzuführen und die Bildkurve zu skizzieren.

a) $f(x) = \dfrac{x^2 - x - 2}{x^2 - 6x + 9}$.

b) $f(x) = \dfrac{x^2(x+2)^5}{(x-1)(x+1)^2(x+2)^2}$.

Es genügt, Unstetigkeitsstellen (genaue Klassifikation), Nullstellen, Asymptoten und einige Funktionswerte zu bestimmen.

c) $f(x) = \dfrac{1}{\sigma\sqrt{2\pi}}\, e^{-\frac{(x-\mu)^2}{2\sigma^2}}$ ($\sigma > 0$, μ : Konstanten).

Diese Funktion heißt *Gaußsche*[29] *Fehlerfunktion*; sie spielt in der mathematischen Statistik eine wichtige Rolle.

---

[29] Carl Friedrich Gauß (1777-1855), deutscher Mathematiker.

7 Numerische Lösung von Gleichungen

7.1 Vorbemerkung

Die unterschiedlichsten Probleme führen auf die Aufgabe, die Lösungen einer Gleichung der Form

$$f(x) = 0,$$

also die Nullstellen der Funktion f, zu ermitteln. Als Beispiel aus dem Gegenstand dieses Buches erwähnen wir die Bestimmung der kritischen Stellen einer Funktion. Aber auch viele praktische Probleme laufen gerade auf diese Aufgabe hinaus. Wir erinnern nur an die in Beispiel 4.3 erwähnte Balkenbiegung: Diejenige Kraft, die den Bruch des Balkens bewirkt - die Eulersche Knicklast - ergibt sich aus der kleinsten positiven Lösung der Gleichung $\tan x - x = 0$.

Da in den meisten Fällen (wie auch in diesem Beispiel) eine formelmäßige Auflösung der betrachteten Gleichung nicht möglich ist, kommt den *numerischen Verfahren* zur Ermittlung der Lösungen eine große Bedeutung zu. Diese Verfahren bestehen darin, ausgehend von ein oder zwei (z.B. graphisch ermittelten) Näherungswerten, den *Startwerten*, schrittweise immer genauere Näherungswerte x_k für die gesuchte Lösung x^* der Gleichung $f(x) = 0$ zu berechnen.

Im Zusammenhang mit solchen Verfahren, die man *Iterationsverfahren* nennt, entstehen u. a. folgende Fragen.

Konvergenz: Es sind hinreichende Bedingungen dafür anzugeben, daß $\lim_{k \to \infty} x_k = x^*$ gilt. Praktisch bedeutet dies, daß für hinreichend großes k, also nach genügend vielen Iterationsschritten, der Näherungswert x_k sich beliebig wenig von x^* unterscheidet.

Konvergenzgeschwindigkeit: Es sind Aussagen darüber zu machen, "wie schnell" der Fehler $x_k - x^*$ von einem Iterationsschritt zum nächsten kleiner wird. Ein Vergleich verschiedener Verfahren muß natürlich neben der Konvergenzgeschwindigkeit den Rechenaufwand in Betracht ziehen.

Fehlerabschätzung: Es sind möglichst berechenbare Schranken für den Fehler $x_k - x^*$ anzugeben.

Im folgenden werden wir die Grundgedanken wichtiger Iterationsverfahren darlegen und die aufgeworfenen Fragen bis zu einem gewissen Grad diskutieren. Für weitergehende Ausführungen sei auf [SKR] und [SRZ] verwiesen.

Um ein Iterationsverfahren auf einem Computer realisieren zu können, muß es zuvor in ein Computerprogramm übertragen werden. Darauf wird hier verzichtet, da die Beherrschung einer bestimmten Programmiersprache nicht vorausgesetzt werden soll. Für die in diesem Band ausschließlich betrachteten skalaren Gleichungen mit einer Unbekannten wird der Leser ein Programm in einer ihm vertrauten Programmiersprache leicht selbst aufstellen können; bereits BASIC eignet sich dafür. Die in den folgenden Abschnitten enthaltenen einfachen Beispiele und Aufgaben können schon mit einem nichtprogrammierbaren wissenschaftlichen Taschenrechner bearbeitet werden.

Ein einfaches Iterationsverfahren haben wir übrigens bereits in Abschnitt 3.3.3 kennengelernt: das auf Satz 3.5(c) beruhende *Halbierungsverfahren*. Es hat den Vorzug, daß die von den Näherungswerten erzeugten Intervalle die Lösung x^* stets enthalten und die Intervallängen gegen Null konvergieren. Das Verfahren liefert also immer genauere untere und obere Schranken für x^* (vgl. Beispiel 3.12). Allerdings konvergiert es relativ langsam. Wir gehen auf dieses Verfahren nicht näher ein.

7.2 Fixpunktiteration

Für das jetzt zu beschreibende Verfahren wird die gegebene Gleichung $f(x) = 0$ äquivalent umgeformt[30] in

$$x = \varphi(x). \tag{7.1}$$

Eine solche Umformung ist auf vielfältige Weise möglich; vgl. das unten folgende Beispiel 7.1.

Jede Lösung x^* von (7.1) heißt *Fixpunkt* der Funktion φ, und daher nennt man (7.1) auch *Fixpunktgleichung*. Fixpunkte sind also Argumente, die bei der Abbildung $x \mapsto \varphi(x)$ fest bleiben: $x^* = \varphi(x^*)$.

Zur numerischen Berechnung eines Fixpunktes x^* von φ geht man folgendermaßen vor: Man wählt einen Startwert x_0, berechnet den Funktionswert $\varphi(x_0)$ und ver-

---

[30] Das bedeutet, daß (7.1) dieselben Lösungen hat wie die Gleichung $f(x) = 0$.

wendet diesen als neuen Näherungswert x_1; man setzt also $x_1 = \varphi(x_0)$. Mit x_1 wird nun analog verfahren, d. h., man setzt $x_2 = \varphi(x_1)$ usw. Allgemein wird durch

$$x_{k+1} = \varphi(x_k) \quad (k = 0,1,2,\ldots) \tag{7.2}$$

eine Folge (x_k) rekursiv definiert. Diese Konstruktion ist der Grundgedanke des Verfahrens der *Fixpunktiteration*.

Beispiel 7.1 Gesucht sind die Lösungen $x > 0$ der Gleichung[31]

$$x^2 - \ln x - 2 = 0. \tag{7.3}$$

Zur Ermittlung der ungefähren Lage der Lösungen schreiben wir (7.3) in der Form $x^2 - 2 = \ln x$ und skizzieren die Bildkurven der Funktionen $f_1(x) = x^2 - 2$ und $f_2(x) = \ln x$. Nach Bild 7.1 schneiden sich diese Kurven an Stellen x_1^* und x_2^*, die in der Nähe von 0,15 bzw. 1,6 liegen. Somit sind x_1^* und x_2^* auch die gesuchten Lösungen von (7.3).

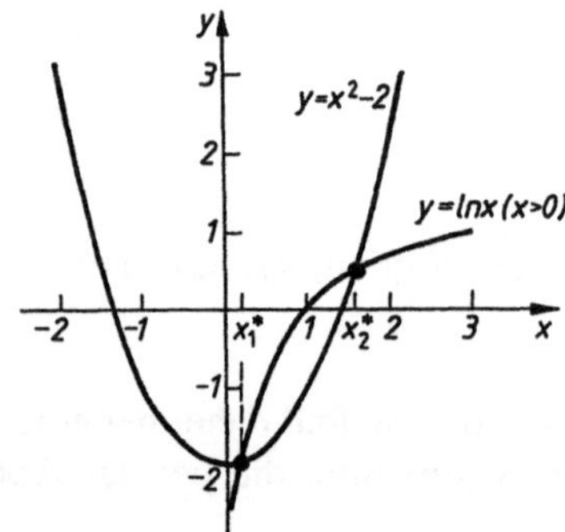

Bild 7.1

---

[31] Siehe R. Zurmühl: Praktische Mathematik für Ingenieure und Physiker. Berlin, Göttingen, Heidelberg: Springer-Verlag 1984.

Zur numerischen Berechnung von x_1^* und x_2^* überführen wir (7.3) in eine Fixpunktgleichung. Dies ist u. a. in folgender Weise möglich:

$$x = \varphi_1(x) \quad \text{mit} \quad \varphi_1(x) = \sqrt{2 + \ln x},$$

$$x = \varphi_2(x) \quad \text{mit} \quad \varphi_2(x) = \frac{2 + \ln x}{x},$$

$$x = \varphi_3(x) \quad \text{mit} \quad \varphi_3(x) = e^{x^2 - 2}.$$

Wir wollen zunächst nur die Nullstelle x_2^* berechnen und verwenden dazu die Gleichung $x = \varphi_1(x)$, also gemäß (7.2) das Iterationsverfahren

$$x_{k+1} = \sqrt{2 + \ln x_k} \quad (k = 0, 1, 2, \ldots).$$

Mit dem Startwert $x_0 = 1,6$ erhält man mittels eines Computers (der auch ein Taschenrechner sein kann) die folgenden Werte:

k	x_k		k	x_k
0	1,6		4	1,564 523 1
1	1,571 624 5		5	1,564 474 7
2	1,565 921 4		6	1,564 464 8
3	1,564 760 2		7	1,564 462 8

Tabelle 7.1

Man stellt fest, daß im Verlaufe der Rechnung immer mehr Dezimalstellen "stehenbleiben", und man vermutet, daß $x_2^* \approx 1,564\ 46$ ist. Eine quantitative Aussage über die Genauigkeit dieses Wertes kann nur mittels einer Fehlerabschätzung gewonnen werden (s. Beispiel 7.3).

In der Praxis beendet man die Rechnung, wenn eine gewisse Stabilisierung der Dezimalstellen erreicht ist. Dies ist - vor allem bei automatischer Programmabarbeitung auf einem Computer - durch eine *Abbruchbedingung* zu quantifizieren. Dafür geeignet ist z. B. die Bedingung

$$|x_{k+1} - x_k| < \varepsilon (|x_k| + \delta),$$

wobei ε und δ vorzugebende kleine positive Zahlen sind. Diese Bedingung berücksichtigt die Größenordnung von $|x_k|$. (In den Übungsaufgaben der nächsten Abschnitte wird $|x_k|$ stets kleiner als 10 sein, so daß wir mit der Abbruchbedingung $|x_{k+1} - x_k| < \varepsilon$ arbeiten können.)

Wir kommen zu Konvergenzaussagen für die Fixpunktiteration (7.2). In Bild 7.2 ist das Verfahren veranschaulicht. Der Fixpunkt x^* ist die Abszisse (und Ordinate) des Schnittpunktes der Bildkurve von φ mit der Geraden $y = x$. Für die dort gewählte Funktion φ vermutet man Konvergenz der Folge (x_k) gegen x^*. Das Bild 7.3 zeigt dagegen einen Fall, in dem das nicht zutrifft.

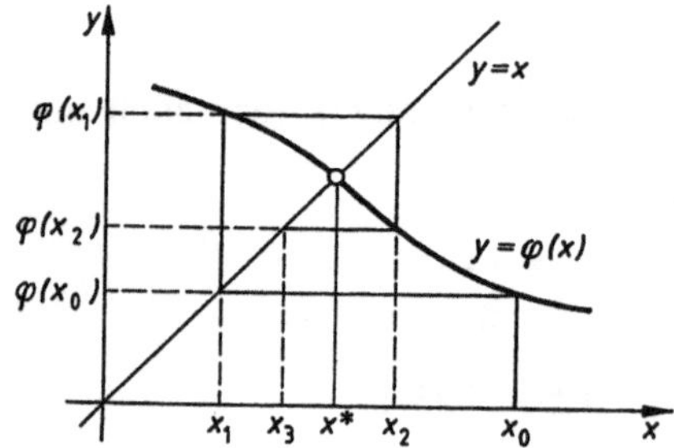

Bild 7.2

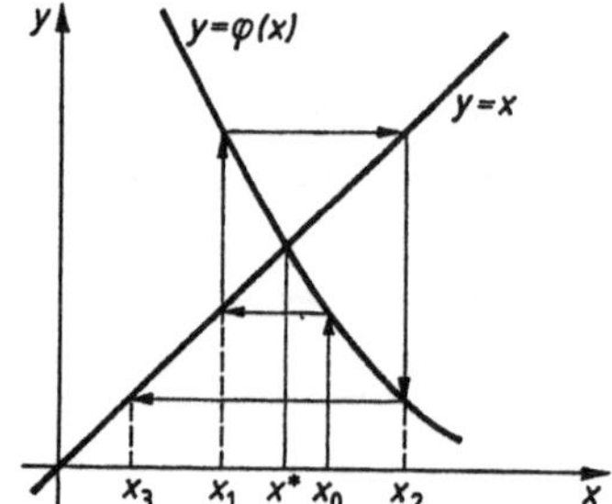

Bild 7.3

Man vermutet einen Zusammenhang zwischen dem Konvergenzverhalten der Folge (x_k) und der "Steilheit" der Bildkurve von φ. Zur analytischen Beschreibung dieses Sachverhalts erinnern wir daran, daß die Funktion φ auf dem Intervall I *Lipschitzstetig* heißt (s. Abschnitt 5.1), wenn es eine Konstante $\lambda > 0$, die Lipschitz-Konstante, gibt, so daß gilt

$$|\varphi(x) - \varphi(x')| \leq \lambda|x - x'| \quad \text{für alle } x,\, x' \in I.$$

Kann hierbei $\lambda < 1$ gewählt werden, dann heißt die Funktion φ auf I *kontrahierend* (oder *kontraktiv*). Schließlich stellen wir fest, daß das Iterationsverfahren (7.2) nur durchführbar ist, wenn jeder Funktionswert $\varphi(x_{k-1})$ wieder zum Definitionsbereich I von φ gehört, so daß man mit $x_k := \varphi(x_{k-1})$ das nächste Glied $x_{k+1} := \varphi(x_k)$ überhaupt berechnen kann.

Nun können wir den entscheidenden Konvergenzsatz formulieren.

Satz 7.1 *Die Funktion φ sei auf dem abgeschlossenen Intervall I definiert, und es seien die folgenden Voraussetzungen erfüllt:*

(V1) *φ ist auf I kontrahierend mit der Lipschitz-Konstanten $\lambda < 1$.*
(V2) *$\varphi(x) \in I$ für jedes $x \in I$.*

Dann gelten die folgenden Aussagen:

(A1) *φ besitzt auf I genau einen Fixpunkt x^*.*
(A2) *Für jeden Startwert $x_0 \in I$ konvergiert die durch (7.2) definierte Folge (x_k) gegen x^*.*

(A3) *Es gelten die Fehlerabschätzungen*

$$|x_k - x^*| \leq \frac{\lambda^k}{1-\lambda} \, |x_1 - x_0| \quad (k = 1, 2, \ldots), \qquad (7.4)$$

$$|x_k - x^*| \leq \frac{\lambda}{1-\lambda} \, |x_k - x_{k-1}| \quad (k = 1, 2, \ldots). \qquad (7.5)$$

(A4) *Die Konvergenzgeschwindigkeit wird beschrieben durch*

$$|x_{k+1} - x^*| \leq \lambda \, |x_k - x^*| \qquad (k = 0, 1, 2 \ldots). \qquad (7.6)$$

Stellt man Differenzierbarkeitsvoraussetzungen an die Funktion φ, so kann man einen Teil der Aussagen von Satz 7.1 präzisieren.

Satz 7.2 *Die Funktion φ sei auf dem Intervall $I = [a,b]$ stetig differenzierbar, und es gelte*

(V1') *$|\varphi'(x)| \leq \lambda < 1$ für jedes $x \in I$,*
(V2) *$\varphi(x) \in I$ für jedes $x \in I$.*

Dann gelten (A1) bis (A4) sowie zusätzlich die folgenden Aussagen:

(A3') *Ist $\varphi'(x) \geq 0$ für jedes $x \in I$, dann konvergiert die Folge (x_k) monoton gegen x^*, und es gilt*

$$x_k - \frac{\lambda}{1-\lambda} \, |x_k - x_{k-1}| \le x^* \le x_k \le x_{k-1}, \quad \textit{falls } x_0 \ge x^*,$$

$$x_{k-1} \le x_k \le x^* \le x_k + \frac{\lambda}{1-\lambda} \, |x_k - x_{k-1}|, \quad \textit{falls } x_0 \le x^*.$$

(A4') *Ist φ auf I zweimal stetig differenzierbar und $\varphi'(x^*) = 0$, dann gilt mit $\varrho = \max\limits_{x \in I} \frac{1}{2} |\varphi''(x)|$:*

$$|x_{k+1} - x^*| \le \varrho \, |x_k - x^*|^2 \qquad (k = 0,1,2,\dots). \tag{7.7}$$

Wir wollen beide Sätze erläutern.

Bemerkung 7.1 (i)[32] Zur Verifikation von (V1) bzw. (V1') und (V2):

Ein Beispiel einer Funktion, für die (V2) und (V1), aber nicht (V1') gilt, ist

$$\varphi(x) = \tfrac{1}{2}|x|, \quad x \in [-1,1].$$

Für das Folgende setzen wir nun voraus, daß die Funktion φ stetig differenzierbar ist. Dann ist (V1') hinreichend für (V1) (s. Satz 5.4). Ein geeignetes Intervall I kann in folgenden Schritten ermittelt werden.

1. Man wählt einen Startwert x_0 in der Nähe des vermuteten Fixpunktes x^* und berechnet $x_1 = \varphi(x_0)$.

2. Man versucht, $\delta > 0$ so zu wählen, daß

$$|x_1 - x_0| \le (1-\lambda)\delta. \tag{7.8}$$

Hierbei ist $\lambda > 0$ so zu bestimmen, daß

$$|\varphi'(x)| \le \lambda \quad \text{für jedes } x \in [x_0 - \delta, \, x_0 + \delta]. \tag{7.9}$$

3. Ist (7.9) mit $\lambda < 1$ erfüllbar und gilt auch (7.8), dann setze man

$$I = [x_0 - \delta, \, x_0 + \delta].$$

Andernfalls ist Schritt 2 mit einem anderen δ zu wiederholen.
Hat man die Schritte 1 bis 3 erfolgreich ausgeführt, dann gelten (V1') und (V2). Für (V1') ist das klar, und (V2) erhält man mit der Abschätzung

---

[32] Der pragmatische Leser kann Teil (i) der Bemerkung 7.1 übergehen.

$$|\varphi(x) - x_0| = |\varphi(x) - \varphi(x_0) + x_1 - x_0| \leq$$
$$|\varphi(x) - \varphi(x_0)| + |x_1 - x_0| \leq \lambda|x - x_0| + (1 - \lambda)\delta;$$

hiermit folgt nämlich $|\varphi(x) - x_0| \leq \delta$, falls $|x - x_0| \leq \delta$.

(ii) Da die exakte Verifikation von (V1) bzw. (V1') und (V2) schwierig sein kann, beschränkt man sich häufig darauf, nach Wahl eines möglichst guten Startwertes x_0 den folgenden "Schnelltest" durchzuführen:

Ist $|\varphi'(x_0)|$ wesentlich kleiner als Eins, dann Verfahren $x_{k+1} = \varphi(x_k)$ und Startwert x_0 nicht ungeeignet; sonst Verfahren und/oder Startwert ändern.

Hierbei ist φ wieder als stetig differenzierbar vorausgesetzt, so daß man $|\varphi'(x_0)|$ als ein gewisses Maß für die Lipschitz-Konstante λ von φ auf einem kleinen, x^* und x_0 enthaltenden Intervall I ansehen kann. Natürlich garantiert die Bedingung $|\varphi'(x_0)| < 1$ nicht die Konvergenz der Folge (x_k). (Dafür ist nicht einmal (V1) ohne (V2) hinreichend.) Je schlechter der Startwert x_0 die Lösung x^* approximiert, desto kleiner muß $|\varphi'(x_0)|$ sein, um die Gültigkeit von (V1') erwarten zu können: So ist die Formulierung "wesentlich kleiner" zu interpretieren.

(iii) Zu den Fehlerabschätzungen (A3) und (A3'): Wegen

$$\frac{\lambda}{1 - \lambda}|x_k - x_{k-1}| = \frac{\lambda}{1 - \lambda}|\varphi(x_{k-1}) - \varphi(x_{k-2})| \leq \frac{\lambda^2}{1 - \lambda}|x_{k-1} - x_{k-2}| \leq$$
$$\leq \ldots \leq \frac{\lambda^k}{1 - \lambda}|x_1 - x_0| \tag{7.10}$$

ist die Fehlerschranke in (7.5) schärfer als die in (7.4). (Übrigens ist (7.10) die Grundlage für den Beweis von Satz 7.1.) Hat man den Näherungswert x_k bereits berechnet, so wird man dessen Fehler also mit (7.5) abschätzen. Andererseits kann man mit (7.4) die Anzahl k der Iterationsschritte vorab ermitteln, die zum Erzielen einer vorgeschriebenen Genauigkeit $\varepsilon > 0$ erforderlich sind: Man berechnet $x_1 = \varphi(x_0)$ und bestimmt k aus

$$\frac{\lambda^k}{1 - \lambda}|x_1 - x_0| < \varepsilon.$$

Die schärferen Fehlerschranken in (A3') erhält man mit dem Mittelwertsatz. Danach gibt es eine zwischen x^* und x_{k-1} gelegene Zahl ξ_{k-1}, so daß

$$x_k - x^* = \varphi(x_{k-1}) - \varphi(x^*) = \varphi'(\xi_{k-1}) \cdot (x_{k-1} - x^*).$$

Hieraus folgt wegen $0 \leq \varphi'(\xi_{k-1}) \leq \lambda < 1$, daß x_k zwischen x^* und x_{k-1} gelegen ist.

(iv) Zur Interpretation von (A4) und (A4'):

Gemäß (7.6) verkleinert sich der Fehler $|x_k - x^*|$ mit jedem Iterationsschritt um denselben Faktor λ; man spricht von *linearer Konvergenz*. Die Größe der Lipschitz-Konstanten $\lambda \in (0,1)$ bestimmt also das Konvergenzverhalten wesentlich: Je kleiner λ ist, desto rascher konvergiert das Verfahren (d. h., die Folge (x_k)). Durch wiederholte Anwendung von (7.6) erhält man

$$|x_{k+m} - x^*| \leq \lambda^m |x_k - x^*|.$$

Hiermit ergibt sich aus $\lambda^m \leq 10^{-1}$ die Anzahl m der Iterationsschritte, die zur Gewinnung einer gültigen[33] Dezimalstelle von x_k höchstens erforderlich sind. Zum Beispiel ist

$$
\begin{aligned}
m &= 2 \quad \text{für} \quad \lambda = 0{,}316, \\
m &= 6 \quad \text{für} \quad \lambda = 0{,}681, \\
m &= 20 \quad \text{für} \quad \lambda = 0{,}891.
\end{aligned}
$$

Unter den zusätzlichen Voraussetzungen von (A4') hat man die durch (7.7) charakterisierte *quadratische Konvergenz*: Liegt ϱ in der Größenordnung von Eins, dann verdoppelt sich die gültige Stellenzahl von x_k mit jedem Iterationsschritt. (Ist z. B. $|x_k - x^*| \leq 10^{-3}$, dann ist $|x_{k+1} - x^*| \leq \varrho \cdot 10^{-6}$.) Dies ist also ein wesentlich günstigeres Konvergenzverhalten als die lineare Konvergenz.

Beispiel 7.2 Wie in Beispiel 7.1 betrachten wir die Gleichung $x^2 - \ln x - 2 = 0$ und ihre in der Nähe von $x_0 = 1{,}6$ gelegene Lösung x_2^*.
Durch die Fixpunktgleichungen für die Funktionen $\varphi_1, \varphi_2, \varphi_3$ sind drei Iterationsverfahren gegeben, die mit dem "Schnelltest" auf ihre Eignung zur Berechnung von x_2^* untersucht werden sollen. Man erhält

$$\varphi_1'(x_0) = \frac{1}{2x_0\sqrt{2 + \ln x_0}} = 0{,}198 \ldots ,$$

$$\varphi_2'(x_0) = -\frac{1 + \ln x_0}{x_0^2} = -0{,}574 \ldots ,$$

---

[33] d. h. mit der entsprechenden Dezimalstelle von x^* übereinstimmenden

$$\varphi_3'(x_0) = 2x_0 e^{x_0^2-2} = 5{,}602 \ldots$$

Das zu φ_3 gehörige Verfahren ist zu verwerfen. Dagegen sind die mit φ_1 und φ_2 gebildeten Verfahren zur Berechnung von x_2^* (eventuell) geeignet, wobei wegen $|\varphi_1'(x_0)| < |\varphi_2'(x_0)|$ das letztgenannte langsamer konvergieren wird. Dies bestätigt ein Vergleich von Tabelle 7.1 mit der folgenden Tabelle 7.2 für das Verfahren

$$x_{k+1} = \varphi_2(x_k) = \frac{2 + \ln x_k}{x_k}.$$

k	x_k		k	x_k
0	1,6		8	1,564 989 4
1	1,543 752 3		9	1,564 150 6
2	1,576 817 8		10	1,564 646 6
3	1,557 192 5		11	1,564 353 2
4	1,568 774 9		12	1,564 526 8
5	1,561 916 2		13	1,564 424 1
6	1,565 969 7		14	1,564 484 8
7	1,563 571 3		15	1,564 448 9

Tabelle 7.2

Diese Tabelle läßt die lineare Konvergenz der Folge (x_k) gut erkennen: Für den "Zugewinn" einer gültigen Dezimalstelle sind 4 bis 5 Iterationsschritte erforderlich, was nach Bemerkung 7.1 (iv) zu erwarten ist, da die Lipschitz-Konstante λ in der Nähe von $|\varphi_2'(x_0)| = 0{,}574 \ldots$ liegt.

Beispiel 7.3[34] Wir interessieren uns wieder für die Lösung x_2^* der Gleichung (7.3) und wollen nun die Konvergenz des Verfahrens

$$x_{k+1} = \sqrt{2 + \ln x_k} \quad (k = 0, 1, \ldots) \tag{7.11}$$

genauer analysieren.

---

[34] Der pragmatische Leser, der Bemerkung 7.1(i) nicht gelesen hat, kann auch dieses Beispiel übergehen.

Zuerst ermitteln wir gemäß Bemerkung 7.1(i) ein Intervall I, auf dem die Funktion $\varphi_1(x) = \sqrt{2+\ln x}$ die Voraussetzungen (V1') und (V2) erfüllt. Mit dem Startwert $x_0 = 1{,}6$ erhalten wir vom Computer zunächst für $y = \ln x_0$ den Wert $\bar{y} = 0{,}4700036$, und aus der zugehörigen Dokumentation geht hervor, daß dies der regelrecht gerundete Wert für y ist. Hieraus folgt

$$0{,}470\,003\,55 \leq \ln x_0 \leq 0{,}470\,003\,65,$$

$$1{,}571\,624\,45 \leq x_1 = \sqrt{2+\ln x_0} \leq 1{,}571\,624\,55,$$

wobei in der zweiten Zeile die Monotonie der Wurzelfunktion und wiederum der Rundungseffekt beachtet wurde. Hiermit folgt

$$|x_1 - x_0| \leq 0{,}028\,375\,55. \tag{7.12}$$

Nun setzen wir versuchsweise $\delta = 0{,}1$ und somit $I = [1{,}5;\ 1{,}7]$. Für $x \in I$ gilt

$$0 < \varphi_1'(x) = \frac{1}{2x\sqrt{2+\ln x}} \leq \frac{1}{2 \cdot 1{,}5 \cdot \sqrt{2+\ln 1{,}5}} = 0{,}2149\ldots$$

Wir können also $\lambda = 0{,}215$ setzen. Dann ist $\lambda < 1$, und wegen (7.12) ist auch die Bedingung (7.8) erfüllt. Somit erweist sich $\delta = 0{,}1$ als gute Wahl: Gemäß Bemerkung 7.1(i) erfüllt die Funktion φ_1 auf $I = [1{,}5;\ 1{,}7]$ die Voraussetzungen (V1') und (V2). Nach Satz 7.2 ist das Verfahren (7.11) für jedes $x_0 \in I$ (also insbesondere für $x_0 = 1{,}6$) konvergent gegen x_2^*.

Wir wollen abschätzen, wie viele Iterationsschritte erforderlich sind, um x_2^* mit einer Genauigkeit von 10^{-6} zu berechnen. Gemäß Bemerkung 7.1(iii) ermitteln wir k so, daß

$$\frac{\lambda^k}{1-\lambda} |x_1 - x_0| < 10^{-6}$$

ist. Mit den vorliegenden Werten für λ, x_0 und x_1 ergibt sich $k = 7$.

Führt man nun die Iterationen gemäß (7.11) bis x_7 durch, so erhält man wieder Tabelle 7.1.

Schließlich wollen wir den Fehler von x_7 abschätzen. Wegen $\varphi_1'(x) > 0$ für jedes $x \in I$ und $x_0 = 1{,}6 > x^*$ gilt nach (A3')

$$x_7 - \frac{\lambda}{1-\lambda} |x_7 - x_6| \leq x_2^* \leq x_7. \tag{7.13}$$

Bei der numerischen Auswertung von (7.13) ist folgendes zu beachten: x_6 ist das Folgenglied mit dem kleinsten Index und kann daher als Startwert mit dem exakten Wert 1,564 464 8 angesehen werden. Der Wert $x_7 = \varphi_1(x_6)$ ist daraus aber durch Rundung berechnet worden. Wie bei der Berechnung von x_1 findet man hier die Einschließung

$$1{,}564\ 462\ 75 \le x_7 \le 1{,}564\ 462\ 85$$

und daher $|x_7 - x_6| \le 0{,}205 \cdot 10^{-5}$. Hiermit und mit $\lambda = 0{,}215$ folgt aus (7.13)

$$1{,}564\ 462\ 18 \le x_2^* \le 1{,}564\ 462\ 85, \quad \text{also } x_2^* = 1{,}564\ 462\ \ldots$$

Abschließend geben wir noch zwei Hinweise zum Aufstellen geeigneter Fixpunktgleichungen.

Bemerkung 7.2 Die Funktion φ habe auf dem Intervall I den Fixpunkt x^*, sei dort stetig differenzierbar, und es gebe eine Zahl m mit $|\varphi'(x)| \ge m > 1$ für jedes $x \in I$. Dann ist die durch $x_{k+1} = \varphi(x_k)$, $x_0 \in I$, erzeugte Folge (x_k) divergent. Jedoch existiert die Umkehrfunktion φ^{-1} von φ, diese hat ebenfalls den Fixpunkt x^*, und auf einem Teilintervall von I gilt

$$|(\varphi^{-1})'(x)| \le \frac{1}{m} < 1.$$

Falls φ^{-1} explizit angebbar ist, kann also die Berechnung von x^* mit dem Iterationsverfahren

$$x_{k+1} = \varphi^{-1}(x_k) \quad (k = 0, 1, \ldots)$$

versucht werden.

Beispiel 7.4 In Beispiel 7.2 hatten wir festgestellt, daß die Funktion $\varphi_3(x) = e^{x^2-2}$ zur iterativen Berechnung der Lösung x_2^* von (7.3) nicht geeignet ist. Die Umkehrfunktion von

$$\varphi_3 \colon y = e^{x^2-2}, \quad x \ge 0,\ y \ge e^{-2}$$

ist die Funktion

$$\varphi_3^{-1} \colon x = \sqrt{2 + \ln y}; \quad y \ge e^{-2},\ x \ge 0,\ \text{bzw.}$$
$$\varphi_3^{-1} \colon y = \sqrt{2 + \ln x}; \quad x \ge e^{-2},\ y \ge 0,$$

also gerade die Funktion φ_1, die zur Berechnung von x_2^* gut geeignet ist (vgl. Beispiel 7.1).

Bemerkung 7.3 Zum Überführen der Gleichung $f(x) = 0$ in eine Fixpunktgleichung kann man statt funktionsspezifischer Umformungen (wie in Beispiel 7.1) auch die "Standardumformung"

$$x = x - \alpha f(x) \tag{7.14}$$

vornehmen. Dabei ist der Parameter $\alpha \neq 0$ so zu wählen, daß die Funktion $\varphi(x) = x - \alpha f(x)$ auf einem die Lösung x^* enthaltenden Intervall I insbesondere kontrahierend ist. Ist f stetig differenzierbar, so ist also $|\varphi'(x)| \leq \lambda < 1$ und somit

$$|1 - \alpha f'(x)| \leq \lambda < 1 \quad \text{für jedes } x \in I$$

zu fordern.

Ist $x_0 \in I$ ein guter Näherungswert für x^* und $f'(x_0) \neq 0$, so ist $\alpha = 1/f'(x_0)$ eine naheliegende Wahl: Der "Schnelltest" ist mit $\varphi'(x_0) = 0$ erfüllt. Mit dieser Wahl führt (7.14) zu dem Iterationsverfahren

$$x_{k+1} = x_k - \frac{f(x_k)}{f'(x_0)} \quad (k = 0, 1, \ldots), \tag{7.15}$$

das man *vereinfachtes Newton-Verfahren* nennt.

Aufgabe 7.1 Die in der Nähe von 0,15 gelegene Lösung x_1^* der Gleichung (7.3) soll iterativ berechnet werden.
a) Man untersuche, welche der in Beispiel 7.1 angegebenen Fixpunktgleichungen für diese Berechnung geeignet ist.
b) Man führe die Berechnung von x_1^* nach dem unter a) ermittelten Verfahren durch, bis $|x_{k+1} - x_k| < 10^{-4}$ gilt.

Aufgabe 7.2 Gesucht ist die im Intervall $(0, \frac{\pi}{2})$ gelegene Lösung x^* der Gleichung $x - 3\cos x = 0$.
a) Man führe 5 Iterationsschritte nach dem Verfahren $x_{k+1} = 3\cos x_k$ mit $x_0 = 1,2$ aus und erkläre das auftretende Phänomen.
b) Gemäß Bemerkung 7.2 gehe man zu einem anderen Iterationsverfahren über. Nach diesem führe man die Berechnung von x^* durch, bis $|x_{k+1} - x_k| < 10^{-4}$ ist.

Aufgabe 7.3 Von der Funktion $g(x) = x - \cos x - \sinh x$ sind die lokalen Extremstellen gesucht. Zur Berechnung der kritischen Stellen von g verwende man - falls
erforderlich - das vereinfachte Newton-Verfahren.

7.3 Das Newton-Verfahren

Das nun zu behandelnde Iterationsverfahren zur numerischen Berechnung einer
Lösung x^* der Gleichung $f(x) = 0$ beruht auf folgendem Gedanken. Nach Berechnung von x_k approximiert man die nichtlineare Funktion f durch die lineare Funktion

$$f_t(x) := f(x_k) + f'(x_k) \cdot (x - x_k),$$

also durch das Taylor-Polynom erster Ordnung mit der Entwicklungsstelle x_k.
Demgemäß ersetzt man die Gleichung $f(x) = 0$ durch die einfache Gleichung
$f_t(x) = 0$, deren Lösung $x =: x_{k+1}$ man sofort angeben kann:

$$x_{k+1} = x_k - \frac{f(x_k)}{f'(x_k)} \quad (k = 0, 1, \dots). \tag{7.16}$$

Das ist die Iterationsvorschrift des *Newton-Verfahrens*, das leicht geometrisch zu
interpretieren ist: Man ersetzt die Bildkurve von f durch ihre zur Stelle x_k gehörige
Tangente und ermittelt deren Schnittpunkt x_{k+1} mit der x-Achse (Bild 7.4).

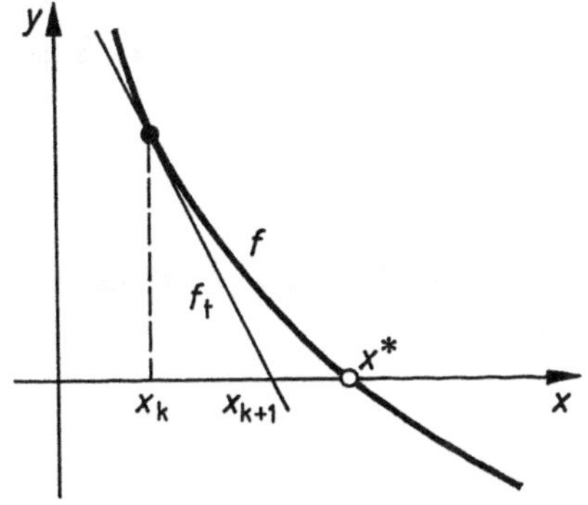

Bild 7.4

Über die Konvergenz des Newton-Verfahrens gilt die folgende Aussage.

> **Satz 7.3** *Die Funktion f sei auf dem Intervall $[a,b]$ zweimal stetig differenzierbar, habe die Nullstelle $x^* \in (a,b)$, und es sei $f'(x^*) \neq 0$. Dann gilt:*
>
> *(i) Es gibt ein Teilintervall $I = [x^*-\delta, x^*+\delta]$ von $[a,b]$ (wobei $\delta > 0$), so daß für jeden Startwert $x_0 \in I$ die durch (7.16) definierte Folge (x_k) in I gegen x^* konvergiert.*
>
> *(ii) Die Konvergenz der gemäß (i) gebildeten Folge (x_k) gegen x^* ist quadratisch, d. h., es existiert ein $\varrho > 0$, so daß*
>
> $$|x_{k+1}-x^*| \leq \varrho\,|x_k-x^*|^2 \quad (k = 0, 1, \ldots).$$

Der B e w e i s von (i) beruht auf der Feststellung, daß das Newton-Verfahren ein Spezialfall der Fixpunktiteration $x_{k+1} = \varphi(x_k)$ mit der Funktion

$$\varphi(x) = x - \frac{f(x)}{f'(x)}$$

ist. Hierfür gilt

$$\varphi'(x) = 1 - \frac{[f'(x)]^2 - f(x)\,f''(x)}{[f'(x)]^2} = \frac{f(x)\,f''(x)}{[f'(x)]^2}.$$

Wegen $f(x^*) = 0$, $f'(x^*) \neq 0$ und der Stetigkeit von f, f', f'' sind daher die Voraussetzungen (V1') und (V2) von Satz 7.2 für ein hinreichend kleines Intervall I erfüllt. Nach Satz 3.2 ist insbesondere $f'(x) \neq 0$ für jedes $x \in I$. Aus Satz 7.2 folgt somit (i).

Die Aussage (ii) erhält man aus der Gleichung

$$x_{k+1} - x^* = x_k - \frac{f(x_k)}{f'(x_k)} - x^* = \frac{1}{f'(x_k)}[f(x^*) - f(x_k) - f'(x_k)(x^* - x_k)]$$

$$= \frac{1}{f'(x_k)} \cdot \frac{1}{2} f''(\xi_k)(x^* - x_k)^2.$$

Hierbei wurde zuletzt die Taylor-Formel mit dem Restglied $R_1(x)$ in Lagrange-

Form angewendet; ξ_k ist eine zwischen x_k und x^* gelegene Zahl. Nun folgt (ii), wobei

$$\varrho = \frac{M}{2m} \quad \text{mit} \quad M = \max_{x \in I} |f''(x)|, \quad m = \min_{x \in I} |f'(x)|.$$

(Wegen $f(x^*) = 0$ ist $\varphi'(x^*) = 0$, so daß (ii) auch aus (A4') von Satz 7.2 folgt. Allerdings ist bei dieser Schlußweise vorauszusetzen, daß die Funktion f dreimal stetig differenzierbar ist.)

Wir wollen Satz 7.3 diskutieren.

Bemerkung 7.4 (i) Wesentlich ist die Voraussetzung $f'(x^*) \neq 0$. Gilt $f'(x^*) = 0$, aber $f''(x^*) \neq 0$, dann kann man x^* durch Anwendung des Newton-Verfahrens auf die Funktion f' iterativ berechnen.

(ii) Der Vorzug des Newton-Verfahrens ist die quadratische Konvergenz (vgl. Bemerkung 7.1 (iv)). Der dafür zu zahlende "Preis" ist ein relativ hoher Rechenaufwand, da in jedem Iterationsschritt neben $f(x_k)$ auch der Wert $f'(x_k)$ zu berechnen ist. In diesem Zusammenhang sei an das vereinfachte Newton-Verfahren (7.15) erinnert, das jeweils mit dem Anfangswert $f'(x_0)$ arbeitet. Hierdurch ist allerdings nur lineare Konvergenz gewährleistet. Gelegentlich kombiniert man beide Verfahren: Nach einigen Iterationsschritten mit dem "echten" Newton-Verfahren (7.16) arbeitet man mit dem vereinfachten Newton-Verfahren (7.15) weiter.
Besonders bequem kann man mit Hilfe des Newton-Verfahrens die Nullstellen von Polynomen ermitteln, da in diesem Falle die Werte $f(x_k)$ und $f'(x_k)$ mit dem Horner-Schema berechenbar sind.

(iii) Satz 7.3 sagt aus, daß das Newton-Verfahren konvergiert, sofern der Startwert x_0 "hinreichend nahe" bei x^* liegt; er präzisiert jedoch nicht, was "hinreichend nahe" bedeutet. Praktisch geht man einen der folgenden Wege:

- Man probiert Startwerte aus, d. h., nach Wahl von x_0 und einigen Iterationsschritten entscheidet man, ob mit einem anderen Wert x_0 neu zu starten ist.

- Man führt den "Schnelltest" mit $|\varphi'(x_0)|$ durch (s. Bemerkung 7.1 (ii)), der hier wegen $\varphi' = ff''/f'^2$ folgendermaßen lautet:

Ist $\dfrac{|f(x_0)f''(x_0)|}{[f'(x_0)]^2}$ wesentlich kleiner als Eins, dann x_0 als Startwert nicht ungeeignet; sonst anderen Startwert wählen.

- Man wendet den unten folgenden Satz 7.4 an.

Beispiel 7.5   Gesucht ist die kleinste positive Lösung x^* der Gleichung $\tan x - x = 0$ (vgl. 7.1).

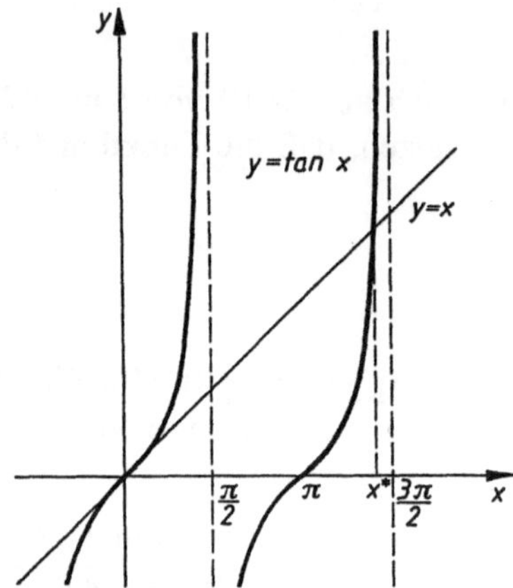

Bild 7.5

Nach Bild 7.5 ist x^* in der Nähe von 4,5 gelegen. Wir verwenden das Newton-Verfahren mit $f(x) = \tan x - x$, $f'(x) = \tan^2 x$ und erhalten

$$x_{k+1} = x_k - \frac{\tan x_k - x_k}{\tan^2 x_k}   (k = 0,\ 1,\ ...).$$

Die Voraussetzungen von Satz 7.3 sind z. B. für das Intervall $[a,b] = [4,0;4,6]$ erfüllt. Man beachte, daß wegen $f'(x) > 0$ für jedes $x \in [4,0;4,6]$ insbesondere $f'(x^*) \neq 0$ ist. Diese Voraussetzung läßt sich in der Regel also verifizieren, obwohl x^* nicht bekannt ist. Für $x_0 = 4,5$ findet man

$$\frac{f(x_0)\, f''(x_0)}{[f'(x_0)]^2} = 0,061\ ...,$$

so daß gemäß "Schnelltest" $x_0 = 4,5$ ein guter Startwert sein dürfte. Mit diesem Wert führt das Newton-Verfahren auf Tabelle 7.3. Die Iterationswerte x_4 und x_3 stimmen numerisch überein: Im Rahmen der ausgegebenen Stellenzahl "steht" das Verfahren, und es ist $x^* \approx 4,493\ 409\ 458$. Gut zu erkennen ist die quadratische Konvergenz: Mit jedem Iterationsschritt verdoppelt sich die Anzahl der Dezimalstellen, die sich nicht mehr ändern.

k	x_k	$f(x_k)$
0	4,5	0,137 332 054
1	4,493 613 903	0,413 187 $\cdot 10^{-2}$
2	4,493 409 655	0,397 953 $\cdot 10^{-5}$
3	4,493 409 458	-0,8 $\cdot 10^{-10}$
4	4,493 409 458	

Tabelle 7.3

Dagegen erhält man mit dem Startwert $x_0 = 4,2$ (der ebenfalls im Intervall [4,0;4,6] liegt) in den ersten Iterationsschritten Werte x_k, die nicht zur Fortsetzung der Rechnung ermutigen (Tabelle 7.4).

k	x_k	$f(x_k)$
0	4,2 (4,712 ... = $3\pi/2$)	- 2,422 220 226
1	4,966 403 897	- 8,818 142 468
2	5,560 782 964 (7,853 ... = $5\pi/2$) (10,995 ... = $7\pi/2$)	- 6,442 110 188
3	13,854 587 14	- 10,410 462 31

Tabelle 7.4

Zur Orientierung haben wir in die Tabelle die Stellen $x = 3\pi/2$, $x = 5\pi/2$ und $x = 7\pi/2$, eingetragen, an denen die Funktion f unstetig ist: Die durch das Verfahren mit $x_0 = 4,2$ erzeugte Folge verläßt nicht nur das zugrundegelegte Intervall [4,0;4,6], sondern sie überspringt sogar diese Unstetigkeitsstellen.

Wir kommen nun zu einem Satz, der unter spezielleren Voraussetzungen eine einfache Regel zur Wahl eines geeigneten Startwertes gibt.

Satz 7.4 *Die Funktion f sei auf dem Intervall $I = [a,b]$ zweimal stetig differenzierbar, und es gelte*

$$f(a) \cdot f(b) < 0, \tag{7.17}$$

$$f'(x) \neq 0 \quad \text{und} \quad f''(x) \neq 0 \text{ für jedes } x \in I. \tag{7.18}$$

> *Dann besitzt die Funktion f in I genau eine Nullstelle x^*, und für jeden Startwert $x_0 \in I$ mit*
>
> $$f(x_0) \cdot f''(x_0) > 0 \quad \text{("Vorzeichenregel")}$$
>
> *konvergiert die durch (7.16) definierte Folge (x_k) quadratisch und monoton gegen x^*.*

Zu den V o r a u s s e t z u n g e n von Satz 7.4 merken wir folgendes an: Da die Ableitungen f' und f'' auf I stetig sind und (7.18) gilt, wechseln sie das Vorzeichen nicht. Daher ist die Funktion f auf I streng monoton (Satz 6.2) und entweder streng konvex oder streng konkav (Satz 6.5). In Bild 7.4 ist der Fall

$$f'(x) < 0 \quad \text{und} \quad f''(x) > 0 \text{ für jedes } x \in I \tag{7.19}$$

illustriert. Die Voraussetzung (7.17) bedeutet, daß $f(a)$ und $f(b)$ entgegengesetzte Vorzeichen haben. Als Startwert x_0 kann also zum Beispiel a oder b gemäß "Vorzeichenregel" gewählt werden; im Fall (7.19) wäre $x_0 = a$ zu setzen, so daß $f(x_0) > 0$ ist.

Den B e w e i s von Satz 7.4 wollen wir für den Fall (7.19) andeuten. Wegen (7.17) sowie der Stetigkeit und strengen Monotonie besitzt die Funktion f auf I genau eine Nullstelle $x^* \in (a,b)$ (Satz 3.5). Nun sei $x_0 \in I$ gemäß "Vorzeichenregel" gewählt. Dann gilt

$$f(x_1) \geq f(x_0) + f'(x_0)(x_1 - x_0) = 0 = f(x^*), \tag{7.20}$$

wobei sich die Ungleichung mit Satz 6.3 ergibt. (Da f konvex ist, liegt die Tangente unterhalb der Bildkurve.) Aus (7.20) folgt zum einen $x_1 \leq x^*$ (da f streng monoton fallend ist) und zum anderen wegen $f'(x_0) < 0$

$$x_1 - x_0 = -\frac{f(x_0)}{f'(x_0)} > 0.$$

Somit ist $x_0 < x_1 \leq x^*$, und mit vollständiger Induktion erhält man

$$x_0 < x_k \leq x_{k+1} \leq x^* \quad (k = 1, 2, \ldots).$$

Hieraus folgt die Konvergenz von (x_k) gegen ein $\bar{x} \in I$, und aus (7.16) ergibt sich für $k \to \infty$, daß $\bar{x} = x^*$ ist.

Wir kommen noch einmal auf Beispiel 7.5 zurück. Für $f(x) = \tan x - x$ gilt auf $I = [4,0;4,6]$ sowohl $f'(x) > 0$ als auch $f''(x) > 0$. Gemäß "Vorzeichenregel" ist $x_0 \in I$ mit $f(x_0) > 0$ zu wählen: Der Wert $x_0 = 4,5$ entspricht dieser Regel, der Wert $x_0 = 4,2$ dagegen nicht (vgl. Tabellen 7.3 und 7.4). Sobald jedoch x_0 genügend nahe bei x^* gewählt wird, konvergiert aber das Verfahren auch, wenn die "Vorzeichenregel" verletzt ist (z. B. für $x_0 = 4,4$).

Beispiel 7.6 Das Newton-Verfahren eignet sich sehr gut zur iterativen Berechnung von $x^* = a^{\frac{1}{m}}$, also der positiven Lösung der Gleichung $x^m = a$ ($a > 0$, $m > 1$ gegeben). Mit $f(x) = x^m - a$, $f'(x) = mx^{m-1}$ erhält man

$$x_{k+1} = x_k - \frac{x_k^m - a}{mx_k^{m-1}}$$

und somit

$$x_{k+1} = \frac{1}{m}\left[(m-1)x_k + \frac{a}{x_k^{m-1}}\right]. \tag{7.21}$$

Für ein beliebiges $x_0 > 0$ ergibt sich mit der verallgemeinerten AGM-Ungleichung (s. Beispiel 6.10)

$$x_1 = \frac{m-1}{m}x_0 + \frac{1}{m}\frac{a}{x_0^{m-1}} \geq x_0^{\frac{m-1}{m}} \cdot \left(\frac{a}{x_0^{m-1}}\right)^{\frac{1}{m}} = a^{\frac{1}{m}}.$$

Im Falle $x_1 = a^{\frac{1}{m}}$ ist $x^* = x_1$, und die Iteration ist beendet. Andernfalls gilt also $x_1 > a^{\frac{1}{m}}$ und somit $f(x_1) > 0$. Da auch $f''(x) > 0$ (für jedes $x > 0$) gilt, folgt mit der "Vorzeichenregel", daß (7.21) für jeden Startwert $x_0 > 0$ von x_1 ab monoton gegen $x^* = a^{\frac{1}{m}}$ konvergiert. Den Spezialfall $m = 2$, also

$$x_{k+1} = \frac{1}{2}\left(x_k + \frac{a}{x_k}\right) \to \sqrt{a}\,,$$

haben wir bereits in Beispiel 1.5 unter einem etwas anderem Aspekt behandelt.

Aufgabe 7.4 Man berechne die Nullstelle x^* der Funktion $f(x)=x\ln x-\frac{1}{2}$ nach dem Newton-Verfahren. Die Rechnung kann mit x_k abgebrochen werden, wenn $|f(x_k)| < 10^{-8}$ ist (vgl. Aufgabe 3.7).

Aufgabe 7.5 Gesucht ist die kleinste positive Stelle x^*, an der die Bildkurven der Funktionen $g_1(x) = \ln x$ und $g_2(x) = -\cos x$ parallele Tangenten haben. Man löse die entstehende Gleichung für x^* nach dem Newton-Verfahren. Man breche die Rechnung ab, sobald $|x_{k+1}-x_k| < 10^{-8}$ ist.

Aufgabe 7.6 Die Ermittlung der Eigenschwingungen eines einseitig eingespannten Stabes führt auf die Gleichung $\cos x \cosh x + 1 = 0$. Man berechne die kleinste positive Lösung x^* dieser Gleichung nach dem Newton-Verfahren. Man führe die Rechnung durch, bis das Verfahren "steht".

7.4   Das Sekantenverfahren

Gesucht ist wieder eine Lösung x^* der Gleichung

$$f(x) = 0.$$

Zum Newton-Verfahren gelangt man, indem man die Funktion f approximiert durch die lineare Funktion

$$f_t(x) = f(x_k) + f'(x_k)(x-x_k),$$

also die zur Stelle x_k gehörige Tangente.

Will man die Berechnung der Ableitungswerte $f'(x_k)$ vermeiden, kann man stattdessen die lineare Funktion

$$f_s(x) = f(x_k) + \frac{f(x_k)-f(x_{k-1})}{x_k-x_{k-1}}\,(x-x_k)$$

verwenden, also die zum Intervall $x_{k-1} \ldots x_k$ gehörige Sekante (Bild 7.6). Deren

Schnittpunkt x_{k+1} mit der x-Achse ergibt sich aus $f_s(x_{k+1}) = 0$ zu

$$x_{k+1} = x_k - f(x_k)\,\frac{x_k - x_{k-1}}{f(x_k) - f(x_{k-1})} \quad (k = 1, 2, \ldots)\,. \qquad (7.22)$$

Das ist die Iterationsvorschrift des *Sekantenverfahrens*.

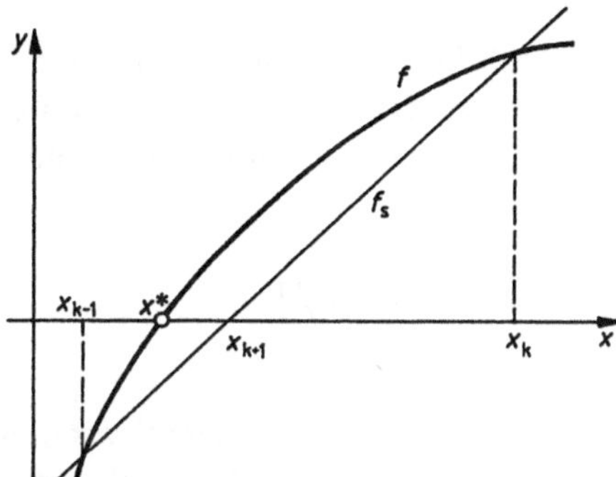

Bild 7.6

Um das Verfahren zu starten, sind *zwei* Werte x_0 und x_1 erforderlich[35]. Mit ihnen berechnet man x_2 gemäß (7.22) mit $k = 1$:

$$x_2 = x_1 - f(x_1)\,\frac{x_1 - x_0}{f(x_1) - f(x_0)};$$

dann berechnet man mit x_1 und x_2 den Wert x_3 usw.

Die Konvergenz des Sekantenverfahrens beschreibt der folgende Satz, auf dessen Beweis wir nicht eingehen.

---

[35] Daher ist das Sekantenverfahren nicht als Spezialfall der Fixpunktiteration interpretierbar. Das Rekursionsprinzip gilt aber auch in diesem Falle und besagt, daß nach Vorgabe von x_0 und x_1 durch (7.22) eine Folge (x_k) eindeutig definiert ist (vgl. 1.2).

Satz 7.5 *Die Funktion f sei auf dem Intervall [a,b] zweimal stetig differenzierbar, habe die Nullstelle x^* $\in$ (a,b), und es sei $f'(x^*) \neq 0$. Dann gilt:*

(i) *Es gibt ein Teilintervall $I = [x^*-\delta,\ x^*+\delta]$ von [a,b] (wobei $\delta > 0$), so daß für je zwei Startwerte x_0, x_1 $\in$ I mit $x_0 \neq x_1$ die durch (7.22) definierte Folge (x_k) in I gegen x^* konvergiert.*

(ii) *Es gibt ein $\varrho > 0$, so daß gilt*

$$|x_{k+1}-x^*| \leq \varrho\,|x_k-x^*| \cdot |x_{k-1}-x^*| \quad (k = 1,\ 2,\ ...). \tag{7.23}$$

Bemerkung 7.5 (i) Wie Satz 7.3 enthält auch Satz 7.5 keine quantitative Aussage, wie die Startwerte x_0 und x_1 zu wählen sind, um die Konvergenz der Folge (x_k) zu sichern. Zweckmäßig ist es, ein möglichst kleines, die Nullstelle x^* enthaltendes Intervall $[\alpha, \beta]$ so zu wählen, daß gilt

$$f(\alpha) \cdot f(\beta) < 0, \quad f'(x) \neq 0 \text{ für jedes } x \in [\alpha,\beta],$$

und dann $x_0 = \alpha$, $x_1 = \beta$ zu setzen.

(ii) Die Ungleichung (7.23) charakterisiert eine Konvergenzgeschwindigkeit, die nicht wesentlich kleiner als quadratische Konvergenz ist. Die Zahl ϱ ergibt sich (wie beim Newton-Verfahren) zu

$$\varrho = \frac{M}{2m} \quad \text{mit} \quad M = \max_{x \in I} |f''(x)|, \quad m = \min_{x \in I} |f'(x)|.$$

Ist z. B. $\varrho \leq 1$, $|x_0-x^*| \leq 0{,}1$ und $|x_1-x^*| \leq 0{,}1$, so verkleinert sich der Fehler gemäß (7.23) in den ersten Iterationsschritten in folgender Weise:

$k\ =$	1	2	3	4	5	6
$\|x_{k+1}-x^*\| \leq$	10^{-2}	10^{-3}	10^{-5}	10^{-8}	10^{-13}	10^{-21}

Da der Rechenaufwand pro Iterationsschritt in der Regel etwa halb so groß ist wie beim Newton-Verfahren (es ist jeweils nur $f(x_k)$ neu zu berechnen), ist das Sekantenverfahren sehr effektiv.

Beispiel 7.7 Die in der Nähe von 1,6 gelegene Lösung x_2^* der Gleichung

$$f(x) := x^2 - \ln x - 2 = 0$$

soll mit dem Sekantenverfahren ermittelt werden (vgl. Beispiel 7.1 und 7.2). Gemäß Bemerkung 7.5 (i) wählen wir das Intervall [1,5;1,7] und setzen $x_0 = 1,5$ sowie $x_1 = 1,7$. Mit diesen Startwerten liefert die Iterationsvorschrift (7.22) die folgende Tabelle.

k	x_k	$f(x_k)$
0	1,5	-0,155 465 108
1	1,7	0,359 371 748
2	1,560 393 931	-0,010 109 089
3	1,564 231 198	-0,620 019 73 $\cdot 10^{-3}$
4	1,564 462 751	0,122 317 $\cdot 10^{-5}$
5	1,564 462 259	-0,15 $\cdot 10^{-10}$
6	1,564 462 259	

Tabelle 7.5

Das Verfahren kommt also schon nach dem sechsten Iterationsschritt zum Stehen.

Eine (ältere) Variante des Sekantenverfahrens ist die *Regula falsi*: Nach Berechnung von x_{k+1} gemäß (7.22) setzt man die Iteration mit demjenigen Teilintervall x_{k-1} ... x_{k+1} oder x_{k+1} ... x_k fort, an dessen Endpunkten die Werte von f unterschiedliche Vorzeichen haben. Für den in Bild 7.6 skizzierten Fall würde man also im nächsten Schritt nach der Regula falsi das Intervall $[x_{k-1}, x_{k+1}]$, beim Sekantenverfahren dagegen das Intervall $[x_{k+1}, x_k]$ verwenden.

Die Regula falsi konvergiert nur linear. Bei diesem Verfahren enthalten aber alle verwendeten Intervalle die Nullstelle x^*; die Intervallendpunkte sind also stets untere bzw. obere Schranken für x^*. Allerdings kann im Verlaufe der Iterationen ein Intervallendpunkt "hängen bleiben". So wird für die konkave, monoton wachsende Funktion f in Bild 7.6 der linke Endpunkt x_{k-1} bei der weiteren Rechnung fest bleiben. In der Literatur (vgl. 7.1) werden Modifikationen der Regula falsi beschrieben, die diese Erscheinung vermeiden, aber das Einschließen der Lösung erhalten.

Aufgabe 7.7 Man berechne die Nullstelle x^* der Funktion $f(x) = x \ln x - 1/2$ nach dem Sekantenverfahren. Die Rechnung kann mit x_k abgebrochen werden, wenn $|f(x_k)| < 10^{-7}$ ist (vgl. Aufgabe 7.4).

Aufgabe 7.8 Man bestimme die kleinste positive Lösung x^* der Gleichung $\cos x \cosh x + 1 = 0$ nach dem Sekantenverfahren (vgl. Aufgabe 7.6).

7.5   Ein Überblick: die behandelten Verfahren

Um die Auswahl eines Iterationsverfahrens zur Lösung einer gegebenen Aufgabe zu erleichtern, geben wir einen knappen Überblick über die behandelten Verfahren. Natürlich kann diese grobe Orientierung die voranstehenden Ausführungen nur unvollständig widerspiegeln.

Mit x^* bezeichnen wir wieder die gesuchte Lösung der jeweiligen Aufgabe.

Fixpunktiteration zur Lösung von $x = \varphi(x)$:

$$x_{k+1} = \varphi(x_k) \quad (k = 0, 1 \dots);$$

guten Startwert x_0 wählen;

ist $|\varphi'(x_0)|$ nahe bei oder größer als Eins, dann Verfahren nicht geeignet;

Konvergenz linear; umso besser, je kleiner $|\varphi'(x_0)|$;

pro Iterationsschritt eine Funktionswertberechnung.

Newton-Verfahren zur Lösung von $f(x) = 0$:

$$x_{k+1} = x_k - \frac{f(x_k)}{f'(x_k)} \quad (k = 0, 1, \dots);$$

Voraussetzung: $f'(x^*) \neq 0$ (gilt $f'(x^*) = 0$, dann Verfahren auf f' anwenden);
guten Startwert x_0 wählen;
Konvergenz quadratisch;
pro Iterationsschritt zwei Funktionswertberechnungen ($f(x_k)$ und $f'(x_k)$).

Vereinfachtes Newton-Verfahren zur Lösung von $f(x) = 0$:

$$x_{k+1} = x_k - \frac{f(x_k)}{f'(x_0)} \quad (k = 0, 1, \dots);$$

sehr guten Startwert x_0 wählen;
Konvergenz linear;
pro Iterationsschritt eine Funktionswertberechnung.

Sekantenverfahren zur Lösung von $f(x) = 0$:

$$x_{k+1} = x_k - f(x_k)\,\frac{x_k - x_{k-1}}{f(x_k) - f(x_{k-1})} \qquad (k = 1, 2, \ldots);$$

gute Startwerte x_0 und x_1 wählen;
Konvergenz nicht wesentlich schlechter als quadratisch;
pro Iterationsschritt eine Funktionswertberechnung.

INTEGRALRECHNUNG

8   Einleitung

Die Integralrechnung ist ebenso wie die Differentialrechnung ein entscheidendes Hilfsmittel für fast alle Disziplinen der Natur- und Ingenieurwissenschaften. Während die Differentialrechnung ihre Entstehung im wesentlichen dem "Tangentenproblem" verdankt (vgl. Ausführungen in Abschnitt 1.1), ist die Integralrechnung historisch gesehen aus dem Quadraturproblem, d.h. aus der Frage nach dem Flächeninhalt ebener geometrischer Figuren, entstanden. Dabei ist die Bezeichnung "Quadraturproblem" - an Stelle von "Flächeninhaltsproblem" - auf die Versuche der Geometer des Altertums zurückzuführen, den Inhalt eines ebenen Flächenstücks durch Verwandlung dieses Flächenstücks in ein inhaltsgleiches Quadrat zu ermitteln.

Beiden Problemen ist gemeinsam, daß sie auf einen Grenzprozeß - auf die Berechnung eines Grenzwertes - führen. Beim Tangentenproblem ist es der "Differentialquotient", beim Quadraturproblem das sogenannte "bestimmte Integral".

Unabhängig von dem anschaulichen Ausgangspunkt werden die auftretenden Grenzwerte als Grundlage für die abstrakte Definition des Differentialquotienten bzw. des bestimmten Integrals genommen, deren Anwendungen jedoch weit über die ursprüngliche geometrische Fragestellung hinausgehen. Bei der Berechnung des Flächeninhalts A des von den Kurven $x = a$, $x = b$ (Parallelen zur y-Achse), $y = 0$ (x-Achse) und $y = f(x)$ begrenzten Bereichs B (s. Bild 8.1) gehen wir von einer "Streifeneinteilung" des Bereichs B aus. Das Intervall $[a,b]$ wird in n Teilintervalle

$$[x_0, x_1], [x_1, x_2], \dots , [x_{i-1}, x_i], \dots , [x_{n-1}, x_n]$$

zerlegt; für den linken bzw. rechten Eckpunkt a bzw. b wurde die Bezeichnung x_0 bzw. x_n gewählt (s. Bild 8.2). In jedem Teilintervall $[x_{i-1}, x_i]$ mit der Länge $\Delta x_i = x_i - x_{i-1}$ $(i = 1,2,\dots,n)$ wird irgendein "Zwischenpunkt" ξ_i gewählt. Die Summe

$$\sum_{i=1}^{n} f(\xi_i)\Delta x_i$$

ist eine Summe von Rechteckflächen und liefert eine Näherung (Approximation) für den Flächeninhalt A des Bereichs B:

$$A \approx \sum_{i=1}^{n} f(\xi_i)\Delta x_i.$$

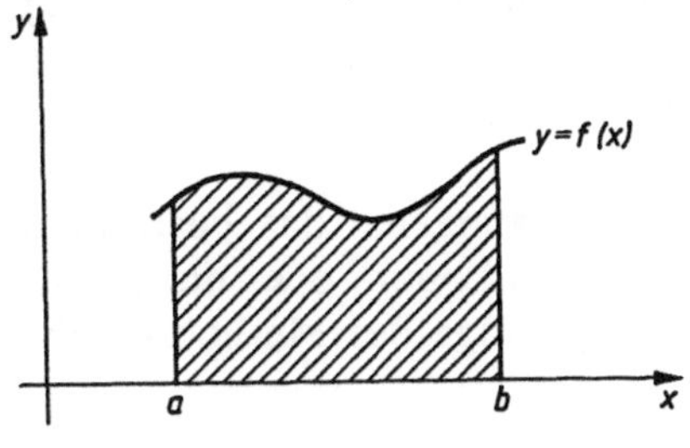

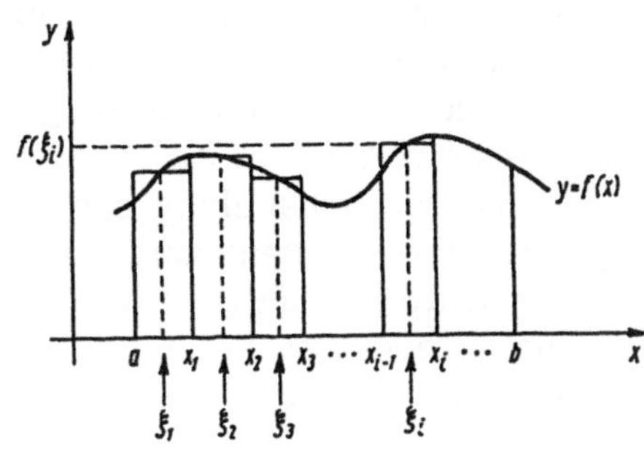

Bild 8.1   Bild 8.2

Ein Blick auf Bild 8.2 legt nahe, daß die Approximation umso genauer ist, je "feiner" die Zerlegung des Intervalls $[a,b]$ gewählt wird.

Der genaue Wert von A ergibt sich aus der obigen Näherung durch die Bildung eines Grenzwertes $\Delta x_i \to 0$. Diesen Grenzwert (genaue Beschreibung erfolgt in den Abschnitten 10.1.1 und 10.1.2) nennt man *das bestimmte Integral der Funktion f(x) über dem Intervall* $[a,b]$ und bezeichnet ihn durch das Symbol $\int_a^b f(x)\,dx$. Dabei ist das Zeichen $\int$ eine besondere - von Leibniz eingeführte - Schreibweise des Buchstaben S. Auf Grenzwerte der eben geschilderten Art führen viele Begriffe in Physik, Mechanik und in den Ingenieurwissenschaften. Die Anwendungen der Integralrechnung sind so zahlreich, daß es schwerfällt, ein Gebiet der Ingenieur- und Naturwissenschaften zu nennen, das auf die Integralrechnung verzichten kann. Problemstellungen, die durch bestimmte Integrale beschrieben werden können, sind zum Beispiel:

- Berechnung der Länge einer Kurve
- Berechnung des Schwerpunktes eines homogenen ebenen Bereichs
- Berechnung von axialen Trägheitsmomenten eines homogenen ebenen Bereichs
- Berechnung des Volumens und der Mantelfläche eines Rotationskörpers
- Berechnung der Biegelinie eines Balkens, auf den eine Querkraft wirkt
- Berechnung der elektrischen Arbeit beim Wechselstrom
- Berechnung der effektiven Stromstärke beim Wechselstrom
- Berechnung von Wahrscheinlichkeiten bei stetigen Zufallsgrößen

Neben dem bestimmten Integral von $f(x)$ auf $I = [a,b]$ betrachtet man das sog. *unbestimmte Integral* von $f(x)$ auf I. Es handelt sich um zwei verschiedene Begriffe, die man zunächst streng auseinander halten sollte. Das Erfreuliche ist nun aber, daß zwischen diesen beiden Begriffen ein enger Zusammenhang besteht: Jedes bestimmte Integral von $f(x)$ auf $[a,b]$ kann man mit Hilfe des entsprechenden unbestimmten Integrals berechnen (s. 10.2.3), falls das unbestimmte Integral bekannt ist.

Ob man bei der Behandlung der Integralrechnung zunächst das bestimmte Integral einführt und dann zum unbestimmten Integral kommt oder die umgekehrte Reihenfolge wählt, ist im wesentlichen eine Frage der Methodik. Wir haben die Reihenfolge

1.) unbestimmtes Integral
2.) bestimmtes Integral

gewählt. Das bestimmte Integral steht im Mittelpunkt der Anwendungen, das unbestimmte Integral ist im wesentlichen ein Rechenhilfsmittel.

9 Das unbestimmte Integral

9.1 Definition und Integrationsregeln

9.1.1 Stammfunktionen und unbestimmte Integrale

In der Differentialrechnung wird zu einer vorgegebenen, auf einem Intervall I differenzierbaren Funktion f die Ableitung f' gebildet (s. 4.1). Bei vielen Problemen hat man es mit der umgekehrten Fragestellung zu tun: Zu einer vorgegebenen Funktion f sucht man eine Funktion F, deren Ableitung F' mit f übereinstimmt. Es ist daher zweckmäßig, für diese neue Funktion F einen besonderen Namen einzuführen.

Definition 9.1 *Vorgegeben sei eine auf dem Intervall I definierte Funktion f. Dann nennt man jede auf I differenzierbare Funktion F, deren Ableitung F' gleich f ist, d.h.*

$$F'(x) = f(x) \quad \text{für alle } x \in I,$$

eine S t a m m f u n k t i o n *von f auf I. Ist x ein Randpunkt von I, so ist unter $F'(x)$ die links- bzw. rechtsseitige Ableitung zu verstehen.*

Beispiel 9.1 $F(x) = \dfrac{x^3}{3}$ ist eine Stammfunktion von $f(x) = x^2$; das Intervall I kann bei diesem Beispiel beliebig gewählt werden. Für jedes x, also auch für jedes $x \in I$, gilt: $F'(x) = \left(\dfrac{x^3}{3}\right)' = \dfrac{1}{3} \cdot 3x^2 = x^2 = f(x)$.

Satz 9.1 *Ist $F(x)$ irgendeine Stammfunktion von $f(x)$ auf I, so erhält man durch die Summe $F(x) + c$ (c: beliebige Konstante) sämtliche Stammfunktionen von $f(x)$ auf I.*

Unter der fast immer erfüllten Voraussetzung, daß mindestens eine Stammfunktion von $f(x)$ existiert, gibt es also zu einer vorgegebenen Funktion $f(x)$ immer unendlich viele Stammfunktionen.

B e w e i s zu Satz 9.1: Aus $F'(x) = f(x)$ $(x \in I)$ folgt $(F(x) + c)' = f(x)$ $(x \in I)$. Man muß nun umgekehrt zeigen: Ist $F(x)$ irgendeine Stammfunktion von $f(x)$, so läßt sich jede andere Stammfunktion $F_1(x)$ von $f(x)$ in der Form $F_1(x) = F(x) + c$ darstellen. Nach Voraussetzung gilt $F_1'(x) = f(x)$ und $F'(x) = f(x)$ $(x \in I)$. Hieraus folgt $(F_1(x) - F(x))' = 0$ für alle $x \in I$, also $F_1(x) - F(x) = c$.

Definition 9.2   *Ist $F(x)$ irgendeine Stammfunktion von $f(x)$ auf I, so nennt man die Summe $F(x) + c$, wobei c eine beliebig wählbare Konstante ist, das* u n b e s t i m m t e   I n t e g r a l *von $f(x)$ auf I und bezeichnet es mit* $\int f(x)\,\mathrm{d}x$.

Nach dieser Definition ist also das unbestimmte Integral von $f(x)$ die Gesamtheit aller Stammfunktionen von $f(x)$. Es gilt also

$$\int f(x)\,\mathrm{d}x = \{F(x) + c \mid c \in \mathbf{R}\}.$$

Für diese Gleichung schreiben wir im Folgenden kurz: $\int f(x)\,\mathrm{d}x = F(x) + c$. Die vorgegebene Funktion $f(x)$ heißt in diesem Zusammenhang *Integrand*, die beliebig wählbare Konstante c heißt *Integrationskonstante*.

Wegen $F'(x) = f(x)$ gilt:

$$\frac{\mathrm{d}}{\mathrm{d}x} \int f(x)\,\mathrm{d}x = f(x).$$

Diese Gleichung dient als *Probe* dafür, daß man das unbestimmte Integral richtig berechnet hat.

9.1.2 Unbestimmte Integrale der Grundfunktionen

In der Differentialrechnung lernten wir die Regeln für die Differentiation der elementaren Funktionen (Grundfunktionen) kennen (s. 4.2.2). Jede derartige Differentiationsregel liefert wegen des in 9.1.1 beschriebenen Zusammenhangs zwischen Differentiation und Integration sofort eine Integrationsregel. Beispielsweise liefert die Differentiationsregel $(\sin x)' = \cos x$ die Integrationsregel

$$\int \cos x \, dx = \sin x + c.$$

Für $f(x) = \cos x$ ist $F(x) = \sin x$ eine Stammfunktion; für alle x gilt $F'(x) = f(x)$. Das Intervall I kann hier wieder beliebig gewählt werden.

Betrachten wir ein weiteres Beispiel:
Die Differentiationsregel $(\ln|x|)' = \dfrac{1}{x}$ für jedes $x \neq 0$ liefert die Integrationsregel $\int \dfrac{dx}{x} = \ln|x| + c$. (Voraussetzung über I: $0 \notin I$. Bei der Integrationsregel ist daher der Zusatz $x \neq 0$ anzubringen!)

Hinweis: Statt $\int \dfrac{1}{x} dx$ ist es üblich, kurz $\int \dfrac{dx}{x}$ zu schreiben.

Analog kann man zu allen anderen Differentiationsregeln (s. 4.4.2) entsprechende Integrationsregeln angeben, die ihrer fundamentalen Bedeutung wegen auch *Grundintegrale* genannt werden. Die folgende Tabelle der Grundintegrale ist genau auf die Tabelle der Ableitungen (s. Formeln (4.8) bis (4.18)) abgestimmt!

$$\int 0 \, dx = c \tag{9.0}$$

$$\int x^\alpha dx = \frac{x^{\alpha+1}}{\alpha+1} + c \quad (\alpha \text{ beliebige reelle Zahl} \neq -1; \; x > 0) \tag{9.1}$$

$$\int e^x dx = e^x + c \tag{9.2}$$

$$\int a^x dx = \frac{a^x}{\ln a} + c \quad (a > 0, \, a \neq 1) \tag{9.3}$$

$$\int \frac{dx}{x} = \ln|x| + c \quad (x \neq 0) \tag{9.4}$$

$$\int \cos x \, dx = \sin x + c \tag{9.5}$$

$$\int \sin x \, dx = -\cos x + c \tag{9.6}$$

$$\int \frac{dx}{\cos^2 x} = \tan x + c \quad (\cos x \neq 0) \tag{9.7}$$

$$\int \frac{dx}{\sin^2 x} = -\cot x + c \quad (\sin x \neq 0) \tag{9.8}$$

$$\int \frac{dx}{\sqrt{1-x^2}} = \arcsin x + c \quad (-1 < x < 1) \tag{9.9}$$

$$\int \frac{dx}{1+x^2} = \arctan x + c \tag{9.10}$$

Bemerkung 9.1   Ist in Formel (9.1) α eine ganze Zahl, d.h. $\alpha = n$, so gilt

$$\int x^n \, dx = \frac{x^{n+1}}{n+1} + c \; .$$

Außer $n \neq -1$ braucht man jetzt nur noch die Voraussetzung $x \neq 0$, falls $n < -1$. Im Falle $n > -1$ ist keine Einschränkung erforderlich (s. Bemerkung 4.1). Bei Formel (9.4) wird manchmal an Stelle von $\ln |x|$ nur $\ln x$ geschrieben. Dann hat man aber für $x \neq 0$ nun $x > 0$ zu schreiben. Mit Absolutzeichen ist jedes Intervall I, welches rechts oder links von $x = 0$ liegt, zulässig; ohne Absolutzeichen sind nur rechts von $x = 0$ liegende Intervalle zulässig. Ähnlich verhält es sich bei den Formeln (9.7), (9.8) und (9.9).
In Formel (9.8) zum Beispiel sind nur solche Intervalle I zulässig, bei denen für jedes $x \in I$ gilt $\sin x \neq 0$, ($\sin x \neq 0 \Leftrightarrow x \neq k\pi$, k ganz).

Zu den Grundintegralen rechnet man oft noch eine Reihe weiterer Integrationsregeln, z. B. die zu der Differentiationsregel für die Funktion arsinh x gehörige Integrationsregel. Wir begnügen uns aber mit den angegebenen; sie reichen für das Verständnis des Zusammenhangs zwischen Differentiation und Integration aus. Bei der Integration komplizierter Funktionen wird man ohnehin eine größere Formelsammlung zu Rate ziehen. Wir möchten aber an dieser Stelle besonders betonen, daß eine gewisse Grundtechnik des Integrierens (hierzu zählt z.B. die Substitutionsmethode und die partielle Integration, auf die wir anschließend (vgl. 9.1.4 und 9.1.5) eingehen werden) von keiner Formelsammlung ersetzt werden kann! Komplizierte Integrale versucht man durch geeignete Umformungen, z.B. Substitution oder partielle Integration, auf Grundintegrale bzw. andere schon bekannte Integrale zurückzuführen.

9.1.3   Einige allgemeine Integrationsregeln für unbestimmte Integrale

Analog zu den Differentiationsregeln $(k \cdot f)' = k \cdot f'$ (k konstant) und $(f+g)' = f'+g'$ (s. Satz 4.3) gibt es entsprechende Integrationsregeln:

$$\int k \cdot f(x) \, dx = k \cdot \int f(x) \, dx \quad (k \text{ konstant}) \tag{9.11}$$

[in Worten: Ein konstanter Faktor darf vor das Integralzeichen gesetzt werden].

$$\int (f(x) + g(x)) \, dx = \int f(x) \, dx + \int g(x) \, dx \tag{9.12}$$

[in Worten: Eine Summe darf gliedweise integriert werden].

Ist $F(x)$ eine Stammfunktion von $f(x)$ auf I, so ist die Funktion $\frac{1}{a} F(ax+b)$ eine Stammfunktion der Funktion $f(ax + b)$ auf jedem Intervall I^*, für welches gilt: $ax + b \in I \ \forall \ x \in I^*$. Das heißt:

$$\int f(ax + b) \ \mathrm{d}x = \frac{1}{a} F(ax + b) + c \ . \tag{9.13}$$

B e w e i s Wir nehmen an, daß $f(x)$ und $g(x)$ Stammfunktionen haben, die wir mit $F(x)$ bzw. $G(x)$ bezeichnen. Die Formeln (9.11) und (9.12) lauten dann:

$$\int k \cdot f(x) \ \mathrm{d}x = k \cdot (F(x) + c) \ ,$$

$$\int (f(x) + g(x)) \ \mathrm{d}x = (F(x) + c_1) + (G(x) + c_2) \ .$$

Wir haben zu zeigen, daß durch Differentiation der rechten Seiten sich jeweils der Integrand auf der linken Seite der Gleichung ergibt (s. Def. 9.2. in 9.1.1).

Zu (9.11): $\ (k \cdot (F(x) + c))' = (k \cdot F(x) + k \cdot c)' = k \cdot F'(x) = k \cdot f(x) \ ,$

zu (9.12): $\ (F(x) + G(x) + c_1 + c_2)' = F'(x) + G'(x) = f(x) + g(x) \ ,$

zu (9.13): $\ (\frac{1}{a} \cdot F(ax+b) + c)' = \frac{1}{a} \cdot F'(ax+b) \cdot a = f(ax+b) \ ,$

(s. Sätze 4.3 und 4.4).

Beispiel 9.2 $\quad \int x \ \mathrm{d}x = \int x^1 \ \mathrm{d}x = \frac{x^2}{2} + c \quad$ (s. Formel (9.1))

Beispiel 9.3 $\quad \int (x^2 + 6x - 5) \mathrm{d}x = \int x^2 \ \mathrm{d}x + 6 \cdot \int x \ \mathrm{d}x - 5 \cdot \int \mathrm{d}x = \frac{x^3}{3} + 6 \cdot \frac{x^2}{2} - 5x + c$

Beispiel 9.4 $\quad \int \frac{\mathrm{d}x}{x^2} = \int \frac{1}{x^2} \ \mathrm{d}x = \int x^{-2} \ \mathrm{d}x = \frac{x^{-1}}{-1} + c = -\frac{1}{x} + c$

Vor.: $x \neq 0$. (s. Formel (9.1)).

Beispiel 9.5 $\quad \int \sqrt{x} \ \mathrm{d}x = \int x^{\frac{1}{2}} \mathrm{d}x = \frac{x^{\frac{3}{2}}}{\frac{3}{2}} + c = \frac{2}{3} \ x^{\frac{3}{2}} + c = \frac{2}{3} x \ \sqrt{x} + c$

Vor.: $x \geq 0$.

Beispiel 9.6 $\quad \int \sqrt{5x + 2} \ \mathrm{d}x = \frac{1}{5} \cdot \left(\frac{2}{3} \ (5x + 2) \cdot \sqrt{5x + 2} \right) + c$

Vor.: $5x + 2 \geq 0$, d.h. $x \geq -\frac{2}{5}$ (s. Formel (9.13)).

Beispiel 9.7 $\displaystyle\int\frac{dx}{x+5} = \ln|x+5| + c$,

Vor.: $x + 5 \neq 0$, d.h. $x \neq -5$ (siehe Formeln (9.4) und (9.13), wobei $a = 1$, $b = 5$ ist:

$$f(x)=\frac{1}{x}\ ,\ F(x)=\ln|x| \Rightarrow \frac{1}{1}\cdot F(x+5) = \ln|x+5|\,.)$$

Aufgabe 9.1 Man berechne a) $\displaystyle\int\left(x^3+\frac{2}{x}-\frac{4}{x^3}\right)dx$,   b) $\displaystyle\int\sqrt{x^3}\ dx$.

9.1.4 Die Substitutionsmethode bei unbestimmten Integralen

Wenn das unbestimmte Integral $\int f(x)\ dx$ einer vorgegebenen Funktion $f(x)$ nicht unter den Grundintegralen oder anderweitig (z.B. aus Formelsammlungen) bereits bekannten Integralen zu finden ist, stellt man sich die Aufgabe, das Integral so umzuformen, daß ein Grundintegral oder ein schon bekanntes Integral entsteht. Ob diese Aufgabe immer gelingt, ist eine ganz andere Frage!
Die wichtigste Methode, das eben beschriebene Ziel zu erreichen, ist die sogenannte Substitutionsmethode. Bei dieser Methode wird eine neue Variable u eingeführt, die mit der alten Variablen x durch eine Gleichung $x = \varphi(u)$ bzw. $u = \psi(x)$ verknüpft ist. Wenn die Funktion φ eineindeutig ist, so handelt es sich bei ψ um die zu φ gehörige Umkehrfunktion (inverse Funktion) , d.h. $\psi = \varphi^{-1}$ (s. 1.2). Zwei kleine Beispiele sollen anschließend demonstrieren, wie man die Funktion $x = \varphi(u)$ bzw. $u = \psi(x)$ wählen könnte. In dem Finden dieser Funktionen liegt nämlich die ganze Problematik der Substitutionsmethode: Auf der einen Seite hat man eine große Freiheit in der Wahl dieser Funktionen, auf der anderen Seite gibt es aber keine Regel (kein Rezept),

welche Funktion φ bzw. ψ das vorgegebene Integral $\int f(x)\ dx$ in ein schon bekanntes Integral überführt. Bei der Substitution $u = \psi(x)$ könnte man den Ratschlag geben, einen zunächst störenden Teil des Integranden $f(x)$ durch eine neue Variable u zu ersetzen (zu substituieren). Daher der Name "Substitutionsmethode"! Beim Integral $\int x\ \sqrt{3x^2+4}\ dx$ wird man es mit der Substitution $u = 3x^2 + 4 = \psi(x)$ versuchen; das Integral $\displaystyle\int\frac{dx}{\sqrt{4-x^2}}$ wird man zunächst auf die Form $\displaystyle\int \frac{\mathrm{d}x}{2\sqrt{1-\left(\dfrac{x}{2}\right)^2}}$ bringen und anschließend - wegen

$1 - \sin^2 u = \cos^2 u$ - die Substitution $\dfrac{x}{2} = \sin u$, d.h. $x = 2 \cdot \sin u = \varphi(u)$ versuchen.

Von dem unbestimmten Integral $\int f(x)\,\mathrm{d}x$ kommt man durch eine Substitution $x = \varphi(u)$ formal zu dem Integral $\int f(\varphi(u))\varphi'(u)\mathrm{d}u$. "Formal" bedeutet hier, daß man in dem Symbol $\int f(x)\,\mathrm{d}x$ das Zeichen $\mathrm{d}x$ als das Differential der Funktion $x = \varphi(u)$ ansieht und durch $\varphi'(u)\,\mathrm{d}u$ ersetzt: $\mathrm{d}x = \varphi'(u)\,\mathrm{d}u$ (s. 4.4). Durch diese formale Umformung (die natürlich nicht als Beweis anzusehen ist!) haben wir bereits die der Substitutionsmethode zugrunde liegende Regel gefunden. Es gilt

---

Satz 9.2 *(Regel der Integration durch Substitution): Ersetzt man in $\int f(x)\,\mathrm{d}x$ die Variable x durch eine Funktion $x = \varphi(u)$ einer Variablen u, so gilt*

$$\int f(x)\,\mathrm{d}x = \int f(\varphi(u))\,\varphi'(u)\,\mathrm{d}u \Big|_{u=\psi(x)} \tag{9.14}$$

Hierbei ist $u = \psi(x)$ die Umkehrfunktion von $x = \varphi(u)$. Auf der rechten Seite von (9.14) bedeutet der Zusatz $u = \psi(x)$, daß man nach Ermittlung des rechts stehenden Integrals durch die Substitution $u = \psi(x)$ wieder zur alten Variablen x zurückkehrt. Für die Gültigkeit von (9.14) ist hinreichend, daß $\varphi'(u)$ und die Umkehrfunktion $u = \psi(x)$ existieren.

Die Umkehrfunktion $u = \psi(x)$ existiert sicherlich, wenn im betreffenden Intervall $\varphi'(u) \neq 0$ ist, da dann $\varphi(u)$ streng monoton ist.

B e w e i s der Formel (9.14): Es sei

$$\int f(\varphi(u)) \cdot \varphi'(u)\,\mathrm{d}u = G(u) + c_1 \text{ (I) und } F(x) = G(\psi(x)) \text{ (II)}.$$

Formel (9.14) ist dann äquivalent mit der Gleichung $\int f(x)\,\mathrm{d}x = F(x) + c_2$. Es ist also zu zeigen, daß für die so eingeführte Funktion $F(x)$ gilt: $F'(x) = f(x)$. Nach (I) gilt:

$$G'(u) = \frac{\mathrm{d}G}{\mathrm{d}u} = f(\varphi(u)) \cdot \varphi'(u) .$$

Aus (II) folgt dann (Kettenregel und Differentiation der Umkehrfunktion beachten! Vgl. Sätze 4.4 und 4.5):

$$F'(x) = \frac{dG}{du} \cdot \frac{du}{dx} = (f(\varphi(u)) \cdot \varphi'(u)) \cdot \psi'(x)$$

$$= (f(\varphi(u)) \cdot \varphi'(u)) \cdot \frac{1}{\varphi'(u)} = f(\varphi(u)) = f(x) \ .$$

Bemerkungen zur praktischen Anwendung der Substitutionsmethode:
Je nach Gestalt des Integranden $f(x)$ werden wir einmal von einer Substitution der Gestalt

$$x = \varphi(u) \quad (\alpha),$$

ein andermal von einer Substitution der Gestalt

$$u = \psi(x) \quad (\beta)$$

ausgehen. Im Falle (α) ist alles klar; man setzt einfach in Formel (9.14) ein. Nach Berechnung des auf der rechten Seite stehenden Integrals darf man natürlich nicht die "Rücksubstitution" $u = \psi(x)$ vergessen. Im Falle (β) kann auf eine Berechnung der Umkehrfunktion $x = \varphi(u)$ verzichtet werden. In Formel (9.14) wird $\varphi'(u)$ durch $\dfrac{1}{\psi'(x)}$ ersetzt (vgl. Satz 4.5). Da durch die Substitution $u = \psi(x)$ im allg. nur ein gewisser Teil von $f(x)$ durch u ersetzt wird, bleibt von der alten Variablen x in .der Funktion $f(x)$ noch etwas übrig; wir erhalten einen Ausdruck in u und x, für den wir abkürzend $f^*(x,u)$ schreiben wollen. Die Formel (9.14) nimmt jetzt die folgende Gestalt an:

$$\int f(x) \ dx = \int f^*(x,u) \ \frac{1}{\psi'(x)} \ du \bigg|_{u=\psi(x)} . \tag{9.14a}$$

Bei geeignet gewählter Substitution $u = \psi(x)$ wird sich in dem neuen Integranden $\dfrac{f^*(x,u)}{\psi'(x)}$ die alte Variable x "wegkürzen". Der Vollständigkeit halber sei noch erwähnt, daß für $x = \varphi(u)$ gilt:

$$f^*(x,u) = f(\varphi(u)) \quad \text{und} \quad \frac{1}{\psi'(x)} = \varphi'(u) \ .$$

Formel (9.14a) ist also mit Formel (9.14) äquivalent. Bei Beispielen lassen wir in den Formeln (9.14) und (9.14a) den Zusatz $\Big|_{u=\psi(x)}$ weg.

Beispiel 9.8 $\int \cos(5x+1)\, dx \qquad (f(x) = \cos(5x+1))$.

Die Substitution $u = 5x+1 \quad (\psi(x) = 5x+1)$ führt hier auf ein Grundintegral. Nach Formel (9.14a) gilt:

$$\int \cos(5x+1)\, dx = \int (\cos u)\frac{1}{5}\, du = \frac{1}{5}\int \cos u\, du$$

$$= \frac{1}{5}\sin u + c = \frac{1}{5}\sin(5x+1) + c \ .$$

Beispiel 9.9 a) $\int \dfrac{x\, dx}{\sqrt{ax^2+b}} \left(f(x) = \dfrac{x}{\sqrt{ax^2+b}} \right)$ (Vor.: $a \neq 0$)

Substitution: $u = ax^2+b \quad (\psi(x) = ax^2+b)$.

Wegen $\dfrac{du}{dx} = \psi'(x) = 2ax$ folgt hieraus (s. (9.14a)):

$$\int \frac{x}{\sqrt{ax^2+b}}\, dx = \int \frac{x}{\sqrt{u}} \cdot \frac{1}{2ax}\, du = \frac{1}{2a}\int \frac{du}{\sqrt{u}}$$

$$= \frac{1}{2a}\int u^{-\frac{1}{2}}\, du = \frac{1}{2a}\frac{u^{\frac{1}{2}}}{\frac{1}{2}} + c = \frac{1}{a}\sqrt{u} + c = \frac{1}{a}\sqrt{ax^2+b} + c \ .$$

b) $\int \dfrac{dx}{\sqrt{a^2-x^2}} \qquad$ (Vor.: $|x| < |a|$) .

Durch Umformung des Integranden folgt

$$\int \frac{dx}{\sqrt{a^2-x^2}} = \frac{1}{a}\int \frac{dx}{\sqrt{1-\left(\dfrac{x}{a}\right)^2}} \ .$$

Substitution: $\dfrac{x}{a} = \sin u$, d.h. $x = a \cdot \sin u = \varphi(u)$.

Wegen $\dfrac{dx}{du} = \varphi'(u) = a \cdot \cos u$ gilt daher (s.(9.14)):

$$\int \frac{dx}{\sqrt{a^2 - x^2}} = \frac{1}{a} \int \frac{1}{\sqrt{1 - \sin^2 u}} \cdot a \, \cos u \, du$$

$$= \int du = u + c = \arcsin\frac{x}{a} + c \; .$$

(Man beachte: Aus $x = a \cdot \sin u = \varphi(u)$ folgt $u = \arcsin\dfrac{x}{a} = \psi(x)\,.\,)$

Beispiel 9.10 $\displaystyle\int \frac{e^x - 1}{e^x + 1} \, dx \; .$

Substitution: $e^x = u \; (\psi(x) = e^x) \Rightarrow \dfrac{du}{dx} = e^x = u \Rightarrow dx = \dfrac{du}{u} \; .$

$$\int \frac{e^x - 1}{e^x + 1} \, dx = \int \frac{u - 1}{u + 1} \cdot \frac{du}{u} = \int \left(\frac{2}{u + 1} - \frac{1}{u} \right) du$$

$$= \int \frac{2 \, du}{u + 1} - \int \frac{du}{u} = 2 \cdot \ln|u + 1| - \ln|u| + c$$

$$= 2 \cdot \ln|e^x + 1| - \ln|e^x| + c$$

$$= 2 \cdot \ln(e^x + 1) - x + c \; .$$

Hinweis: e^x ist stets positiv, und es gilt $\ln e^x = x$.

Aufgabe 9.2 Man berechne

a) $\displaystyle\int \frac{(\ln x)^2}{x} \, dx \; (x > 0)$,   b) $\displaystyle\int \frac{dx}{9 + 2x^2}$,

c) $\displaystyle\int \frac{\arctan x}{1 + x^2} \, dx$,   d) $\displaystyle\int x^2 \sqrt{8x^3 - 1} \, dx$.

Aufgabe 9.3   Man berechne

a) $\displaystyle\int \frac{f'(x)}{f(x)} \, dx$,   b) $\displaystyle\int \frac{6x^2 + 4}{x^3 + 2x + 1} \, dx$,   c) $\displaystyle\int \tan 3x \, dx$.

9.1.5   Die partielle Integration

Analog zur Produktregel der Differentialrechnung $(uv)' = u'v + uv'$
[vgl. (4.29)] gilt in der Integralrechnung der folgende Satz:

Satz 9.3 *Sind $u = u(x)$ und $v = v(x)$ differenzierbare Funktionen auf I und existiert das Integral $\int u'(x) \cdot v(x)\, \mathrm{d}x$, dann existiert dort auch $\int u(x)\, v'(x)\, \mathrm{d}x$ und es gilt*

$$\int u(x)\, v'(x)\, \mathrm{d}x \; = u(x) \cdot v(x) - \int v(x)\, u'(x)\, \mathrm{d}x. \qquad (9.15)$$

Formel (9.15) nennt man Regel für die *partielle Integration*. Häufig benutzt man auch die Bezeichnung "teilweise Integration" oder "Produktintegration". Durch (9.15) wird die auf der linken Seite stehende Funktion (das Produkt uv') nur "teilweise" integriert, weil auf der rechten Seite ja noch die Integration $\int vu'\, \mathrm{d}x$ "übrigbleibt". Die Anwendung der partiellen Integration ist in der Regel nur dann sinnvoll, wenn zu $v'(x)$ eine Stammfunktion $v(x)$ bestimmt werden kann und das in (9.15) rechts stehende Integral leichter lösbar ist als das auf der linken Seite. Die partielle Integration ist neben der Substitutionsmethode das wichtigste Hilfsmittel beim Integrieren. Es ist erstaunenswert, wie oft uns die partielle Integration weiterhilft.

B e w e i s   der Formel (9.15): Wir haben zu zeigen, daß sich durch Differentiation der rechten Seite von (9.15) der Integrand des links stehenden Integrals, also $u(x) \cdot v'(x)$, ergibt:

$$\left[uv - \int vu\, \mathrm{d}x \right]' = (u'v + uv') - vu = uv'.$$

Beispiel 9.11 $\int xe^x\, \mathrm{d}x$.
Wir wählen $u(x) = x$ und $v'(x) = e^x$, so daß $u'(x) = 1$ und $v(x) = e^x$ folgt. Nach Formel 9.15 gilt dann

$$\int xe^x\, \mathrm{d}x = xe^x - \int e^x \cdot 1\, \mathrm{d}x = xe^x - e^x + c.$$

Würden Sie $u(x) = e^x$ und $v'(x) = x$ wählen, dann würde die partielle Integration keine Vereinfachung liefern!

Beispiel 9.12 $\int x^2 \cdot \sin x \; dx$.

Bei diesem Integral kommt man durch zweimalige Anwendung der partiellen Integration zum Ziel. Zunächst wird $u = x^2$ und $v' = \sin x$ gewählt.

$$
\begin{aligned}
\int x^2 \cdot \sin x \; dx &= x^2 \cdot (-\cos x) - \int (-\cos x) \cdot 2x \; dx \\
&= -x^2 \cdot \cos x + 2 \cdot \int x \cdot \cos x \; dx \\
&= -x^2 \cdot \cos x + 2 \cdot [x \cdot \sin x - \int (\sin x) \cdot 1 \; dx] \\
&= -x^2 \cdot \cos x + 2x \cdot \sin x + 2 \cdot \cos x + c \; .
\end{aligned}
$$

Beispiel 9.13 $\int \ln x \; dx$ (Vor.: $x > 0$) .

Bei diesem Integral kann scheinbar, da kein Produkt vorliegt, die partielle Integration nicht angewandt werden. Man kann jedoch durch Multiplikation des Integranden mit der Zahl 1, ohne daß sich der Integrand selbst ändert, ein

Produkt erhalten, also $\int \ln x \; dx = \int 1 \cdot \ln x \; dx$.

Hier ist es offensichtlich nur sinnvoll, $u(x) = \ln x$ und $v'(x) = 1$ zu setzen, da wir ja andernfalls zu $\ln x$ die Stammfunktion bestimmen müßten und somit

wieder bei der ursprünglichen Aufgabenstellung wären. Es folgt $u'(x) = \dfrac{1}{x}$ und $v(x) = x$ und damit nach (9.15)

$$
\int \ln x \cdot 1 \; dx = (\ln x) \cdot x - \int x \cdot \frac{1}{x} dx = x \ln x - x + c.
$$

Beispiel 9.14 $I_n = \int e^x \, x^n \; dx$ $(n = 1,2, \ldots)$.

Einmalige Anwendung der partiellen Integration liefert eine *Rekursionsformel* für I_n:

$$
\int x^n \, e^x \; dx = x^n \, e^x - \int e^x \cdot n x^{n-1} \; dx = e^x \cdot x^n - n \cdot \int e^x \cdot x^{n-1} \; dx \; .
$$

Also: $I_n = e^x \, x^n - n \cdot I_{n-1}$ $(n = 2,3, \ldots)$.

Eine Rekursionsformel für die von einer natürlichen Zahl n abhängigen Größe I_n gestattet die Berechnung von I_n aus I_{n-1} (allgemeiner: aus $I_1, I_2, \ldots, I_{n-1}$). Rekursionsformeln spielen in der gesamten Mathematik eine wichtige Rolle.

Aufgabe 9.4   Man berechne

a) $\displaystyle\int \frac{dx}{(4x-2)^3}$,   b) $\displaystyle\int x \cdot e^{3x} \; dx$,   c) $\displaystyle\int x^2 \cdot \sin 4x \; dx$.

9.1.6 Möglichkeiten und Grenzen der Integration und der Integrationsregeln

In der Differentialrechnung konnten wir feststellen, daß in der Regel jede elementare Funktion $f(x)$ differenzierbar und ihre Ableitung $f'(x)$ ebenfalls eine elementare Funktion ist. Diese Tatsache ist das theoretische Fundament dafür, daß das Differenzieren i. allg. keine Schwierigkeiten bereitet. Betrachten wir z.B. die Funktion $y = \dfrac{\sin x}{x}$. Man kann sie sofort differenzieren. Um so überraschender ist es, daß bei dieser Funktion alle Versuche, sie zu integrieren, fehlschlagen. Man hat nachgewiesen, daß sich diese und viele andere Funktionen z. B.

$$y = e^{-x^2} \quad \text{oder} \quad y = \frac{1}{\sqrt{1+x^4}} \quad \text{oder} \quad y = \frac{1}{\ln x} \quad \text{oder} \quad y = \frac{e^x}{x}$$

nicht geschlossen integrieren lassen, d.h., eine Darstellung des Integrals als elementare Funktion "in geschlossener Form" ist unmöglich. Im allgemeinen existieren zwar diese Integrale, aber sie lassen sich nicht durch eine elementare Funktion darstellen. Es könnte sein, daß sich das Integral durch eine unendliche Reihe, z. B. durch eine Potenzreihe, darstellen läßt. In diesem Zusammenhang verweisen wir auf die "gliedweise Integration" von Potenzreihen (s. [SCE]).
Immer anwenden kann man die numerischen Integrationsmethoden, die im Abschnitt 10.3 für bestimmte Integrale behandelt werden. Die numerische Integration besteht in der Regel aus einer Folge von einfachen arithmetischen Operationen, die leicht auf einem Computer realisiert werden kann. Sie liefert Näherungslösungen mit jeder gewünschten Genauigkeit; man wird sie immer dann anwenden, wenn die vorgegebene Funktion $f(x)$ überhaupt nicht geschlossen integriert werden kann oder der Rechenaufwand unvertretbar hoch ist.
Zusammenfassend können wir feststellen, daß wir beim Integrieren bezüglich der erreichbaren Ziele wesentlich bescheidener sein müssen als beim Differenzieren. Man muß sich damit begnügen, die wesentlichsten Klassen von Funktionen anzugeben, die geschlossen integrierbar sind. Eine wichtige Klasse von solchen Funktionen stellen die rationalen Funktionen dar, mit denen wir uns im folgenden Abschnitt beschäftigen wollen.

Die rationalen Funktionen sind insofern von besonderer Wichtigkeit, weil die Integration von vielen anderen Funktionen auf die Integration der rationalen Funktionen zurückgeführt werden kann.

9.2   Integration rationaler Funktionen

9.2.1   Problemstellung und -reduzierung

Vorgegeben sei eine *rationale Funktion*

$$f(x) = \frac{P(x)}{Q(x)} = \frac{a_0 + a_1 x + \dots + a_n x^n}{b_0 + b_1 x + \dots + b_m x^m} \qquad (a_n \neq 0,\ b_m \neq 0)\ .$$

($f(x)$ ist Quotient zweier Polynome $P(x)$ und $Q(x)$)

$f(x)$ heißt *echt gebrochen*, wenn $n < m$ (d.h. Grad $P(x) <$ Grad $Q(x)$) gilt, im anderen Falle (d.h. $n \geq m$) *unecht gebrochen*. Unsere Aufgabe lautet: Berechnung des unbestimmten Integrals jeder rationalen Funktion. Diese Aufgabe läßt sich sofort ein wenig vereinfachen: Da sich jede unecht gebrochene rationale Funktion stets in die Summe eines Polynoms und einer echt gebrochenen rationalen Funktion zerlegen läßt - und Polynome sofort integriert werden können -, genügt es, das unbestimmte Integral von echt gebrochenen rationalen Funktionen zu ermitteln.

Die Zerlegung einer unecht gebrochenen rationalen Funktion in die Summe eines Polynoms und einer echt gebrochenen rationalen Funktion erfolgt mit Hilfe eines einfachen Rechenschemas für die Division von zwei Polynomen. Wir demonstrieren den Sachverhalt an einem Beispiel:

$$f(x) = \frac{6 + 5x + 3x^2 + 2x^3}{2 + x^2} = \frac{P(x)}{Q(x)}$$

($f(x)$ ist eine unecht gebrochene rationale Funktion; Grad $P(x) = 3$, Grad $Q(x) = 2$.)

Wir ordnen $P(x)$ und $Q(x)$ nach fallenden Potenzen und dividieren schrittweise.

$$
\begin{array}{l}
(2x^3 + 3x^2 + 5x + 6) : (x^2 + 2) = 2x + 3 \qquad (= G(x)) \\
\underline{-(2x^3 \qquad\quad + 4x)} \\
\qquad\quad 3x^2 + \ x + 6) \\
\qquad \underline{-(3x^2 \qquad + 6)} \\
\qquad\qquad\quad x \qquad\qquad\qquad\qquad\qquad (= R(x))
\end{array}
$$

Die schrittweise Division wird solange durchgeführt, bis der Grad des unter dem Strich stehenden "Restes" erstmalig kleiner als der Grad des Nennerpolynoms $Q(x)$ ist.

Ergebnis: $f(x) = G(x) + \dfrac{R(x)}{Q(x)}$, d.h.

$$\frac{2x^3 + 3x^2 + 5x + 6}{x^2 + 2} = 2x + 3 + \frac{x}{x^2 + 2}$$

unecht gebrochene rationale Funktion	Polynom	echt gebrochene rationale Funktion

9.2.2 Zerlegung echt gebrochener rationaler Funktionen in Partialbrüche

Bei der Lösung der in 9.2.1 formulierten Aufgabe berufen wir uns auf den folgenden

---

Satz 9.4 *(Satz von der Partialbruchzerlegung einer rationalen Funktion): Jede echt gebrochene rationale Funktion*

$$f(x) = \frac{P(x)}{Q(x)} \quad (Grad\ P(x) < Grad\ Q(x)$$

läßt sich in eine Summe von Brüchen (sog. Partialbrüchen) der Form

$$\frac{A}{(x-a)^\alpha} \quad und \quad \frac{Bx+C}{(x^2+px+q)^\beta} \quad mit \quad p^2 - 4q < 0$$

zerlegen. Dabei sind α, $\beta \geq 1$ natürliche Zahlen.

---

a ist eine reelle Nullstelle des Nenners $Q(x)$. x^2+px+q stellt einen quadratischen Faktor des Nenners $Q(x)$ dar, der sich im Reellen nicht weiter zerlegen läßt, d.h. $p^2 - 4q < 0$.

Die echt gebrochene rationale Funktion

$$f(x) = \frac{P(x)}{Q(x)} = \frac{x^2 + 3}{x(x-2)(x^2+4x+5)}$$

wird z.B. in die Partialbrüche

$$\frac{A_1}{x} \ , \ \frac{A_2}{x-2} \ , \ \frac{Bx+C}{x^2+4x+5}$$

zerlegt, wobei die unbekannten Zahlen A_1, A_2, B, C noch zu bestimmen sind. (x^2+4x+5 läßt sich im Reellen nicht weiter zerlegen!)

Wir wollen die wesentlichsten Schritte, die bei jeder Partialbruchzerlegung getan werden müssen, an einem Beispiel demonstrieren. Auf eine allgemeine Darstellung für eine beliebige rationale Funktion $f(x)$ verzichten wir aus zwei Gründen:

a) der Schreibaufwand ist sehr groß;

b) die Mammutformel würde jeden Anfänger abschrecken und auf keinen Fall zu einem besseren Verständnis beitragen.

Die Zerlegung einer echt gebrochenen rationalen Funktion $f(x) = \dfrac{P(x)}{Q(x)}$ wird immer in mehreren Schritten durchgeführt:

1. Schritt: Bestimmung der Nullstellen des Nenners $Q(x)$
2. Schritt: Zerlegung des Nenners $Q(x)$ in reelle Faktoren niedrigsten Grades
3. Schritt: Ansatz für die Partialbruchzerlegung
4. Schritt: Bestimmung der im Ansatz auftretenden Unbekannten

Der 1. Schritt ist meistens der schwierigste, denn man muß die Nullstellen einer Gleichung m-ten Gades ermitteln. Für $m = 2$ hat man eine fertige Formel, für $m \geq 3$ steht nur selten eine praktisch brauchbare Formel zur Verfügung. In den schwierigen Fällen könnte man ein numerisches Verfahren, z.B. das Newton-Verfahren, anwenden. (S. 7.3) Ist eine Nullstelle x_0 von $Q(x)$ gefunden (durch eine fertige Formel, durch das Newton-Verfahren oder einfach durch Probieren), so vereinfacht sich das Problem sofort: man kann $Q(x)$ durch $x - x_0$ dividieren und erhält ein Polynom $Q_1(x)$ vom Grad m-1. Jetzt versucht man eine Nullstelle x_1 von $Q_1(x)$ zu ermitteln, dividiert $Q_1(x)$ durch $x - x_1$ usw. (Siehe Horner-Schema!)

Die anderen Schritte bereiten keine prinzipiellen Schwierigkeiten, wenn man sich den Sachverhalt einmal richtig klargemacht hat. Der 4. Schritt erfordert allerdings - im Gegensatz zum 2. und 3. Schritt - ein wenig Rechenaufwand; hier muß i. allg. ein lin. Gleichungssystem gelöst werden.

Beispiel 9.15 $f(x) = \dfrac{-3x^3 + 12x^2 - 6x + 7}{x^4 - 2x^3 + 5x^2 - 8x + 4} = \dfrac{P(x)}{Q(x)}$

<u>1. Schritt:</u> In unserem Beispiel ist $x = 1$ eine Nullstelle von $Q(x)$, also kann man $Q(x)$ durch $x - 1$ dividieren.

Man erhält $Q(x) : (x-1) = x^3 - x^2 + 4x - 4 = Q_1(x)$. Da $x = 1$ auch eine Nullstelle von $Q_1(x)$ ist, kann auch $Q_1(x)$ durch x-1 dividiert werden:
$Q_1(x) : (x-1) = x^2 + 4$. $Q_2(x) = x^2 + 4$ hat keine reelle Nullstellen.

2. Schritt: $Q(x) = (x\text{-}1) \cdot Q_1(x) = (x\text{-}1) \cdot (x\text{-}1) \cdot Q_2(x) = (x\text{-}1)^2 \cdot (x^2+4)$
(Eine weitere Zerlegung im Reellen ist nicht möglich, weil x^2+4 sich im Rellen nicht weiter zerlegen läßt.)

3. Schritt:
$$\frac{P(x)}{Q(x)} = \frac{7 - 6x + 12x^2 - 3x^3}{(x-1)^2 \cdot (x^2+4)} = \frac{A}{x-1} + \frac{B}{(x-1)^2} + \frac{C+Dx}{x^2+4} \qquad (*)$$

Erläuterung: Zum Faktor $(x - a)^\alpha$ von $Q(x)$ gehört in der Partialbruchzerlegung eine Summe der Form

$$\frac{A_1}{x-a} + \frac{A_2}{(x-a)^2} + \ldots + \frac{A_\alpha}{(x-a)^\alpha} \quad .$$

(Im Beispiel ist $a=1$ und $\alpha=2$; $A_1 = A$, $A_2 = B$.) Zum Faktor $(x^2+px+q)^\beta$ (mit $p^2\text{-}4q < 0$) von $Q(x)$ gehört in der Partialbruchzerlegung eine Summe der Form

$$\frac{B_1 x + C_1}{x^2+px+q} + \frac{B_2 x + C_2}{(x^2+px+q)^2} + \ldots + \frac{B_\beta x + C_\beta}{(x^2+px+q)^\beta} \quad .$$

(Im Beispiel ist $p=0$, $q=4$, $\beta=1$; $B_1 = D$, $C_1 = C$.)

$\Bigg[$ Für die Funktion $g(x) = \dfrac{4x + 3}{x(x+1)^2 \, (x^2+4)^2}$ würde der Ansatz lauten:

$$\frac{4x + 3}{x(x+1)^2 \, (x^2+4)^2} = \frac{A}{x} + \frac{B}{x+1} + \frac{C}{(x+1)^2} + \frac{D+Ex}{x^2+4} + \frac{F+Gx}{(x^2+4)^2} \quad . \Bigg]$$

4. Schritt:
Eine Methode, die sog. *Koeffizientenvergleichsmethode*, führt immer zum Ziel. Man multipliziert in der Ansatzgleichung $(*)$ beide Seiten mit dem Nennerpolynom $Q(x)$ und erhält links und rechts je ein Polynom. Der Vergleich der Faktoren vor x^0, x^1, x^2, x^3, ... liefert ein lineares Gleichungssystem zur Bestimmung der Unbekannten A, B, C, D (daher der Name "Koeffizientenvergleichsmethode").

In unserem Beispiel folgt aus $(*)$ durch Multiplikation mit $Q(x) = (x - 1)^2 \cdot (x^2 + 4)$:

$$(**) \qquad 7 - 6x + 12x^2 - 3x^3 = A(x-1)(x^2+4) + B(x^2+4) + (C+Dx)(x-1)^2 \ .$$

Ausmultiplikation der rechten Seite und Zusammenfassung nach Potenzen von x ergibt:

$$7 - 6x + 12x^2 - 3x^3$$
$$= (-4A + 4B + C) + (4A - 2C + D)x + (-A + B + C - 2D)x^2 + (A + D)x^3 \ .$$

Durch Vergleich der Koeffizienten ergeben sich folgende 4 Gleichungen für die 4 Unbekannten A, B, C, D:

$$
\begin{aligned}
-4A + 4B + C \qquad\quad &= 7 \\
4A \qquad\quad -2C + D &= -6 \\
-A + B + C - 2D &= 12 \\
A \qquad\qquad\quad + D &= -3
\end{aligned}
$$

Es handelt sich um ein lineares Gleichungssystem mit m Gleichungen und n Unbekannten ($m = n = 4$), für das es allgemeine Lösungsverfahren gibt, z. B. den Gaußschen Algorithmus (s. [MSV]). In unserem Beispiel können wir auch ohne ein besonderes Verfahren die 4 Unbekannten berechnen.

($D = -3 - A$ wird in die 2. und 3. Gleichung eingesetzt. Wir erhalten drei Gleichungen I', II', III' für A, B, C. I' - III' und $2 \times$ I' + II' liefern zwei Gleichungen für A, B.) Wir erhalten: $A = 1, B = 2, C = 3, D = -4$. Damit sind die im Ansatz (*) auftretenden Unbekannten A, B, C, D ermittelt, und die Partialbruchzerlegung ist durchgeführt.

Ergebnis $\quad \dfrac{7 - 6x + 12x^2 - 3x^3}{(x-1)^2 \cdot (x^2+4)} = \dfrac{1}{x-1} + \dfrac{2}{(x-1)^2} + \dfrac{3-4x}{x^2+4} \ .$

Bemerkung 9.2 Die Unbekannten A, B, C, D kann man auch durch die sog. *Einsetzungsmethode* ermitteln. Wir setzen in (**) (vergl. 4. Schritt) für die Variable x vier verschiedene Werte ein - z.B. $x = 0, x = 1, x = 2, x = 3$ - und erhalten auf diese Weise ebenfalls 4 Gleichungen für die 4 Unbekannten A, B, C, D. Diese Methode werden wir beim Beispiel 9.16 verwenden. Günstig ist auch eine "Mischung" aus Koeffizientenvergleichsmethode und Einsetzungsmethode.

9.2.3 Integration der Partialbrüche

Nach dem Satz von der Partialbruchzerlegung einer rationalen Funktion und der Formel (9.12) können wir jede (echt gebrochene) rationale Funktion integrieren, wenn man die Partialbrüche integrieren kann. Die folgenden 6 Formeln gestatten es, jeden auftretenden Partialbruch zu integrieren. Mit den beiden ersten Formeln können wir Partialbrüche der Form $\dfrac{A}{(x-a)^\nu}$, mit den restlichen vier Formeln Partialbrüche der Form $\dfrac{Bx+C}{(x^2+px+q)^\mu}$ integrieren $(p^2-4q < 0)$.

$$\int \frac{A}{(x-a)^\nu}\,dx = -\frac{A}{(\nu-1)\cdot(x-a)^{\nu-1}} + c \quad (\text{Vor.: } \nu > 1,\ x \neq a) \qquad (9.16)$$

$$\int \frac{A}{x-a}\,dx = A\cdot\ln|x-a| + c \qquad\qquad (\text{Vor.: } x \neq a) \qquad (9.17)$$

$$\int \frac{Bx+C}{(x^2+px+q)^\mu}\,dx = -\frac{B}{2(\mu-1)}\cdot\frac{1}{(x^2+px+q)^{\mu-1}}$$
$$+ \left(C-\frac{1}{2}Bp\right)\int \frac{dx}{(x^2+px+q)^\mu} \quad (\text{Vor.: } \mu > 1) \qquad (9.18)$$

$$\int \frac{dx}{(x^2+px+q)^\mu} = \frac{1}{(\mu-1)(4q-p^2)}\cdot\frac{2x+p}{(x^2+px+q)^{\mu-1}}$$
$$+ \frac{4\mu-6}{(\mu-1)(4q-p^2)}\cdot\int \frac{dx}{(x^2+px+q)^{\mu-1}} \quad (\text{Vor.: } \mu>1) \qquad (9.19)$$

$$\int \frac{dx}{x^2+px+q} = \frac{2}{\sqrt{4q-p^2}}\cdot\arctan\frac{2x+p}{\sqrt{4q-p^2}} + c \quad (\text{Vor.: } p^2-4q < 0) \qquad (9.20)$$

$$\int \frac{Bx+C}{x^2+px+q}\,dx = \frac{B}{2}\ln|x^2+px+q| + \left(C-\frac{1}{2}Bp\right)\cdot\int \frac{dx}{x^2+px+q} \qquad (9.21)$$
$$(\text{Vor.: } x^2 + px + q \neq 0)$$

Bemerkung 9.3 Die Formeln (9.16) und (9.17) lassen sich durch die Substitution $x - a = u$ auf Grundintegrale zurückführen (vgl. Formeln (9.1) und (9.4) in 9.1.2). Formel (9.17) ist der in Formel (9.16) ausgeschlossene Fall $\nu = 1$.

Die Beweise zu den Formeln (9.18) bis (9.21) können sämtlich dadurch erbracht werden, daß man jeweils die rechte Seite differenziert; diese Ableitung muß dann mit der Funktion übereinstimmen, die auf der linken Seite

hinter dem Integralzeichen steht. - Durch Formel (9.18) wird die Integration
der Partialbrüche

$$\frac{Bx + C}{(x^2 + px + q)^\mu} \qquad \text{auf die Integration von} \qquad \frac{1}{(x^2 + px + q)^\mu}$$

zurückgeführt. Die Integration der letztgenannten Funktionen wird durch die
Rekursionsformel (9.19) schrittweise (μ, $\mu - 1$, $\mu - 2$, ..., 1) auf die Integration von $\dfrac{1}{x^2 + px + q}$ zurückgeführt; Formel (9.20) liefert den Schluß der
gesamten Kette. Formel (9.21) ist der in Formel (9.18) ausgeschlossene Fall
$\mu = 1$.

Hinweis Die Partialbrüche müssen nicht unbedingt nach den Formeln (9.16)
bis (9.21) berechnet werden. Wenn man bei einem Beispiel durch eine geeignete Umformung, Substitution usw. schneller zum Ziel kommt, wird man
selbstverständlich diesen Weg beschreiten. Die Formeln (9.16) bis (9.21) sind
ja teilweise auch in ihrer äußeren Form nicht besonders einladend; man wird
nur dann auf sie zurückgreifen, wenn naheliegende und einfache Umformungen nicht zum Ziel führen.

Beispiel 9.16 $\displaystyle\int \frac{x^3 + 5x^2 + 4x + 8}{x^2(x^2 + 4)}\,\mathrm{d}x$.

Der Integrand ist eine echt gebrochene rationale Funktion $f(x) = \dfrac{P(x)}{Q(x)}$ mit
Grad $P(x) = 3$ und Grad $Q(x) = 4$.

1. und 2. Schritt entfallen bei diesem Beispiel; der Nenner $Q(x) = x^2(x^2 + 4)$
ist bereits in reelle Faktoren niedrigsten Grades zerlegt.

3. Schritt: Ansatz für die Partialbruchzerlegung

$$\frac{x^3 + 5x^2 + 4x + 8}{x^2(x^2 + 4)} = \frac{A}{x} + \frac{B}{x^2} + \frac{Cx + D}{x^2 + 4} \qquad (*)$$

4. Schritt: Bestimmung der Unbekannten A, B, C, D.
Aus (*) folgt:

$$x^3 + 5x^2 + 4x + 8 = Ax(x^2 + 4) + B(x^2 + 4) + (Cx + D)x^2 \qquad (**)$$

Zur Bestimmung der 4 Unbekannten A, B, C, D benutzen wir die "Einsetzungsmethode". Wir wählen für x nacheinander die 4 Werte $x = -1$, $x = 0$,
$x = 1$, $x = 2$ und erhalten schrittweise folgende Gleichungen für A, B, C, D:

$$8 = -A \cdot 5 + B \cdot 5 - C + D$$
$$8 = \qquad\qquad B \cdot 4$$
$$18 = A \cdot 5 + B \cdot 5 + C + D$$
$$44 = A \cdot 16 + B \cdot 8 + 8C + 4D$$

Aus diesem einfachen Gleichungssystem kann man schnell die Unbekannten berechnen: $A = 1$, $B = 2$, $C = 0$, $D = 3$.
Ergebnis der Partialbruchzerlegung:

$$\frac{x^3 + 5x^2 + 4x + 8}{x^2(x^2 + 4)} = \frac{1}{x} + \frac{2}{x^2} + \frac{3}{x^2 + 4} \; .$$

Die Integration der hier auftretenden Partialbrüche bereitet keine Schwierigkeiten:

$$\int \frac{1}{x} \mathrm{d}x = \ln|x| + c_1 \qquad\qquad \text{[s. Formel (9.4)]}$$

$$\int \frac{2}{x^2} \mathrm{d}x = 2 \cdot \int x^{-2} \mathrm{d}x = -\frac{2}{x} + c_2 \qquad\qquad \text{[s. Formel (9.1)]}$$

$$\int \frac{3}{x^2 + 4} \mathrm{d}x = \frac{3}{4} \cdot \int \frac{\mathrm{d}x}{\left(\dfrac{x}{2}\right)^2 + 1} = \frac{3}{4} \cdot \int \frac{2\,\mathrm{d}u}{u^2 + 1} \quad \left(\text{Substitut: } u = \frac{x}{2}\right)$$

$$= \frac{3}{2} \cdot \int \frac{\mathrm{d}u}{u^2 + 1} = \frac{3}{2} \arctan u + c_3 \qquad \text{[s. Formel (9.10)]}$$

$$= \frac{3}{2} \arctan \frac{x}{2} + c_3 \; .$$

Ergebnis: $\displaystyle \int \frac{x^3 + 5x^2 + 4x + 8}{x^2(x^2 + 4)} \mathrm{d}x = \ln|x| - \frac{2}{x} + \frac{3}{2} \arctan \frac{x}{2} + c \quad$ Vor.: $(x \neq 0)$.

Aufgabe 9.5 Man berechne folgende Integrale

a) $\displaystyle \int \frac{2x^3 + 9x^2 + 8x + 5}{x^2 + 4x + 3} \mathrm{d}x$, b) $\displaystyle \int \frac{4x^3 - 2x^2 + 9x - 18}{x^2(x^2 + 9)} \mathrm{d}x$

c) $\displaystyle \int \frac{x^4 + 4x^2 + 1}{x^3 - x^2 + 4x - 4} \mathrm{d}x$, d) $\displaystyle \int \frac{x\,\mathrm{d}x}{2x^2 + 5x - 3}$.

9.3   Integration weiterer Funktionenklassen

Im folgenden wollen wir die wichtigsten Funktionen bzw. Klassen von Funktionen angeben, deren Integrale sich durch elementare Funktionen darstellen lassen (die sich geschlossen integrieren lassen, s. 9.1.6). Im allgemeinen handelt sich darum, das vorgegebene unbestimmte Integral durch eine geeignete Substitution auf die Integration einer rationalen Funktion (s. 9.2.1) zurückzuführen. Damit kann dann das Problem als gelöst angesehen werden, denn in 9.2 haben wir nachgewiesen, daß sich jede rationale Funktion geschlossen integrieren läßt [s. Formeln (9.16) bis (9.21)]. - Wir erläutern zunächst den Begriff "*rationale Funktion von zwei Veränderlichen*", den wir im folgenden ständig brauchen. Eine Funktion $R(u,v)$ der beiden Veränderlichen u, v heißt rational, wenn sie sich durch einen Ausdruck darstellen läßt, den man durch endlich viele rationale Operationen (Addition, Subtraktion, Multiplikation und Division) aus u und v unter Hinzunahme von Konstanten erhält.

Beispiele für rationale Funktionen:

$$R_1(x,y) = \frac{x^3+4x^2y}{3-xy} \;, \quad R_2(x,y) = \pi + \left(\frac{xy^3}{7} - \frac{3}{x^3}\right)^2 .$$

Beispiele für nichtrationale Funktionen:

$$f_1(x,y) = \sqrt{x^2-3xy^2} \;, \quad f_3(x,y) = \frac{\ln|x|}{y} \;,$$

$$f_2(x,y) = \frac{\sin x}{\cos y} \;, \quad\quad f_4(x,y) = y \cdot 2^x .$$

9.3.1 Das Integral $\int R\left(x, \sqrt[n]{ax+b}\,\right) dx$

Alle Funktionen der Form $R\left(x, \sqrt[n]{ax+b}\,\right)$ - das sind solche Funktionen von x, die sich durch endlich viele rationale Operationen aus x und $\sqrt[n]{ax+b}$ sowie Konstanten aufbauen lassen - kann man durch die Substitution $t = \sqrt[n]{ax+b}$ integrieren. Das vorgegebene Integral wird auf das Integral einer rationalen Funktion zurückgeführt. Aus $t = \sqrt[n]{ax+b}$ folgt $ax + b = t^n$

$$\Rightarrow x = \frac{t^n - b}{a} \quad (\text{Vor.:}\ a \neq 0) \Rightarrow dx = \frac{n t^{n-1}}{a}\, dt .$$

Also gilt:

$$\int R\left(x, \sqrt[n]{ax+b}\right) dx = \int R\left(\frac{t^n - b}{a}, t\right) \cdot \frac{n}{a} t^{n-1}\, dt .$$

Der Integrand auf der rechten Seite ist eine rationale Funktion in t. Begründung: Durch Anwendung rationaler Operationen auf die beiden Größen $\dfrac{t^n - b}{a}$ und t gewinnt man eine rationale Funktion in t, d.h., $R\left(\dfrac{t^n - b}{a}, t\right)$ ist eine rationale Funktion in t. Multiplikation mit $\dfrac{n}{a} t^{n-1}$ ergibt dann ebenfalls eine rationale Funktion in t.

Beispiel 9.17 $\quad \displaystyle\int \frac{x + \sqrt{x-1}}{x - \sqrt{x-1}}\, dx = \int R\left(x, \sqrt{x-1}\right) dx \quad (n=2,\ a=1,\ b=-1)$

Substitution: $\sqrt{x-1} = t \Rightarrow x - 1 = t^2 \Rightarrow x = t^2 + 1 \Rightarrow dx = 2t\, dt.$

Also gilt

$$\begin{aligned}
\int \frac{x + \sqrt{x-1}}{x - \sqrt{x-1}}\, dx &= \int \frac{(t^2 + 1) + t}{(t^2 + 1) - t} \cdot 2t\, dt \\[2mm]
&= 2 \cdot \int \frac{t^3 + t^2 + t}{t^2 - t + 1}\, dt =: 2 \cdot \int R^{*}(t)\, dt
\end{aligned}$$

Der Integrand $R^{*}(t)$ ist eine (unecht gebrochene) rationale Funktion. Division ergibt:

$$R^{*}(t) = t + 2 + \frac{2t - 2}{t^2 - t + 1} =: P(t) + R_1(t).$$

Das Polynom $P(t)$ kann sofort integriert werden. Auf die echt gebrochene rationale Funktion $R_1(t)$ wendet man die Formeln (9.21) und (9.20) an. Nach Durchführung der Integration muß man natürlich von der Veränderlichen t wieder zur alten Veränderlichen x zurückgehen ($t = \sqrt{x-1}$). Man erhält als Schlußergebnis:

$$\int \frac{x+\sqrt{x-1}}{x-\sqrt{x-1}}\,dx = x + 4\sqrt{x-1} + 2\ln\left(x - \sqrt{x-1}\right) - \frac{4}{\sqrt{3}}\arctan\frac{2\sqrt{x-1}-1}{\sqrt{3}} + c.$$

Aufgabe 9.6 Man berechne a) $\displaystyle\int \frac{dx}{x+\sqrt{2x-1}}$, b) $\displaystyle\int \frac{x\,dx}{\sqrt[4]{3x+2}}$.

9.3.2 Das Integral $\int R(e^x)\,dx$

Eine Funktion $R(e^x)$ erhält man durch endlich viele rationale Operationen aus e^x und Konstanten. $R(e^x)$ heißt auch "rationale Funktion in e^x".

$y = \dfrac{4+2\cdot e^x}{3-e^{2x}}$ ist ein Beispiel für eine solche Funktion.

Das Integral $\int R(e^x)\,dx$ kann durch die Substitution $t = e^x$ auf das Integral einer rationalen Funktion zurückgeführt werden. Aus $t = e^x$ folgt $dt = e^x\,dx$, also gilt:

$$\int R(e^x)\,dx = \int \frac{R(t)}{t}\,dt.$$

Der Integrand $R^*(t) = \dfrac{R(t)}{t}$ ist eine rationale Funktion in t. (Siehe Definition von $R(t)$ in 9.2.1).

Beispiel 9.18 $\displaystyle\int \frac{e^{2x}}{e^x-1}\,dx = \int \frac{t^2}{t-1}\,\frac{dt}{t}$ (Subst.: $t = e^x$)

$$= \int \frac{t}{t-1}\,dt = \int\left(1 + \frac{1}{t-1}\right)dt$$

$$= t + \ln|t-1| + c = e^x + \ln|e^x-1| + c.$$

Bemerkung 9.4 $\dfrac{t}{t-1}$ ist eine unecht gebrochene rationale Funktion in t, bei der man zunächst die Zerlegung in ein Polynom und eine echt gebrochene rationale Funktion durchführt (Division!).

Aufgabe 9.7 Man berechne a) $\displaystyle\int \frac{dx}{e^{2x}-1}$, b) $\displaystyle\int \frac{e^x dx}{1+3e^x}$, c) $\displaystyle\int \frac{e^x-1}{e^x+2}\,dx$.

9.3.3 Das Integral $\int R(\sin x,\ \cos x)\,\mathrm{d}x$

Eine Funktion $R(\sin x, \cos x)$ ist eine rationale Funktion der beiden Veränderlichen u und v mit $u = \sin x$ und $v = \cos x$.

$y = \dfrac{3 + \sin x}{5 - \cos^2 x}$ und $y = \dfrac{\tan x}{4 + 3 \cdot \cos x}$ sind Beispiele für derartige Funktionen. (Beim zweiten Beispiel beachte man, daß $\tan x$ rational durch $\sin x$ und $\cos x$ ausgedrückt werden kann: $\tan x = \dfrac{\sin x}{\cos x}$.) Auf Grund der Additionstheoreme für Sinus und Kosinus gelten folgende Beziehungen:

$$\sin x = \frac{\sin\left(\dfrac{x}{2} + \dfrac{x}{2}\right)}{1} = \frac{2 \cdot \sin\dfrac{x}{2} \cdot \cos\dfrac{x}{2}}{\cos^2\dfrac{x}{2} + \sin^2\dfrac{x}{2}} = 2 \cdot \frac{\tan\dfrac{x}{2}}{1 + \tan^2\dfrac{x}{2}}. \tag{9.22}$$

Analog:

$$\cos x = \frac{1 - \tan^2\dfrac{x}{2}}{1 + \tan^2\dfrac{x}{2}}. \tag{9.23}$$

Diese Umformungen legen es nahe, die Substitution

$$t = \tan\frac{x}{2} \tag{9.24}$$

vorzunehmen. Hieraus ergeben sich die Gleichungen:

$$\sin x = \frac{2t}{1 + t^2}, \quad \cos x = \frac{1 - t^2}{1 + t^2}, \quad \mathrm{d}x = \frac{2\,\mathrm{d}t}{1 + t^2}.$$

Bei der Herleitung der letzten Gleichung beachte man, daß aus $t = \tan\frac{x}{2}$ die Beziehung $\frac{x}{2} = \arctan t$ folgt (Vor.: $-\pi < x < \pi$). Also gilt: [s. Formeln (9.22) und (9.23)]

$$\int R(\sin x, \cos x)\,\mathrm{d}x = \int R\left(\frac{2t}{1 + t^2},\ \frac{1 - t^2}{1 + t^2}\right) \cdot \frac{2}{1 + t^2}\,\mathrm{d}t =: \int R^*(t)\,\mathrm{d}t. \tag{9.25}$$

Der Integrand $R^*(t)$ ist wieder eine rationale Funktion in t, wie man sich durch einfache Überlegungen - analog denen in 9.3.1 - sofort klarmachen kann.

Bemerkung 9.5 Bevor man $t = \tan\dfrac{x}{2}$ substituiert, ist es oft zweckmäßig, es zunächst einmal mit einer einfacheren Substitution - z.B. $t = \cos x$ - zu versuchen.

Bemerkung 9.6 Es kann vorkommen, daß der Integrand $R(\sin x, \cos x)$ für alle x, dagegen der neue Integrand $R^*(t)$ nicht für alle t-Werte definiert ist - eine Tatsache, die durch die Substitution $t = \tan\dfrac{x}{2}$ bedingt ist ($t = \tan\dfrac{x}{2}$ ist für alle $x = \pi + k \cdot 2\pi$ nicht definiert!). Es empfiehlt sich, am Schlußergebnis zu prüfen, für welche Intervalle I die ermittelte Funktion $F(x)$ eine Stammfunktion der vorgegebenen Funktion $f(x)$ darstellt.

Beispiel 9.19 $\displaystyle\int\frac{dx}{\sin x} = \int R(\sin x, \cos x)\,dx$ (cos x kommt hier explizit nicht vor)

$$= \int \frac{1}{\dfrac{2t}{1+t^2}} \cdot \frac{2}{1+t^2}\,dt \quad \text{(s. Formel (9.25))}$$

$$= \int\frac{dt}{t} = \ln|t| + c = \ln\left|\tan\frac{x}{2}\right| + c.$$

Voraussetzung: $t = \tan\dfrac{x}{2} \neq 0$ für alle $x \in I$, d.h. $x \neq k\pi$ für alle $x \in I$.

Aufgabe 9.8 Man berechne $a)$ $\displaystyle\int\frac{dx}{\cos x}$, $b)$ $\displaystyle\int\frac{\sin x}{\cos^3 x}\,dx$.

9.3.4 Das Integral $\displaystyle\int R(x, \sqrt{ax^2+bx+c}\,)\,dx$

In 9.3.1 hatten wir festgestellt, daß sich alle Funktionen der Form $R(x, \sqrt{ax+b}\,)$ geschlossen integrieren lassen (Substitution: $t = \sqrt{ax+b}$). Diese Aussage kann man auch für alle Funktionen der Form $R(x, \sqrt{ax^2+bx+c}\,)$

treffen. Im Falle $a > 0$, $D = b^2 - 4ac \neq 0$ läßt sich beispielsweise das vorgegebene Integral durch die Substitution $\sqrt{ax^2+bx+c} = t + x\sqrt{a}$ auf das Integral einer rationalen Funktion zurückführen. Aus der Substitutionsgleichung folgt $ax^2+bx+c = t^2 + 2\sqrt{a}\,tx + ax^2$, d.h.

$$x = \frac{t^2-c}{b-2t\sqrt{a}}, \quad dx = \frac{-2t^2\sqrt{a}+2bt-2c\sqrt{a}}{(b-2t\sqrt{a})^2}\,dt =: R_1(t)dt.$$

So erhält man schließlich:

$$\int R(x, \sqrt{ax^2+bx+c}\,)\,dx = \int R\left(\frac{t^2-c}{b-2t\sqrt{a}}, t+\frac{(t^2-c)\sqrt{a}}{b-2t\sqrt{a}}\right)\cdot R_1(t)dt.$$

Der Integrand $R^* := R \cdot R_1$ ist eine rationale Funktion in t.

Beispiel 9.20 Beim Integral $\int \dfrac{x-\sqrt{x^2-5x+1}}{x^2}\,dx$ führt die Substitution

$\sqrt{x^2-5x+1} = t+x$ auf das Integral $\int \dfrac{2t^3+10t^2+2t}{(1-t^2)^2}\,dt$ (nachprüfen!).

Der neue Integrand ist eine echt gebrochene rationale Funktion in t. Wegen $1 - t^2 = (1 + t)(1 - t)$ ist $(1 + t)^2(1 - t)^2$ die Zerlegung des Nenners in reelle Faktoren niedrigsten Grades.

Aufgabe 9.9 Man berechne $\int \dfrac{dx}{\sqrt{4x^2-3x+5}}$.

9.3.5 Elliptische Integrale

Funktionen der Form

$$R\left(x, \sqrt{ax^3+bx^2+cx+e}\right) \quad \text{und} \quad R\left(x, \sqrt{ax^4+bx^3+cx^2+ex+f}\right)$$

lassen sich im allgemeinen nicht geschlossen integrieren.
Integrale von diesen Funktionen nennt man *elliptische Integrale*. Der Name "elliptisches Integral" rührt daher, daß man bei der Berechnung der Bogen-

länge (des Umfangs) einer Ellipse auf ein derartiges Integral stößt.

Durch geeignete Umformungen können elliptische Integrale auf Legendresche Normalform gebracht werden. Die zugehörigen bestimmten Integrale (s. Abschn. 10)

$$\int\limits_0^\varphi \frac{dt}{\sqrt{1-k^2\sin^2 t}} = F(k,\varphi) \quad \text{bzw.} \quad \int\limits_0^\varphi \sqrt{1-k^2\sin^2 t}\ dt = E(k,\varphi)$$

$$\text{bzw.} \quad \int\limits_0^\varphi \frac{dt}{(1+h\sin^2 t)\sqrt{1-k^2\sin^2 t}} = \pi(h,k,\varphi);$$

heißen *elliptische Integrale 1. bzw. 2. bzw. 3. Gattung* und sind teilweise tabelliert (s. [BSE]).

Beispiel 9.21 Für die Bogenlänge einer Ellipse $\dfrac{x^2}{a^2}+\dfrac{y^2}{b^2}=1$ gilt:

$$s = 2\int\limits_{-a}^a \sqrt{1+(y')^2}\ dx \quad \text{mit} \quad y=f(x)=\frac{b}{a}\sqrt{a^2-x^2}.\quad (\text{Vgl.: Satz 10.18})$$

Hieraus folgt:

$$s = 2\int\limits_{-a}^a \sqrt{\frac{a^2-k^2x^2}{a^2-x^2}}\ dx \quad (a^2-b^2=k^2a^2).$$

Durch Erweiterung des Integranden mit $\sqrt{a^2-x^2}$ erkennt man, daß es sich um ein elliptisches Integral des Typs $\int R(x,\sqrt{ax^4+bx^3+cx^2+ex+f}\,)\,dx$ handelt.

Durch die Substitution $x=a\cdot\sin t\ (dx=a\sqrt{1-\sin^2 t}\ dt)$ erhält man:

$$s = 2a\int\limits_{-\frac{\pi}{2}}^{\frac{\pi}{2}} \sqrt{1-k^2\sin^2 t}\ dt = 2a\cdot 2\int\limits_0^{\frac{\pi}{2}} \sqrt{1-k^2\sin^2 t}\ dt.\ s = 4aE\left(k,\frac{\pi}{2}\right).$$

Für $a=5, b=2,5$ ist $k=\dfrac{\sqrt{3}}{2}$ und $s=20\cdot 1,2111=24,222.$

10   Das bestimmte Integral

In diesem Abschnitt wollen wir das bestimmte Integral einer Funktion $f(x)$ über einem Intervall $[a,b]$ definieren. Das bestimmte Integral ist - kurz gesagt - der Grenzwert einer Folge von sog. Zerlegungssummen und hat zunächst einmal mit dem unbestimmten Integral überhaupt nichts zu tun. Bestimmtes Integral und unbestimmtes Integral sind zwei völlig verschiedene Dinge! Das bestimmte Integral ist eine Zahl, das unbestimmte Integral ist eine Funktion (genauer gesagt (vgl. Def. 9.2): eine Menge von Funktionen). Es ist ein großer Glücksumstand, sozusagen ein Geschenk des Himmels, daß ein bestimmtes Integral mit Hilfe des unbestimmten Integrals auf einfache Weise berechnet werden kann. (S. Satz 10.10 .)

10.1   Definition und Eigenschaften des bestimmten Integrals

10.1.1   Integralsummen

Auf einem abgeschlossenen Intervall $I = [a,b]$ sei eine Funktion $y = f(x)$ definiert. Wählt man eine endliche Anzahl von Werten $x_1, x_2, \ldots, x_{n-1}$ auf dem Intervall I mit $a < x_1 < x_2 < \cdots < x_{n-1} < b$, so erhält man eine *Zerlegung* Z von $[a,b]$ in endlich viele Teilintervalle

$$[x_0, x_1], [x_1, x_2], \cdots, [x_{n-1}, x_n];$$

der einheitlichen Bezeichnung wegen wurde $a = x_0$ und $b = x_n$ gesetzt (s. Bild 10.1).

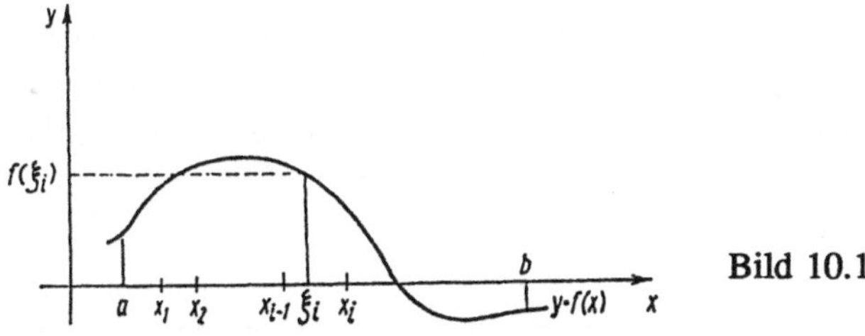

Bild 10.1

Ist Z die eben beschriebene Zerlegung von $[a,b]$, so nennt man $\delta := \max_{i=1,\ldots,n} \Delta x_i, (\Delta x_i := x_i - x_{i-1})$ das *Feinheitsmaß der Zerlegung* Z. δ ist die Länge des größten Teilintervalls von Z. Je kleiner δ ist, um so "feiner" ist die Zerlegung Z. In jedem Teilintervall $[x_{i-1}, x_i]$ wählen wir einen Punkt ξ_i

mit $x_{i-1} \leq \xi_i \leq x_i$ und bilden folgende Summe:

$$S(Z) := \sum_{i=1}^{n} f(\xi_i)\, \Delta x_i \tag{10.1}$$

$S(Z)$ heißt *die zu der Zerlegung Z gehörige Integralsumme* (Zerlegungs- oder Zwischensumme). Die Integralsumme ist abhängig von der Zerlegung Z und von der Wahl der Zwischenpunkte ξ_i; genaugenommen müßte man also schreiben

$$S(Z;\ \xi_1,\ ...,\ \xi_n).$$

10.1.2 Das bestimmte Integral

Die in 10.1.1 eingeführten Integralsummen $S(Z) = \sum_{i=1}^{n} f(\xi_i)\Delta x_i$ führen nun unmittelbar zum Begriff des bestimmten Integrals der Funktion $f(x)$ über dem Intervall $[a,b]$. Vereinfacht ausgedrückt können wir sagen:

α) jede derartige Integralsumme stellt eine Näherung für das bestimmte Integral dar;

β) die Näherung ist umso besser, je feiner die Zerlegung Z von $[a,b]$ ist;

γ) den genauen Wert des bestimmten Integrals erhält man aus der Integralsumme, indem man die Zerlegung Z immer feiner werden läßt.

Diese etwas groben Formulierungen wollen wir jetzt präzisieren.

Definition 10.1 *Eine Folge von Zerlegungen* Z_1, Z_2, ... *des Intervalls* $[a,b]$ *heißt eine* F o l g e v o n u n b e g r e n z t f e i n e r w e r - d e n d e n Z e r l e g u n g e n *von* $[a,b]$, *wenn die entsprechenden Feinheitsmaße* δ_1, δ_2, ... *gegen Null konvergieren, d.h.*

$$\lim_{n \to \infty} \delta_n = 0.$$

Bemerkung 10.1 An Stelle von "Folge von unbegrenzt feiner werdenden Zerlegungen" sagt man oft *"ausgezeichnete Einteilungsfolge"*.
Bild 10.2 zeigt ein Beispiel für eine Folge von unbegrenzt feiner werdenden Zerlegungen von $[a,b]$.

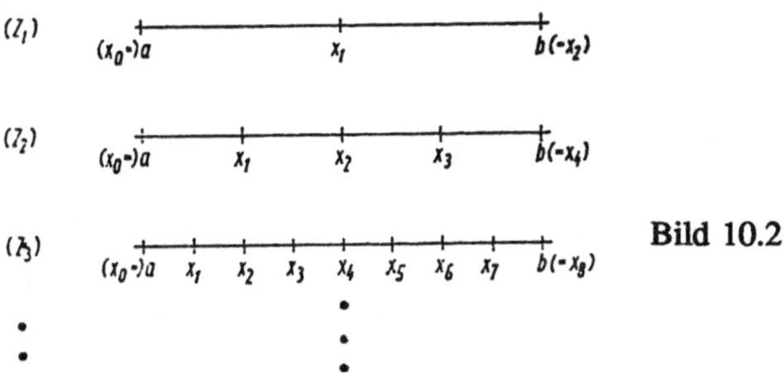

Bild 10.2

Wenn für jede Folge unbegrenzt feiner werdender Zerlegungen Z_1, Z_2, ... von $[a,b]$ die zugehörige Folge der Integralsummen $S(Z_1)$, $S(Z_2)$, ... gegen einen bestimmten Wert G konvergiert - und zwar unabhängig von der Wahl der Folge unbegrenzt feiner werdender Zerlegungen und unabhängig von der Wahl der ·Zwischenpunkte -, so wollen wir diesen Grenzwert G mit dem alles Wesentliche erfassenden Symbol

$$\lim_{\Delta x_i \to 0} \sum_{i=1}^{n} f(\xi_i)\Delta x_i$$

bezeichnen [vgl. Formel (10.1)].

Definition 10.2 *Falls der Grenzwert* $G = \lim\limits_{\Delta x_i \to 0} \sum\limits_{i=1}^{n} f(\xi_i)\Delta x_i$ *existiert, nennt man ihn das* b e s t i m m t e (R i e m a n n s c h e) I n t e g r a l *der Funktion* $f(x)$ *über dem Intervall* $[a,b]$ *und bezeichnet ihn mit dem Symbol* $\int\limits_a^b f(x)\,dx$. *Es gilt also:*

$$\int_a^b f(x)\,dx = \lim_{\Delta x_i \to 0} \sum_{i=1}^{n} f(\xi_i)\Delta x_i \,. \tag{10.2}$$

Bemerkung 10.2 Der hier eingeführte Integralbegriff geht im wesentlichen auf Bernhard Riemann (1826-1866) zurück. - Der Wert des bestimmten Integrals der Funktion f über dem Intervall $[a,b]$ hängt selbstverständlich nicht davon ab, mit welchem Buchstaben man die unabhängige Veränderliche bezeichnet. Man kann daher ebensogut an Stelle von $\int\limits_a^b f(x)\,\mathrm{d}x$ auch $\int\limits_a^b f(t)\,\mathrm{d}t$ oder $\int\limits_a^b f(u)\,\mathrm{d}u$ oder ähnlich schreiben. Das bestimmte Integral ist der Grenzwert einer Folge von Summen der Form $Sf(\xi_i)\Delta x_i$, wobei wir ausnahmsweise an Stelle von Σ hier einmal S geschrieben haben. Mit dieser Schreibweise wird auch verständlich, warum für das bestimmte Integral von $f(x)$ über $[a,b]$ das Symbol $\int\limits_a^b f(x)\,\mathrm{d}x$ gewählt wurde.

Diese historisch entstandene Schreibweise für das bestimmte Integral hat sich bis in die Gegenwart erhalten. Ausgehend von den heutigen Vorstellungen über moderne Bezeichnungen könnte man z. B. das best. Integral der Funktion $f(x)$ über dem Intervall $[a,b]$ durch das folgende Symbol

$$\int\limits_{[a,b]} f$$

kennzeichnen.
Der Hauptgrund für die Beibehaltung der historischen Schreibweise dürfte in der dadurch ermöglichten günstigen Handhabung der Substitutionsmethode liegen. (S. 9.1.4 und 10.2.4.)

Bei unserem Aufbau sind wir von einem Intervall $[a,b]$ ausgegangen; in den Ausführungen 10.1.1 und 10.1.2 gilt also immer die Voraussetzung $a < b$. Von dieser Einschränkung wollen wir uns durch die folgende Definition befreien. Die Frage lautet: Was ist unter $\int\limits_a^b f(x)\,\mathrm{d}x$ zu verstehen, wenn $a < b$ nicht gilt?

Definition 10.3 $\int\limits_a^a f(x)\,\mathrm{d}x := 0.$ *Für $a > b$ gilt:*

$$\int\limits_a^b f(x)\,\mathrm{d}x := -\int\limits_b^a f(x)\,\mathrm{d}x.$$

Im folgenden lernen wir eine erste Anwendung des bestimmten Integrals kennen. Es handelt sich um die Aufgabe, den Flächeninhalt einer krummlinig begrenzten ebenen Fläche zu berechnen. Historisch gesehen führte gerade diese Problemstellung zur Einführung des bestimmten Integrals.

Beispiel 10.1 Es gelte $f(x) \geq 0$ für alle $x \in [a,b]$, d.h., die Kurve $y = f(x)$ verläuft für alle $x \in [a,b]$ oberhalb der x-Achse. Wir suchen den *Flächeninhalt A des durch die vier Kurven $y = 0$, $x = a$, $x = b$, $y = f(x)$ begrenzten Flächenstücks* (s. Bild 10.3). Man zerlegt $[a,b]$ in Teilintervalle $[x_{i-1}, x_i]$ ($i = 1,...,n$) und wählt Zwischenpunkte $\xi_i \in [x_{i-1}, x_i]$. Das Produkt $\Delta x_i \cdot f(\xi_i)$ ist eine Näherung für den Flächeninhalt des zwischen $x = x_{i-1}$ und $x = x_i$ liegenden Streifens.

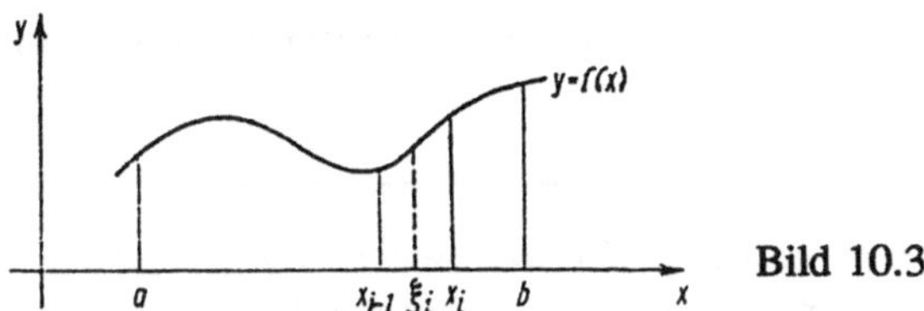

Bild 10.3

$\sum\limits_{i=1}^{n} f(\xi_i)\Delta x_i$ ist dann eine Näherung für den gesuchten Flächeninhalt: $A \approx \sum\limits_{i=1}^{n} f(\xi_i)\Delta x_i$.

Diese Näherung ist um so besser, je feiner die Zerlegung ist; den genauen Wert von A erhält man durch einen Grenzprozeß:

$$A = \lim_{\Delta x_i \to 0} \sum_{i=1}^{n} f(\xi_i)\Delta x_i.$$

Also gilt [s. Formel (10.2)]: $A = \int\limits_a^b f(x)\,\mathrm{d}x$.

Hinweis: Im Falle $f(x) \leq 0$ für alle $x \in [a,b]$ gilt

$$A = -\int\limits_a^b f(x)\,\mathrm{d}x.$$

10.1.3 Integrierbare Funktionen

Eine Funktion $f(x)$ heißt auf $[a,b]$ *integrierbar*, wenn das bestimmte Integral von $f(x)$ über $[a,b]$ existiert, d.h., wenn der Grenzwert jeder Folge von Integralsummen in dem in Definition 10.2 angegebenen Sinne existiert. Es würde hier zu weit führen, eine notwendige und hinreichende Bedingung für die Integrierbarkeit einer Funktion anzugeben, z.B. das sogenannte Riemannsche

Integrabilitätskriterium.(S. [MKN], Bd. III.)

Für unsere Zwecke genügt es, wenn wir wissen, welche der in den Anwendungen vorkommenden Funktionen integrierbar sind. Der folgende Satz 10.1 gibt eine für die meisten Anwendungen völlig ausreichende Antwort.

> **Satz 10.1** *Jede auf dem Intervall [a,b] stetige Funktion $f(x)$ ist auf diesem Intervall integrierbar.*

Auch für stückweise stetige Funktionen (s. Bild 10.4 und die Ausführungen im Abschnitt 3.2) und stückweise monotone Funktionen ist die Integrierbarkeit gewährleistet. Es gilt

> **Satz 10.2** *Jede auf dem Intervall [a,b] stückweise stetige bzw. stückweise monotone Funktion $f(x)$ ist auf diesem Intervall integrierbar.*

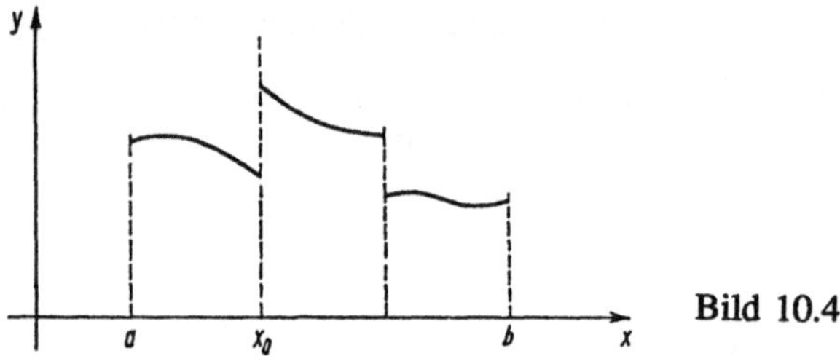

Bild 10.4

Obwohl die Aussagen der beiden Sätze anschaulich einleuchten, sind sie nicht ganz einfach zu beweisen.

10.1.4 Eigenschaften des bestimmten Integrals

> **Satz 10.3** *Ist $f(x)$ auf [a,b] integrierbar und c ein Punkt aus dem Innern des Intervalls, d.h. $a < c < b$, so gilt*
> $$\int_a^b f(x)\,dx = \int_a^c f(x)\,dx + \int_c^b f(x)\,dx.$$

Der Beweis ist sehr einfach zu erbringen. Man nehme eine solche Folge unbegrenzt feiner werdender Zerlegungen Z_1, Z_2, ... von $[a,b]$, bei der der Punkt c Teilungspunkt für jede Zerlegung $Z_i (i = 1,2, ...)$ ist. Alles andere ergibt sich mit ein wenig Schreibarbeit aus Definition 10.2. Wir verzichten auf die detaillierte Durchführung, zumal der Satz für den Fall $f(x) \geq 0$ für alle $x \in [a,b]$ als eine geometrische Selbstverständlichkeit erscheint (s. Bild 10.5):

$$A = \int_a^b f(x)\,dx = A_1 + A_2 = \int_a^c f(x)\,dx + \int_c^b f(x)\,dx.$$

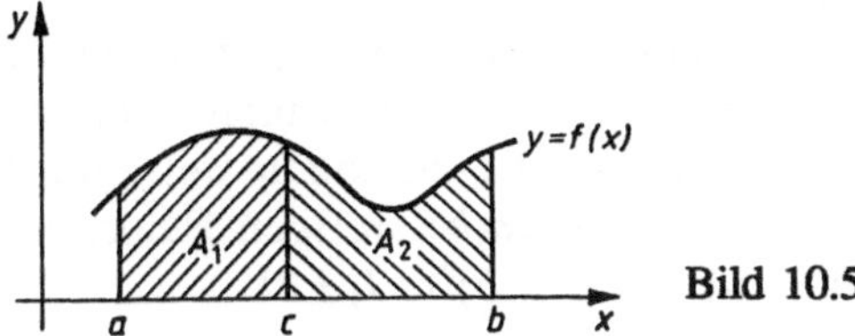

Bild 10.5

Bemerkung 10.3   Satz 10.3 bleibt auch richtig, wenn die Voraussetzung $a<c<b$ nicht erfüllt ist. Gilt z.B. $a < b < c$ (alle anderen noch denkbaren Fälle erledigt man analog!), so folgt aus Satz 10.3 zunächst:

$$\int_a^c f(x)\,dx = \int_a^b f(x)\,dx + \int_b^c f(x)\,dx.$$

Hieraus ergibt sich (s. Def. 10.3).:

$$\int_a^b f(x)\,dx = \int_a^c f(x)\,dx - \int_b^c f(x)\,dx = \int_a^c f(x)\,dx + \int_c^b f(x)\,dx.$$

Satz 10.4 *Sind $f_1(x)$ und $f_2(x)$ zwei auf $[a,b]$ integrierbare Funktionen, c_1 und c_2 Konstanten, so ist auch $c_1 f_1(x) + c_2 f_2(x)$ auf $[a,b]$ integrierbar, und es gilt:*

$$\int_a^b (c_1 f_1(x) + c_2 f_2(x))\,dx = c_1 \int_a^b f_1(x)\,dx + c_2 \int_a^b f_2(x)\,dx.$$

B e w e i s: (vgl. Def. 10.2)

$$\int\limits_a^b (c_1 f_1(x) + c_2 f_2(x))\,\mathrm{d}x = \lim_{\Delta x_i \to 0} \Sigma(c_1 f_1(\xi_i) + c_2 f_2(\xi_i))\Delta x_i$$

$$= \lim_{\Delta x_i \to 0}(c_1 \Sigma f_1(\xi_i)\Delta x_i + c_2 \Sigma f_2(\xi_i)\Delta x_i)$$

$$= c_1 \lim_{\Delta x_i \to 0} \Sigma f_1(\xi_i)\Delta x_i + c_2 \lim_{\Delta x_i \to 0} \Sigma f_2(\xi_i)\Delta x_i$$

$$= c_1 \int\limits_a^b f_1(x)\,\mathrm{d}x + c_2 \int\limits_a^b f_2(x)\,\mathrm{d}x .$$

Bemerkung 10.4 Die Menge $I[a,b]$ der auf $[a,b]$ integrierbaren Funktion bildet bezüglich der Operationen $f + g$ und $c \cdot f$ $(c \in R)$ einen linearen Raum. In diesem Zusammenhang verweisen wir auf die analogen Betrachtungen in Abschnitt 4.6 über die Menge $C[a,b]$ der auf $[a,b]$ stetigen Funktionen. Die Aussage des Satzes 10.1 ist äquivalent mit $C[a,b] \subset I[a,b]$.

Satz 10.5 (1. Mittelwertsatz der Integralrechnung) *Ist $f(x)$ auf $[a,b]$ stetig, so gibt es mindestens ein $\xi \in [a,b]$ mit der Eigenschaft*

$$\int\limits_a^b f(x)\,\mathrm{d}x = (b - a) \cdot f(\xi).$$

(Bemerkung: $\xi \in [a,b] \Leftrightarrow \xi = a + \vartheta(b - a), 0 \le \vartheta \le 1)$
Den Inhalt dieses Satzes wollen wir uns für den Fall "$f(x) \ge 0$ für alle $x \in [a,b]$" an Hand des Bildes 10.6 veranschaulichen. Der Flächeninhalt

$$A = \int\limits_a^b f(x)\,\mathrm{d}x$$

des schraffierten Gebietes ist gleich dem Flächeninhalt $A_1 = (b - a) \cdot f(\xi)$ eines über dem Intervall $[a,b]$ errichteten Rechtecks, wenn man ξ geeignet wählt.

Satz 10.6 *$f(x)$ und $g(x)$ seien auf $[a,b]$ integrierbar. Dann gilt: Aus*

$$f(x) \le g(x) \; \forall x \in [a,b] \; folgt \; \int\limits_a^b f(x)\,\mathrm{d}x \le \int\limits_a^b g(x)\,\mathrm{d}x .$$

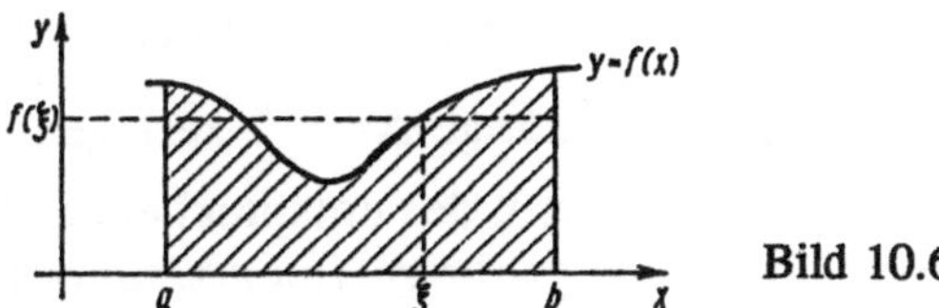

Bild 10.6

Den einfachen Beweis übergehen wir, zumal die obige Aussage im Falle $f(x) \geq 0 \ \forall x \in [a,b]$ wieder eine geometrische Selbstverständlichkeit darstellt. Aus Satz 10.6 ergibt sich auch leicht der folgende

---

Satz 10.7

$$\left| \int_a^b f(x)\,\mathrm{d}x \right| \leq \int_a^b |f(x)|\,\mathrm{d}x$$

(Vor.: f(x) auf [a,b] integrierbar).

10.2 Berechnung bestimmter Integrale

10.2.1 Problematik

Wollte man jedes bestimmte Integral $\int_a^b f(x)\,\mathrm{d}x$ nach der in 10.1.2, Definition 10.2, angegebenen Vorschrift berechnen, so wäre das ein sehr kompliziertes Unternehmen und für die Anwendung daher nahezu unbrauchbar. Für jedes Z_ν einer Folge $Z_1, Z_2, \ldots$ von unbegrenzt feiner werdenden Zerlegungen von $[a,b]$ hat man die Integralsumme $S(Z_\nu) = \Sigma f(\xi_i) \cdot \Delta x_i$ zu berechnen und den Grenzwert der Folge $S(Z_1), S(Z_2), \ldots$ zu bestimmen. Besonders die Bestimmung des Grenzwertes der Folge der Integralsummen ist schon bei einfachen Funktionen $f(x)$ außerordentlich kompliziert. Als Beispiel nennen wir die sicherlich nicht als besonders schwierig anzusehende Funktion $y = f(x) = x^2$ (Normalparabel).

Wer würde vermuten, daß die Berechnung von $\int_a^b x^2\,\mathrm{d}x$ nach Definition 10.2 schon auf einige Schwierigkeiten stößt? (Selbst $\int_a^b x\,\mathrm{d}x$ ist nicht trivial!)

Um z.B. das Integral $\int_0^b x^2 dx$ zu berechnen, könnte man das Intervall $[0,b]$ in n gleiche Teilintervalle $[x_{i-1}, x_i]$ $(i = 1,...,n)$ der Länge $\Delta x = \frac{b}{n}$ zerlegen und als Zwischenpunkte ξ_i den jeweils rechten Eckpunkt x_i des entsprechenden Teilintervalls wählen. Für die zu dieser Zerlegung gehörige Integralsumme S gilt dann:

$$S = \Sigma f(\xi_i)\Delta x_i = \Sigma f(x_i)\Delta x = \Sigma x_i^2 \Delta x = \Sigma(i\Delta x)^2 \Delta x$$

$$= (\Delta x)^3 \Sigma i^2 = \left(\frac{b}{n}\right)^3 (1^2 + 2^2 + ... + n^2) \ .$$

Von dieser Integralsumme müßte jetzt der Grenzwert $\Delta x \to 0$, d.h. $n \to \infty$ bestimmt werden $\left(\Delta x = \frac{b}{n}\right)$. Wir wollen diesen Weg hier nicht weiter verfolgen. Es sollte lediglich demonstriert werden, daß die Berechnung bestimmter Integrale nach Defintion 10.2 schwierig ist.
Das bestimmte Integral wird im allgemeinen nicht nach dem in Defintion 10.2 angegebenen Weg berechnet. Ist nämlich von der Funktion $f(x)$ eine Stammfunktion $F(x)$ bekannt, so kann man durch eine einfache Differenzbildung sofort das bestimmte Integral von $f(x)$ über $[a,b]$ berechnen. Dies ist die wesentliche Aussage des sog. Hauptsatzes der Differential- und Integralrechnung, den wir in 10.2.3 behandeln. Der wesentliche Grundstein für diesen "Hauptsatz" ist die in dem folgenden Abschnitt 10.2.2 enthaltene Aussage.

10.2.2 Bestimmtes Integral mit variabler oberer Grenze

Das bestimmte Integral der Funktion $f(x)$ über $[a,b]$ wird durch das Symbol $\int_a^b f(x) dx$ bezeichnet. Denkt man sich im Intervall $[a,b]$ für b die variable Grenze x eingesetzt und fragt nach dem bestimmten Integral der Funktion $f(x)$ über dem Intervall $[a,x]$, so kann man dafür schreiben:

$$\int_a^x f(x) dx\ .$$

Ein solches Integral nennt man ein *bestimmtes Integral mit variabler oberer Grenze*. Das x der oberen Grenze hat dabei natürlich nichts mit dem x in $f(x)$ zu tun. Um ganz sicher zu gehen, wird meistens an Stelle von $\int_a^x f(x) dx$ die

Schreibweise $\int\limits_a^x f(t)\,\mathrm{d}t$ benutzt.

Ist $y = f(x)$ auf dem Intervall $I = [A,B]$ stetig, $a \in [A,B]$ ein fester Wert, $x \in$ $[A,B]$ ein variabler Wert, so existiert nach 10.1.3, Satz 10.1, das Integral $\int\limits_a^x f(t)\,\mathrm{d}t$ (s. Bild 10.7). $\int\limits_a^x f(t)\,\mathrm{d}t$ ist für jedes $x \in [A,B]$ definiert und durch die Vorgabe der oberen Grenze x eindeutig bestimmt; d.h.: $\int\limits_a^x f(t)\,\mathrm{d}t$ ist eine Funktion seiner oberen Grenze x. Wir wollen diese Funktion mit $F_1(x)$ bezeichnen:

$$F_1(x) := \int\limits_a^x f(t)\,\mathrm{d}t \tag{10.3}$$

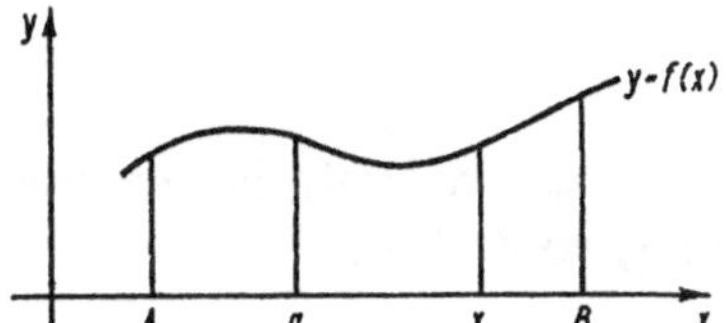

Bild 10.7

Satz 10.8 *Ist $f(t)$ auf einem Intervall I stetig, a ein fester Wert aus I, so ist die auf I definierte Funktion*

$$F_1(x) := \int\limits_a^x f(t)\,\mathrm{d}t$$

differenzierbar, und es gilt

$$F_1'(x) = f(x) \quad \forall x \in I,$$

d.h.,

$$\frac{\mathrm{d}}{\mathrm{d}x} \int\limits_a^x f(t)\,\mathrm{d}t = f(x) \quad \forall x \in I. \tag{10.4}$$

B e w e i s: Wir haben zu zeigen, daß für jedes $x_0 \in I$ gilt:

$$\lim_{x \to x_0} \frac{F_1(x) - F_1(x_0)}{x - x_0} = f(x_0).$$

(Man beachte, daß der links stehende Grenzwert - falls er existiert - gleich $F_1'(x_0)$ ist! Ist x_0 ein Randpunkt von I, so ist der linksseitige bzw. rechtsseitige Grenzwert zu nehmen!)

$$F_1(x) - F_1(x_0) = \int_a^x f(t)\,dt - \int_a^{x_0} f(t)\,dt = \int_a^x f(t)\,dt + \int_{x_0}^a f(t)\,dt$$

$$= \int_{x_0}^a f(t)\,dt + \int_a^x f(t)\,dt = \int_{x_0}^x f(t)\,dt$$

(s. Satz 10.3 in 10.1.4 und Definition 10.3 in 10.1.2). Es gilt also zunächst einmal:

$$F_1(x) - F_1(x_0) = \int_{x_0}^x f(t)\,dt.$$

Da $f(x)$ nach Voraussetzung auf dem Intervall $x_0 \cdots x$ stetig ist, existiert nach Satz 10.5 aus 10.1.4 ein ξ zwischen x_0 und x, so daß gilt:

$$F_1(x) - F_1(x_0) = \int_{x_0}^x f(t)\,dt = (x - x_0) \cdot f(\xi),$$

$$(\xi = x_0 + \vartheta(x - x_0),\ 0 \le \vartheta \le 1).$$

Hieraus folgt (für jedes $x \ne x_0$): $\dfrac{F_1(x) - F_1(x_0)}{x - x_0} = f(\xi).$ (*)

Wegen der Stetigkeit von $f(x)$ gilt:

$$\lim_{x \to x_0} f(\xi) = \lim_{x \to x_0} f(x_0 + \vartheta(x - x_0)) = f\left(\lim_{x \to x_0} (x_0 + \vartheta(x - x_0)) \right) = f(x_0).$$

Aus (*) folgt dann:

$$\lim_{x \to x_0} \frac{F_1(x) - F_1(x_0)}{x - x_0} = f(x_0).$$

Bemerkung 10.5: Ist $f(t)$ auf I stückweise stetig, a ein fester Wert aus I, so ist $F_1(x) = \int\limits_a^x f(t)\,dt$ auf I stetig. Das ist die sog. *Glättungseigenschaft* des bestimmten Integrals mit variabler oberer Grenze (s. Aufg. 10.4).

Satz 10.9 *Jede auf einem abgeschlossenen Intervall I stetige Funktion besitzt auf I eine Stammfunktion.*

Die Aussage von Satz 10.9 ist eine unmittelbare Folgerung von Satz 10.8:

$$F_1(x) := \int\limits_a^x f(t)\,dt$$

ist eine Stammfunktion von $f(x)$ auf I.

10.2.3 Hauptsatz der Differential- und Integralrechnung

Satz 10.10 *Ist $f(x)$ auf $[a,b]$ stetig und $F(x)$ irgendeine Stammfunktion von $f(x)$ auf $[a,b]$, so gilt:*

$$\int\limits_a^b f(x)\,dx = F(b) - F(a).$$

Will man das bestimmte Integral $\int\limits_a^b f(x)\,dx$ nach diesem Satz berechnen, so muß also zunächst das unbestimmte Integral $\int f(x)\,dx = F(x) + c$ bestimmt werden. Die Differenz $F(b) - F(a)$ liefert dann den Wert des bestimmten Integrals. An Stelle von $F(b) - F(a)$ schreibt man oft abkürzend

$$F(x)\,\big|_a^b \quad \text{oder} \quad [F(x)]_a^b.$$

Bemerkung 10.6 Die in Satz 10.10 angegebene Formel wird zu Ehren der Begründer der Differential- und Integralrechnung, *Isaac Newton* und *Gottfried Wilhelm Leibniz*, auch "Formel von Newton-Leibniz" genannt. Satz 10.10 ist eine unmittelbare Folgerung von Satz 10.8 (siehe den anschließenden Beweis); in der Literatur wird daher Satz 10.8 auch als 1. Hauptsatz und Satz 10.10 als 2. Hauptsatz der Differential- und Integralrechnung angegeben.

B e w e i s zu Satz 10.10: $F_1(x) = \int\limits_a^x f(t)\,\mathrm{d}t$ ist nach Satz 10.8 eine Stammfunktion von $f(x)$ auf $[a,b]$. Für $F(x)$ gilt daher: $F(x) = F_1(x) + c$ (s. 9.1.1, Satz 9.1). Hieraus folgt:

$$F(b) - F(a) = (F_1(b)+c) - (F_1(a)+c) = F_1(b) - F_1(a)$$

$$= \int\limits_a^b f(t)\,\mathrm{d}t - \int\limits_a^a f(t)\,\mathrm{d}t = \int\limits_a^b f(t)\,\mathrm{d}t = \int\limits_a^b f(x)\,\mathrm{d}x \ .$$

Beispiel 10.2 $\displaystyle\int\limits_1^4 x^2\,\mathrm{d}x = \frac{x^3}{3}\bigg|_1^4 = \frac{64}{3} - \frac{1}{3} = \frac{63}{3} = 21.$

Beispiel 10.3 $\displaystyle\int\limits_0^\pi \sin x\,\mathrm{d}x = -\cos x\,|_0^\pi = -\cos\pi - (-\cos 0) = 1 + 1 = 2.$

Frage: Die beiden Integrale liefern geometrisch den Flächeninhalt von ebenen Bereichen. Um welche Bereiche handelt es sich? (s. 10.1.2, Beispiel 10.1.)

Bemerkung 10.7 Mit Hilfe des Hauptsatzes ist es eine Leichtigkeit, das bestimmte Integral $\int\limits_a^b f(x)\,\mathrm{d}x$ zu berechnen, f a l l s eine Stammfunktion von $f(x)$ bekannt ist. Gelingt es nicht, eine Stammfunktion von $f(x)$ zu ermitteln, so gibt es aber noch genügend Möglichkeiten, ein bestimmtes Integral näherungsweise zu berechnen. Auf solche *Näherungsformeln* werden wir in 10.3 eingehen!

Aufgabe 10.1 Man berechne

a) $\displaystyle\int\limits_1^5 (x^4 + x^{-2})\,\mathrm{d}x,$ b) $\displaystyle\int\limits_0^2 (1 - x^3)\,\mathrm{d}x,$

c) $\displaystyle\int\limits_0^2 3\cdot\sin x\,\mathrm{d}x,$ d) $\displaystyle\int\limits_{-\pi}^{\pi} \sin x\,\mathrm{d}x.$

Aufgabe 10.2   a) Wie groß ist der Flächeninhalt des durch die Kurven $y = x^2 - 4x$, $y = 0$, $x = -1$, $x = 6$ begrenzten ebenen Bereiches B (in Bild 10.8 ist B schraffiert gezeichnet)?

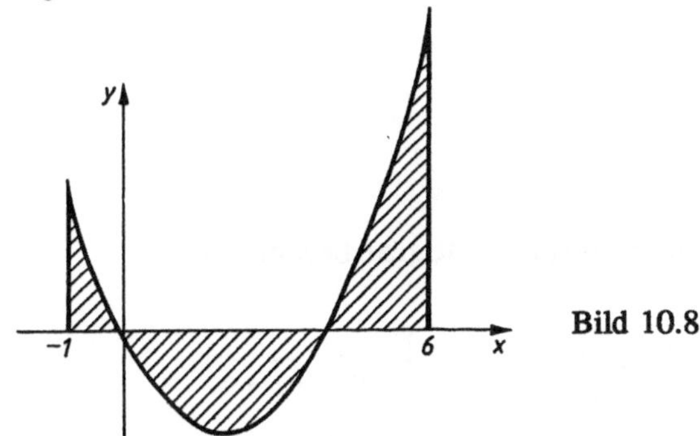

Bild 10.8

b) Man berechne $\int\limits_{-3}^{3} f(x)\mathrm{d}x$ für $f(x) = |x-2| + |x+1|$.

(Anleitung: Man betrachte $f(x)$ auf den Intervallen $x \le -1$, $-1 \le x \le 2$ und $x \ge 2$.)

Aufgabe 10.3 Man berechne: (siehe 9.1.2)

a) $\int\limits_{0}^{\frac{1}{2}\sqrt{2}} \dfrac{\mathrm{d}x}{\sqrt{1-x^2}}$,   b) $\int\limits_{-1}^{1} \dfrac{\mathrm{d}x}{1+x^2}$.

Aufgabe 10.4 Von der auf [0,6] stückweise stetigen Funktion $f(x) = \begin{cases} x & \text{für } 0 \le x \le 3 \\ 8-x & \text{für } 3 < x \le 6 \end{cases}$

berechne man $F_1(x) = \int\limits_{0}^{x} f(t)\mathrm{d}t$ für jedes $x \in [0,6]$ und weise nach, daß $F_1(x)$ an der Stelle $x_0 = 3$ stetig ist.

10.2.4 Die Substitutionsmethode bei bestimmten Integralen

Bei der Ermittlung eines unbestimmten Integrals wird man oft die Substitutionsmethode heranziehen (vgl. Satz 9.2 in 9.1.4). Nach unseren bisherigen Kenntnissen würde man bei der Berechnung eines bestimmten Integrals mit Hilfe einer Substitution wie folgt vorgehen:

1. Berechnung des unbestimmten Integrals $\int f(\varphi(u)) \cdot \varphi'(u)\mathrm{d}u$.

2. Rücktransformation von der neuen Veränderlichen u zur alten Veränderlichen x liefert eine Stammfunktion $F(x)$ von $f(x)$.

3. Berechnung der Differenz $F(b) - F(a)$.

Beispiel 10.4 $I = \displaystyle\int_{-3}^{8} \dfrac{x\,dx}{\sqrt{x^2+1}}$.

Mit Hilfe der Substitution

$$u = x^2 + 1$$
$$du = 2x\,dx$$

kann man das zugehörige unbestimmte Integral berechnen:

$$\int \frac{x\,dx}{\sqrt{x^2+1}} = \int \frac{\frac{du}{2}}{\sqrt{u}} = \frac{1}{2}\int \frac{du}{\sqrt{u}} = \frac{1}{2}\int u^{-\frac{1}{2}}\,du = \sqrt{u} + c.$$

Rücktransformation $u = x^2 + 1$ liefert eine Stammfunktion $F(x)$ von

$f(x) = \dfrac{x}{\sqrt{x^2+1}}$, nämlich: $F(x) = \sqrt{x^2+1}$. Hieraus folgt:

$$I = F(x)\,\big|_a^b = \sqrt{x^2+1}\ \big|_{-3}^{8} = \sqrt{65} - \sqrt{10} = 8{,}06 - 3{,}16 = 4{,}9.$$

Das Wesentliche bei diesem Vorgehen ist die völlig getrennte Berechnung des zugehörigen unbestimmten Integrals!

Bei einer zweiten Methode werden bei der Transformation von der alten Veränderlichen x zur neuen Veränderlichen u auch die Integrationsgrenzen mittransformiert. Es gilt

---

Satz 10.11 *Wenn für das unbestimmte Integral von $f(x)$ die Formel*

$$\int f(x)\,dx = \int f(\varphi(u)) \cdot \varphi'(u)\,du\,\big|_{u=\psi(x)} \tag{10.5}$$

gilt (vgl. Satz 9.2 in 9.1.4), so gilt für das bestimmte Integral folgende Formel:

$$\int_a^b f(x)\,dx = \int_{\psi(a)}^{\psi(b)} f(\varphi(u)) \cdot \varphi'(u)\,du. \tag{10.6}$$

Selbstverständlich müssen wieder einige Voraussetzungen erfüllt sein! Insbesondere muß die Funktion $x = \varphi(u)$ auf dem entsprechenden Intervall differenzierbar sein. ψ ist die Umkehrfunktion von φ. (Man beachte die Formulierungen im Anschluß an Satz 9.2!)

B e w e i s : $G(u)$ sei eine Stammfunktion von $f(\varphi(u)) \cdot \varphi'(u)$, $F(x)$ sei eine Stammfunktion von $f(x)$. (10.5) ist dann äquivalent mit $F(x) = G(\psi(x)) + c$. Hieraus folgt:

$$F(b) - F(a) = G(\psi(b)) - G(\psi(a)).$$

Diese Gleichung ist aber mit (10.6) äquivalent.

Beispiel 10.5 $\displaystyle\int_0^{\frac{\pi}{2}} \sin^2 x \cdot \cos x \, \mathrm{d}x$ geht durch die Substitution

$$u = \sin x = \psi(x)$$

$$(\mathrm{d}u = \cos x \, \mathrm{d}x; \; x_1 = 0, \; u_1 = \sin x_1 = 0; \; x_2 = \frac{\pi}{2}, \; u_2 = \sin\frac{\pi}{2} = 1;$$

$$u = \sin x \text{ ist auf } \left[0, \frac{\pi}{2} \right] \text{ umkehrbar eindeutig})$$

über in

$$\int_0^1 u^2 \, \mathrm{d}u = \left.\frac{u^3}{3}\right|_0^1 = \frac{1}{3}.$$

Beispiel 10.6 $\displaystyle I = \int_2^4 \sqrt{1-(x-3)^2} \, \mathrm{d}x$ geht durch die Substitution $u = x - 3$ zunächst in das Integral

$$I = \int_{-1}^1 \sqrt{1-u^2} \, \mathrm{d}u$$

über. $u = x - 3$ ist auf $[2,4]$ eineindeutig; den x-Werten $x_1 = 2$, $x_2 = 4$ entsprechen die u-Werte $u_1 = -1$, $u_2 = 1$. Durch die Substitution $u = \sin t$ ($u = \sin t$ liefert eine umkehrbar eindeutige Abbildung von dem Intervall $-\pi/2 \leq t \leq \pi/2$ auf das Intervall $-1 \leq u \leq 1$!) geht das zweite Integral über in

$$I = \int\limits_{-\frac{\pi}{2}}^{\frac{\pi}{2}} \sqrt{1-\sin^2 t} \cdot \cos t\, dt = \int\limits_{-\frac{\pi}{2}}^{\frac{\pi}{2}} \sqrt{\cos^2 t} \cdot \cos t\, dt$$

$$= \int\limits_{-\frac{\pi}{2}}^{\frac{\pi}{2}} \cos^2 t\ dt = \frac{1}{2}(\sin t \cdot \cos t + t)\Big|_{-\frac{\pi}{2}}^{\frac{\pi}{2}} = \frac{\pi}{2}\ .$$

Hinweis: $\sqrt{\cos^2 t} = |\cos t| = \cos t$, weil $\cos t \geq 0$ für alle $t \in \left[-\dfrac{\pi}{2}, \dfrac{\pi}{2}\right]$.

$$\left(\sqrt{a^2} = |a| = \begin{cases} a, & \text{falls } a \geq 0 \\ -a, & \text{falls } a < 0\ . \end{cases}\right)$$

Wir haben uns in den Beispielen 10.5 und 10.6 jedesmal davon überzeugt, daß die bei der Substitutionsmethode auftretenden Funktionen φ und ψ auf den entsprechenden Intervallen umkehrbar eindeutig sind. Sehr oft nimmt man es mit solchen Feinheiten bei der Praxis des Integrierens nicht so genau; man führt die Substitution durch und ist froh, wenn diese Bemühungen zu einem Ergebnis führen. Das folgende Beispiel zeigt, daß ein allzu sorgloses Vorgehen bei der Substitutionsmethode zu einem falschen Ergebnis führen kann.

Beispiel 10.7 Das Integral $I = \int\limits_{-1}^{1} x^2 dx$ kann man sofort berechnen: $I = \dfrac{x^3}{3}\Big|_{-1}^{1} = \dfrac{2}{3}$.

Wir wollen jetzt I mit Hilfe der Substitutionsmethode für bestimmte Integrale berechnen. Durch die Substitution $u = x^2$ ($du = 2x\, dx$, $x = \sqrt{u}$; $x_1 = -1$, $u_1 = 1$; $x_2 = 1$, $u_2 = 1$) erhalten wir

$$I = \int\limits_{-1}^{1} x^2 dx = \int\limits_{1}^{1} u\,\frac{du}{2\sqrt{u}} = 0 \quad \text{(obere Grenze = untere Grenze!)}.$$

Wo liegt der Fehler? Antwort: Die Funktion $u = x^2$ ist auf dem Intervall $1 \leq x \leq 1$ nicht umkehrbar eindeutig - und man kann daher nicht einfach aus $u = x^2$ folgern, daß $x = \sqrt{u}$ gilt! Wir hätten das richtige Ergebnis erhalten, wenn wir das Intervall $[-1,1]$ in zwei Teilintervalle $[-1,0]$ und $[0,1]$ zerlegt und auf die beiden Integrale $\int\limits_{-1}^{0} x^2 dx$ und $\int\limits_{0}^{1} x^2 dx$ getrennt die Substitutionsmethode für bestimmte Integrale angewendet hätten. Auf den beiden Teilintervallen $[-1,0]$ und $[0,1]$ ist $u = x^2$ jeweils umkehrbar eindeutig: $x = -\sqrt{u}$ bzw. $x = \sqrt{u}$ sind die entsprechenden Umkehrfunktionen.

$$
\begin{aligned}
I &= \int_{-1}^{0} x^2 \, dx + \int_{0}^{1} x^2 \, dx = \int_{1}^{0} u \, \frac{du}{-2\sqrt{u}} + \int_{0}^{1} u \, \frac{du}{2\sqrt{u}} \\[2mm]
&= -\frac{1}{2} \int_{1}^{0} \sqrt{u} \, du + \frac{1}{2} \int_{0}^{1} \sqrt{u} \, du = -\frac{1}{2} \cdot \left[\frac{2}{3} u \sqrt{u} \right]_{1}^{0} + \frac{1}{2} \left[\frac{2}{3} u \sqrt{u} \right]_{0}^{1} \\[2mm]
&= -\frac{1}{2} \cdot \left(-\frac{2}{3} \right) + \frac{1}{2} \cdot \frac{2}{3} = \frac{2}{3} \, .
\end{aligned}
$$

Bei der Berechnung eines bestimmten Integrals mit Hilfe der Substitutionsmethode kann man

a) die Integrationsgrenzen mittransformieren (s. Beispiele 10.5 und 10.6)

   oder

b) die Integrationsgrenzen nicht mittransformieren (s. Beispiel 10.4).

Wir empfehlen, im allgemeinen der Methode b) den Vorzug zu geben, weil man sich auch bei etwas sorglosem Vorgehen (z.B. Nichtbeachten der Voraussetzung "φ bzw. ψ umkehrbar eindeutig") durch eine nachträgliche Probe (Differentiation der ermittelten Stammfunktion) von der Richtigkeit des gefundenen Ergebnisses überzeugen kann. Bei Methode a) ist das nicht möglich.

Man berechne (mit Hilfe der Substitutionsmethode) die folgenden bestimmten Integrale:

Aufgabe 10.5 $\displaystyle \int_{0}^{4} \frac{x \, dx}{\sqrt{1+2x}}$

Aufgabe 10.6 $\displaystyle \int_{0}^{\frac{\pi}{2}} \frac{\sin x \, dx}{\cos^2 x - 4}$ (Subst: $u = \cos x$).

10.3 Näherungsweise Berechnung bestimmter Integrale

10.3.1 Problemstellung

Die Berechnung des bestimmten Integrals einer Funktion $f(x)$ über einem Intervall $[a,b]$ ist nach dem Hauptsatz der Differential- und Integralrechnung (vgl. 10.2.3) sofort möglich, wenn eine Stammfunktion $F(x)$ der vorgegebenen Funktion $f(x)$ bekannt ist. Es gilt:

$$\int\limits_a^b f(x)\,\mathrm{d}x = F(b) - F(a).$$

Soweit das irgend möglich ist, sollte man von dieser Möglichkeit der Berechnung des bestimmten Integrals Gebrauch machen. Als Faustregel gilt:
Wenn in der "Tabelle der unbestimmten Integrale" einer größeren Formelsammlung (z.B. [BSE]) die vorgegebene Funktion $f(x)$ (oder ein zu $f(x)$ ähnlicher Typ!) nicht zu finden ist, so kann man in der Regel davon ausgehen, daß es eine (in geschlossener Form darstellbare) Stammfunktion von $f(x)$ nicht gibt - und daher der Hauptsatz der Differential- und Integralrechnung nicht anwendbar ist.
Falls man bei der Ermittlung einer Stammfunktion von $f(x)$ auf zu große Schwierigkeiten stößt oder weiß, daß überhaupt keine Stammfunktion (in geschlossener Form) dieser Funktion existiert, so ist man darauf angewiesen, das bestimmte Integral von $f(x)$ über dem Intervall $[a,b]$ näherungsweise zu berechnen. Man spricht in diesem Zusammenhang auch von *numerischer Integration* oder *numerischer Quadratur*. Numerische Verfahren spielen in der Praxis eine außerordentlich große Rolle, da man immer wieder auf derartige Verfahren zurückgreifen muß.
Die Algorithmen (Rechenvorschriften) für die Näherungsberechnung eines bestimmten Integrals sind die Grundlage für entsprechende Computerprogramme. In Form von "Standardsoftware" können sie bei jedem Rechner zum Einsatz kommen. Bereits bei besseren Taschenrechnern sind solche Programme verfügbar. Der Anwender braucht hier nur noch den Integranden $f(x)$ und die Grenzen a,b des Integrationsintervalls einzugeben - und auf der Anzeige erscheint ein Ergebnis. Das Ergebnis ist natürlich nur eine Näherung für den Wert des bestimmten Integrals. Über die Güte (Genauigkeit) des Näherungswertes wird an dieser Stelle nichts ausgesagt; sie hängt ab von der Qualität der eingesetzten Software, aber auch davon, wie der Anwender das Programm zur Berechnung des Integrals nutzt.
Da die numerische Integration praktisch immer ein Ergebnis liefert und so einfach zu handhaben ist (Knöpfchendruck bzw. Aufruf eines Standardprogramms), könnte man der Meinung sein, daß die numerische Integration den

"Stein der Weisen" darstellt. (Ganz Radikale könnten sogar fordern, den ganzen restlichen "theoretischen Kram" über Bord zu werfen!)

Dem ist natürlich nicht so! Numerische Verfahren haben auch ihre Tücken, und zwar vor allem im Hinblick auf die Frage nach der Genauigkeit des ermittelten Näherungswertes. Außerdem können Ausdrücke, in denen Integrale vorkommen, durch den Einsatz analytischer Methoden mitunter erheblich vereinfacht werden. Man sollte also keinen Gegensatz zwischen der "numerischen Integration" und der "analytischen Integration" konstruieren; wir brauchen beide Methoden. Wir verweisen auf [SKR] und [SRZ].

Wir werden im Folgenden einige Verfahren zur näherungsweisen Berechnung bestimmter Integrale vorstellen, wobei wir besonders den einfachen geometrischen Hintergrund dieser Verfahren hervorheben. Ein wesentliches Prinzip zur näherungsweisen Berechnung eines bestimmten Integrals von $f(x)$ über $[a,b]$ kann folgendermaßen beschrieben werden:

Man ersetzt die Funktion $f(x)$, $x \in [a,b]$ durch eine Funktion $f^*(x)$, $x \in [a,b]$, die sich auf dem Intervall $[a,b]$ möglichst wenig von $f(x)$ unterscheidet und deren Integration keine Schwierigkeiten bereitet. Man kann dann erwarten, daß auch die entsprechenden bestimmten Integrale etwa den gleichen Wert haben, d.h.:

$$\int\limits_a^b f(x)\,\mathrm{d}x \approx \int\limits_a^b f^*(x)\,\mathrm{d}x.$$

Die einfachste Methode ist, die Kurve $f(x)$, $x \in [a,b]$ durch ein Sehnenpolygon zu ersetzen. Man zerlegt das Intervall $[a,b]$ in n kleine Teilintervalle $[x_0,x_1]$, $[x_1,x_2]$, $...[x_{n-1},x_n]$ und verbindet die jeweils aufeinanderfolgenden Punkte $P_{i-1}(x_{i-1},f(x_{i-1}))$ und $P_i(x_i, f(x_i))$ $(i=1,...,n)$ geradlinig miteinander. Das so entstehende Sehnenpolygon ist eine Näherung für die durch $y = f(x)$, $x \in [a,b]$ dargestellte Kurve (siehe Bild 10.9).

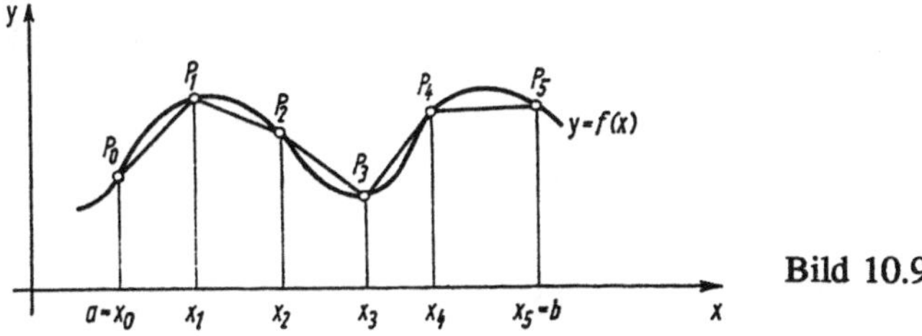

Bild 10.9

Die Näherungsformel, die man erhält, wenn die Kurve $y = f(x)$ durch ein Sehnenpolygon ersetzt wird, nennt man *Sehnenformel* oder *Trapezformel*. (Der Name "Trapezformel" wurde gewählt, weil sich der unterhalb des Seh-

nenpolygons liegende Bereich aus endlich vielen Trapezen zusammensetzt.)
Näherungsformeln werden vor allem auch dann benutzt, wenn die Kurve nicht
durch einen formelmäßigen Ausdruck $y = f(x)$ gegeben ist. In den Anwendungen
kommt es häufig vor, daß von der Kurve nur endlich viele Punkte (Meß-
punkte) $P_i(x_i, y_i)$ $(i=1,...,n)$ bekannt sind.
Man kann erwarten, daß der durch die Näherungsformel ermittelte Wert dem
tatsächlichen Wert in der Regel umso näher kommt, je größer n ist.

10.3.2   Die Rechteck- und Trapezformel

> **Satz 10.12**   *Das Intervall $[a,b] = [x_0, x_n]$ werde durch die Teilungs-*
> *punkte x_1, x_2, ..., x_{n-1} in n gleiche Teile der Länge h zerlegt. ($nh = b - a$)*
> *Ist $f(x)$ auf $[a,b]$ integrierbar, so gilt für das bestimmte Integral von*
> *$f(x)$ über $[a,b]$ folgende Näherungsformel:*
>
> $$\int_a^b f(x)\,\mathrm{d}x \approx h(y_0 + y_1 + \cdots + y_{n-1}) \quad \text{R e c h t e c k f o r m e l}$$
>
> $$(y_i = f(x_i),\ i = 0,\ 1,\ ...).$$

Die Näherungsformel entsteht dadurch, daß man die Kurve $y = f(x)$ durch ein
"Treppenpolygon" ersetzt (s. Bild 10.10).
Satz 10.12 bedarf keines Beweises. Die rechts stehende Summe

$$h(y_0 + y_1 + \cdots + y_{n-1}) = f(x_0) \cdot h + \cdots + f(x_{n-1}) \cdot h$$

$$= \sum_{i=1}^{n} f(\xi_i) \cdot \Delta x_i \quad (\Delta x_i = h,\ \xi_i = x_{i-1})$$

ist nämlich eine zu der vorgegebenen Zerlegung gehörige Integralsumme und
damit eine Näherung des bestimmten Integrals von $f(x)$ über $[a,b]$ (vgl.
10.1.1).

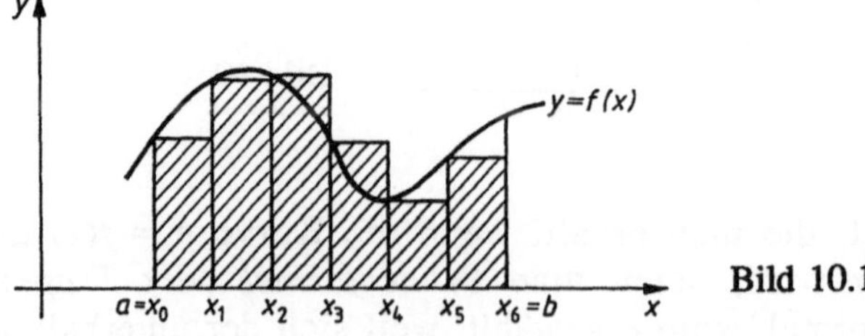

Bild 10.10

Man kann die Rechteckformel natürlich auch anders deuten: Man ersetze die Kurve $y = f(x)$ durch das "Treppenpolygon" $y = f^*(x)$, welches wie folgt definiert ist:

$$f^*(x) = f(a) \quad \text{für} \quad a \le x < x_1,$$
$$f^*(x) = f(x_1) \quad \text{für} \quad x_1 \le x < x_2,$$
$$f^*(x) = f(x_2) \quad \text{für} \quad x_2 \le x < x_3 \quad \text{usw.}$$

(s. Bild 10.10). Für die "Näherungskurve" $y = f^*(x)$ gilt dann:

$$\int_a^b f^*(x)\,\mathrm{d}x = h(y_0 + y_1 + \cdots + y_{n-1}).$$

Beispiel 10.8 Das bestimmte Integral $\int_0^4 x^3\,\mathrm{d}x$ soll näherungsweise mit Hilfe der Rechteckformel berechnet werden; das Intervall [0,4] soll in 4 gleiche Teile zerlegt werden.

Bei diesem einfachen Beispiel können wir den Wert des bestimmten Integrals sofort angeben: $\int_0^4 x^3\,\mathrm{d}x = \left.\frac{x^4}{4}\right|_0^4 = 64$. Die Rechteckformel ergibt ($f(x) = x^3$, $h = 1$, $n = 4$):

$$\int_0^4 x^3\,\mathrm{d}x \approx h(y_0 + y_1 + y_2 + y_3) = 1 \cdot (f(0) + f(1) + f(2) + f(3))$$
$$= 0 + 1 + 8 + 27 = 36 .$$

Die außerordentlich schlechte Übereinstimmung des Näherungswertes (36) mit dem tatsächlichen Wert (64) liegt bei diesem Beispiel vor allem darin begründet, daß die Kurve $y = x^3$ außerordentlich schnell in dem Intervall ansteigt. Man bedenke: Für $x = 2$ ist $f(x) = 8$, für $x = 3$ ist $f(x) = 27$, für $x = 4$ ist $f(x) = 64$. Insbesondere auf dem Intervall [3,4] ist der Unterschied zwischen dem "Näherungsrechteck" und dem tatsächlichen Bereich (begrenzt durch $x = 3$, $x = 4$, $y = 0$ und $y = x^3$) außerordentlich groß. Bei einer derartig schnell ansteigenden Kurve kann man natürlich nicht erwarten, daß eine Zerlegung des Integrationsintervalls in nur vier Teilintervalle eine gute Näherung für das Integral liefert.

Satz 10.13 *Das Intervall $[a,b] = [x_0, x_n]$ werde wieder durch die Teilungspunkte $x_1, x_2, \ldots, x_{n-1}$ in n gleiche Teile der Länge h zerlegt.*

> Die *Näherungsformel, die man für das bestimmte Integral* $\int\limits_a^b f(x)\,dx$ *erhält, wenn man die Kurve* $y = f(x)$ *durch ein Sehnenpolygon ersetzt (s. Bild 10.9), lautet:*
>
> $$\int\limits_a^b f(x)\,dx \approx \frac{b-a}{n} \cdot \left[\frac{y_0+y_n}{2} + y_1 + y_2 + \cdots y_{n-1}\right] \quad \text{T r a p e z f o r m e l}.$$

(*Hinweis:* Es gilt $\dfrac{b-a}{n} = h$.)

B e w e i s: Das Sehnenpolygon $y = f^*(x)$ wird durch folgende Gleichungen beschrieben:

$$f^*(x) = \frac{y_1 - y_0}{h} \cdot (x - x_0) + y_0 \quad \text{für } x_0 \leq x \leq x_1$$

(Gleichung der Geraden durch P_0, P_1; für $x = x_0$ ist $f^*(x_0) = y_0$, für $x = x_1$ ist $f^*(x_1) = y_1$)

$$f^*(x) = \frac{y_2 - y_1}{h} \cdot (x - x_1) + y_1 \quad \text{für } x_1 \leq x \leq x_2;$$

allgemein:

$$f^*(x) = \frac{y_i - y_{i-1}}{h} \cdot (x - x_{i-1}) + y_{i-1} \quad \text{für } x_{i-1} \leq x \leq x_i.$$

Für die "Näherungskurve" $y = f^*(x)$ gilt dann:

$$\int\limits_a^b f^*(x)\,dx = \int\limits_{x_0}^{x_1} f^*(x)\,dx + \int\limits_{x_1}^{x_2} f^*(x)\,dx + \cdots + \int\limits_{x_{n-1}}^{x_n} f^*(x)\,dx$$

$$= \sum_{i=1}^n \int\limits_{x_{i-1}}^{x_i} f^*(x)\,dx = \sum_{i=1}^n \int\limits_{x_{i-1}}^{x_i} \left(\frac{y_i - y_{i-1}}{h}(x - x_{i-1}) + y_{i-1}\right) dx$$

$$= \sum_{i=1}^n \left[\frac{y_i - y_{i-1}}{h} \cdot \frac{(x - x_{i-1})^2}{2} + y_{i-1} \cdot x\right]_{x_{i-1}}^{x_i} = \sum_{i=1}^n (y_i + y_{i-1}) \frac{h}{2}$$

$$= \frac{h}{2} \cdot \left[\sum_{i=1}^{n} y_i + \sum_{i=0}^{n-1} y_i \right] = \frac{h}{2} \cdot \left[\left(y_n + \sum_{i=1}^{n-1} y_i \right) + \left(y_0 + \sum_{i=1}^{n-1} y_i \right) \right]$$

$$= \frac{h}{2} \cdot \left[y_0 + y_n + 2 \cdot \sum_{i=1}^{n-1} y_i \right] = h \cdot \left[\frac{y_0 + y_n}{2} + \sum_{i=1}^{n-1} y_i \right].$$

Damit ist die Trapezformel bewiesen:

$$\int_a^b f(x)\,dx \approx \int_a^b f^*(x)\,dx = h \cdot \left[\frac{y_0 + y_n}{2} + y_1 + y_2 + \cdots y_{n-1} \right].$$

Die Umformungen im eben durchgeführten Beweis betrachte man vor allem als eine gute Übung für den Umgang mit dem Summenzeichen!

Beispiel 10.9 Das bestimmte Integral $\int_0^4 x^3\,dx$ soll näherungsweise mit Hilfe der Trapezregel berechnet werden; das Intervall [0,4] soll in 4 gleiche Teile zerlegt werden. - Wir haben absichtlich dasselbe Integral wie im Beispiel 10.8 gewählt, um zu sehen, welche Verbesserung die Trapezregel gegenüber der Rechteckformel bringt.

$$\int_0^4 x^3\,dx \approx h \cdot \left[\frac{y_0 + y_4}{2} + y_1 + y_2 + y_3 \right]$$

$$= 1 \cdot \left[\frac{f(0) + f(4)}{2} + f(1) + f(2) + f(3) \right] = 32 + 1 + 8 + 27 = 68 \;.$$

Der Näherungswert (68) weicht hier nicht mehr so stark vom tatsächlichen Wert (64) ab, wie das bei der Rechteckregel der Fall ist (s. Beispiel 10.8). Daß die Trapezformel i.a. eine wesentlich bessere Näherung liefert als die Rechteckregel, ist geometrisch unmittelbar einleuchtend (s. Bilder 10.9 und 10.10). Bei der Aussage "Trapezformel liefert i. allg. eine bessere Näherung als die Rechteckregel" setzt man natürlich stillschweigend voraus, daß man in beiden Fällen von der gleichen Zerlegung des Intervalls [a,b] ausgeht.

Aufgabe 10.7 Mit Hilfe der Trapezformel ermittle man einen Näherungswert für das bestimmte Integral $\int_0^{10} x^3\,dx$; das Intervall [0,10] soll in 5 gleiche Teile zerlegt werden.

Man vergleiche den ermittelten Näherungswert mit dem tatsächlichen Wert des bestimmten Integrals.

10.3.3 Die Simpsonsche Regel

Wir behandeln zunächst einen Spezialfall, die sog. Keplersche Faßregel. Der Name "Faßregel" wurde gewählt, weil Kepler [36] mit dieser von ihm entwickelten Regel das Volumen von Weinfässern berechnete.

Satz 10.14 *Das Intervall $[a,b] = [x_0, x_2]$ werde durch den Teilungspunkt $x_1 = \dfrac{a+b}{2}$ in zwei gleiche Teile der Länge $h = \dfrac{b-a}{2}$ zerlegt. Die Näherungsformel, die man für das bestimmte Integral $\int\limits_a^b f(x)\,\mathrm{d}x$ erhält, wenn man die Kurve $y=f(x)$ durch eine Parabel $y = f^*(x) = c_0 + c_1 x + c_2 x^2$ ersetzt, welche durch die Punkte $(x_0, f(x_0))$, $(x_1, f(x_1))$, $(x_2, f(x_2))$ hindurchgeht (s. Bild 10.11), lautet:*

$$\int\limits_a^b f(x)\,\mathrm{d}x \approx \frac{b-a}{6}(y_0 + 4y_1 + y_2) \qquad \text{K e p l e r s c h e   F a ß r e g e l}$$

$$(y_i = f(x_i);\ i = 0,\ 1,\ 2).$$

B e w e i s : Es gilt: $\int\limits_a^b f(x)\,\mathrm{d}x \approx \int\limits_a^b f^*(x)\,\mathrm{d}x$. Wir zeigen, daß das rechts stehende Integral gleich $\dfrac{b-a}{6}(y_0 + 4y_1 + y_2)$ ist.

$$\int\limits_a^b f^*(x)\,\mathrm{d}x = \int\limits_a^b (c_0 + c_1 x + c_2 x^2)\,\mathrm{d}x = [c_0 x + \tfrac{1}{2}c_1 x^2 + \tfrac{1}{3}c_2 x^3]_a^b$$

$$= c_0(b-a) + \tfrac{1}{2}c_1(b^2 - a^2) + \tfrac{1}{3}c_2(b^3 - a^3)$$

$$= \tfrac{1}{6}(b-a)\,[6c_0 + 3c_1(b+a) + 2c_2(b^2 + ab + a^2)]$$

$$= \tfrac{1}{6}(b-a)\,[(c_0 + c_0 + 4c_0) + (c_1 a + c_1 b + 2c_1(a+b))$$

$$+ (c_2 a^2 + c_2 b^2 + c_2(a+b)^2)]$$

$$= \tfrac{1}{6}(b-a)\left[f^*(a) + f^*(b) + 4f^*\left(\tfrac{a+b}{2}\right)\right]$$

$$= \tfrac{1}{6}(b-a)\left[f(a) + f(b) + 4f\left(\tfrac{a+b}{2}\right)\right] \qquad .$$

---

[36] Johannes Kepler (1571-1630).

(Nach Voraussetzung sollte die vorgegebene Kurve $y = f(x)$ mit der Parabel $y = f^*(x)$ die Punkte P_0, P_1, P_2 gemeinsam haben.)

Die Simpsonsche Regel erhält man sehr einfach aus der Keplerschen Faßregel, wenn man das Intervall $[a,b]$ in $n = 2m$ gleiche Teile zerlegt (s. Bild 10.12) und auf jeweils zwei benachbarte Intervalle die Keplersche Faßregel anwendet ($n = 2m$ heißt: $[a,b]$ wird in eine gerade Anzahl gleicher Teile zerlegt). Zunächst gilt

$$\int_a^b f(x)\,dx = \int_{x_0}^{x_2} f(x)\,dx + \int_{x_2}^{x_4} f(x)\,dx + \ldots + \int_{x_{2m-2}}^{x_{2m}} f(x)\,dx .$$

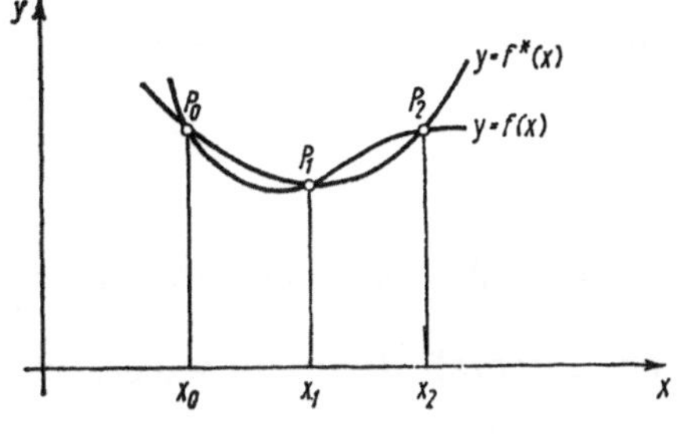

Bild 10.11

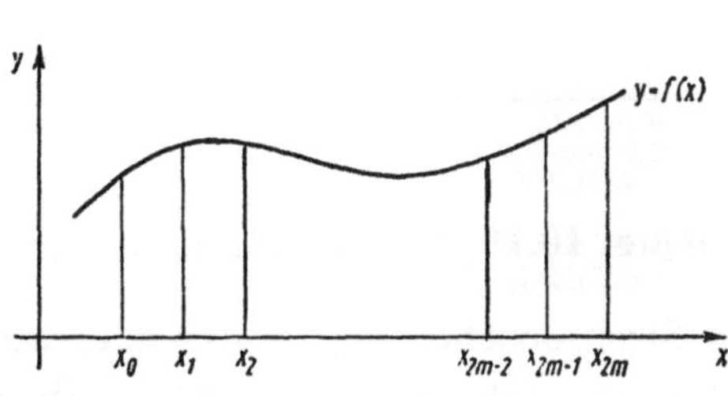

Bild 10.12

Wendet man auf jedes der auf der rechten Seite stehenden Integrale die Keplersche Faßregel an, so ergibt sich die Beziehung

$$\int_a^b f(x)\,dx \approx \frac{x_2 - x_0}{6}(y_0 + 4y_1 + y_2) + \frac{x_4 - x_2}{6}(y_2 + 4y_3 + y_4)$$

$$+ \ldots + \frac{x_{2m} - x_{2m-2}}{6}(y_{2m-2} + 4y_{2m-1} + y_{2m}).$$

Wegen $x_2 - x_0 = x_4 - x_2 = \ldots = x_{2m} - x_{2m-2} = \dfrac{b-a}{m}$ folgt hieraus:

$$\int_a^b f(x)\,dx \approx \frac{b-a}{6m}(y_0 + 4(y_1 + y_3 + \ldots + y_{2m-1})$$

$$+ 2(y_2 + y_4 + \ldots + y_{2m-2}) + y_{2m}) .$$

Das ist bereits die Simpsonsche Regel [37].

---

[37] Thomas Simpson (1710-1761).

Fassen wir noch einmal zusammen:

Satz 10.15 *Das Intervall [a,b] werde in eine gerade Anzahl $n = 2m$ gleicher Teile zerlegt (Teilungspunkte:$a=x_0,x_1,x_2,...,x_{2m-2},x_{2m-1},x_{2m}=b$). Für das bestimmte Integral $f(x)$ über [a,b] gilt dann folgende Näherungsformel:*

$$\int_a^b f(x)\,dx \approx \frac{b-a}{6m}\,[y_0 +4(y_1 +y_3 +...+y_{2m-1}) +2(y_2 +y_4 +...+y_{2m-2}) +y_{2m}]$$

S i m p s o n s c h e   R e g e l .

Beispiel 10.10 Das bestimmte Integral $\int_0^4 x^3\,dx$ soll näherungsweise mit Hilfe der Simpsonschen Regel berechnet werden; das Intervall [0,4] soll wieder in 4 gleiche Teile zerlegt werden (s. Beispiele 10.9 und 10.8).
Aus $n = 4$ und $n = 2m$ folgt $m = 2$. Also gilt:

$$\int_0^4 x^3\,dx \approx \frac{4-0}{6\cdot 2}\,[y_0 +4(y_1 +y_3) +2(y_2) +y_4] = \tfrac{1}{3}\cdot 192 = 64.$$

Der mit Hilfe der Simpson-Regel berechnete Näherungswert ist bei diesem Beispiel gleich dem tatsächlichen Wert des Integrals. Das ist bei dem Integranden $f(x) = x^3$ kein Zufall, sondern Gesetzmäßigkeit. Es gilt nämlich: Ist der Integrand $f(x)$ ein Polynom vom Grade 2 oder 3, so steht in der Keplerschen Faßregel und damit auch in der Simpson-Regel das Gleichheitszeichen an Stelle des Zeichens $\approx$.
Bei den Beispielen 10.8, 10.9 und 10.10 wurde absichtlich der einfache Integrand $f(x) = x^3$ gewählt; man hat dann sofort die Möglichkeit, den berechneten Näherungswert mit dem tatsächlichen Wert des Integrals zu vergleichen. (In der Praxis würde man natürlich ein bestimmtes Integral, dessen Integrand ein Polynom ist, nicht durch ein Näherungsverfahren berechnen!)

Durch die letzten drei Beispiele sollte lediglich der folgende Sachverhalt demonstriert werden: Die Simpson-Regel liefert i. allg. eine bessere Näherung als die Trapezregel; die Trapezregel wiederum liefert i. allg. eine bessere Näherung als die Rechteckregel. Bei der numerischen Integration wird man

daher der Simpson-Regel den Vorzug geben. Die Trapezregel ist Bestandteil des sog. "Romberg-Verfahrens", welches in der numerischen Mathematik oft verwendet wird. (s. [SRZ].)
Wir behandeln jetzt ein Beispiel, bei dem das zugehörige unbestimmte Integral nicht elementar auswertbar ist (vergl. Abschnitt 9.1.6).

Beispiel 10.11 Mit Hilfe der Simpsonschen Regel berechne man näherungsweise

$$I = \int\limits_{\frac{\pi}{6}}^{\pi} \frac{\sin x}{x}\,\mathrm{d}x;$$

das Intervall $[a,b] = \left[\frac{\pi}{6},\pi\right]$ werde in $n = 10$ gleiche Teile zerlegt. (Würde man $[0,\pi]$ als Integrationsintervall wählen, so wäre die Funktion $f(x) = \dfrac{\sin x}{x}$ im linken Eckpunkt des Intervalls nicht definiert; wegen $\lim\limits_{x \to 0} \dfrac{\sin x}{x} = 1$ handelt es sich aber um eine hebbare Unstetigkeit.)
Anwendung des Satzes 10.15 liefert:

$$I \approx \frac{\pi}{36}\left[y_0 + 4(y_1 + y_3 + y_5 + y_7 + y_9) + 2(y_2 + y_4 + y_6 + y_8) + y_{10}\right]. \tag{*}$$

Für die Teilungspunkte $x_0(= a)$, x_1, x_2, ..., $x_{10}\,(= b)$ gilt:

$$x_i = \frac{\pi}{6} + i\,\frac{\pi}{12} = \frac{\pi}{12}(2 + i) \quad (i = 0, 1, 2, ..., 10).$$

Die entsprechenden y_i-Werte berechnet man nach der Formel

$$y_i = f(x_i) = \frac{1}{x_i}\sin x_i = \frac{12}{\pi(2 + i)}\sin\frac{\pi}{12}(2 + i).$$

Einsetzen der y_i-Werte in die Beziehung (*) liefert das Ergebnis $I \approx 1{,}336$.

Aufgabe 10.8 Man berechne das bestimmte Integral $\int\limits_{0}^{4} x^2\sqrt{1 + x^2}\,\mathrm{d}x$ näherungsweise mit Hilfe der Simpsonschen Regel; das Integrationsintervall $[0,4]$ soll dabei in 8 gleiche Teile zerlegt werden.

Wie in der Einleitung bereits betont wurde, wird bei der Anwendung einer derartigen Näherungsformel die Näherung in der Regel um so genauer sein, je größer die Anzahl n der Teilintervalle ist. Diese allgemeine Feststellung reicht für die Anwendungen oft nicht aus. Man möchte genau wissen, welchen Fehler man bei der Anwendung einer bestimmten Näherungsformel gemacht hat. Dabei genügt es, wenn man weiß, wie groß der Fehler höchstens sein kann. Wenn der Fehler innerhalb einer solchen Schranke liegt, daß er für das betreffende Problem vernachlässigbar ist, kann man die Näherung als für das betreffende Problem gut ansehen. Der folgende Satz gibt Antwort auf die Frage, wie groß der dem Näherungswert anhaftende Fehler R höchstens sein kann; dabei ist

$$R := \int_a^b f^*(x)\, dx - \int_a^b f(x)\, dx.$$

> **Satz 10.16** *Wird das bestimmte Integral von $f(x)$ über $[a,b]$ durch die Simpsonsche Regel berechnet, wobei man davon ausgeht, daß das Intervall $[a,b]$ in eine gerade Anzahl n gleicher Teile zerlegt wurde, so gilt für den Fehler R die Abschätzung*
>
> $$|R| \le \frac{(b-a)^5}{180 n^4}\cdot M;$$
>
> *dabei ist M die kleinste obere Schranke von $|f^{(4)}(x)|$ auf dem Intervall $[a,b]$.*

Für M gilt also: $M \ge |f^{(4)}(x)|$ für alle $x \in [a,b]$. Voraussetzung für die Gültigkeit des Satzes 10.16: Der Integrand ist viermal stetig differenzierbar auf $[a,b]$. Ist $f(x)$ auf $[a,b]$ nur stückweise differenzierbar, so muß $[a,b]$ so in Teilintervalle zerlegt werden, daß die obige Voraussetzung auf den Teilintervallen erfüllt ist. Mit der "Schrittweite" $h = (b - a)/n$ nimmt die Abschätzung für den Fehler R die folgende Gestalt an:

$$|R| \le \frac{b-a}{180} h^4 M.$$

10.4   Einige Anwendungen des bestimmten Integrals

In der Einleitung (Abschnitt 8) wurde bereits darauf hingewiesen, daß die Integralrechnung ein unentbehrliches Hilfsmittel für die verschiedensten Wissensgebiete darstellt. In den folgenden Ausführungen werden wir einige Anwendungen des bestimmten Integrals in der Geometrie sowie in den Ingenieur- und Naturwissenschaften kennenlernen. Es wird sich um Anwendungen handeln, die relativ einfach zu übersehen und von allgemeinem Interesse sind.

10.4.1 Anwendungen in der Geometrie

Eine 1. Anwendung des bestimmten Integrals haben wir bereits in 10.1.2 (Beispiel 10.1) kennengelernt: Im Falle $f(x) \geq 0$ für alle $x \in [a,b]$ liefert

$\int\limits_a^b f(x)\,dx$ den Flächeninhalt des durch die Kurven $y = 0, x = a, x = b, y = f(x)$ begrenzten Bereichs in der x,y-Ebene. Im Falle $f(x) \leq 0$ für alle $x \in [a,b]$ liefert das Integral den negativen Flächeninhalt des oben beschriebenen Bereichs.

Aus diesen beiden Aussagen ergibt sich folgende Verallgemeinerung:

Satz 10.17 *Ist B ein Bereich der x,y-Ebene, der "nach oben" durch $y = f(x)$, "nach unten" durch $y = g(x)$ und "seitlich" durch $x = a$ bzw. $x = b$ begrenzt wird (d.h. $g(x) \leq f(x)$ für alle $x \in [a,b]$; s. Bild 10.13), so gilt für den Flächeninhalt A dieses Bereiches*

$$A = \int\limits_a^b (f(x) - g(x))\,dx \ .$$

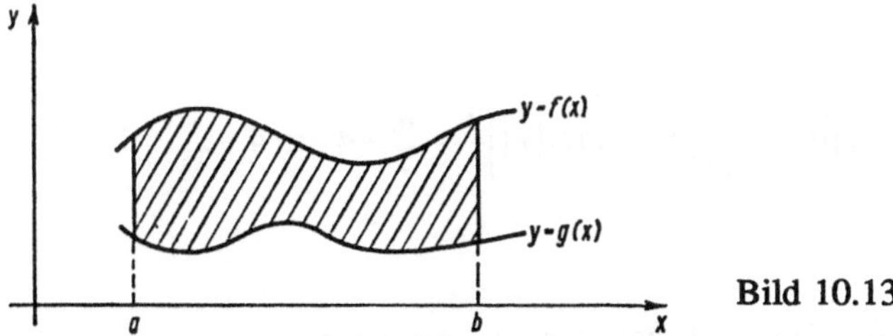

Bild 10.13

Bemerkung Den Bereich $B = \{(x,y) \mid a \leq x \leq b,\ g(x) \leq y \leq f(x)\}$ (siehe Bild 10.13) nennt man einen ebenen *Normalbereich*. Ebene Normalbereiche spielen eine wichtige Rolle bei der Berechnung von ebenen Bereichsintegralen (Flächenintegralen), die in [KPF] behandelt werden.

Der Beweis des Satzes 10.17 ergibt sich im Falle "$g(x) \geq 0$ für alle $x \in [a,b]$" sofort aus der in Beispiel 10.1 formulierten Aussage.

$$A = A_2 - A_1 = \int\limits_a^b f(x)\,\mathrm{d}x - \int\limits_a^b g(x)\,\mathrm{d}x = \int\limits_a^b (f(x) - g(x))\,\mathrm{d}x.$$

Ist die Forderung "$g(x) \geq 0$ für alle $x \in [a,b]$" nicht erfüllt, so kann man durch eine einfache Parallelverschiebung in Richtung y-Achse erreichen, daß der Bereich B ganz oberhalb der x-Achse liegt. (Für die parallelverschobenen Kurven $y = g^*(x)$, $y = f^*(x)$ gilt: $g^*(x) = g(x) + c$ und $f^*(x) = f(x) + c$.)

Beispiel 10.12 Von dem durch die Kurven $x = 1$, $x = 4$, $y = \frac{1}{4}x^2$, $y = -\frac{4}{x}$ begrenzten Bereich B (s. Bild 10.14) berechne man den Flächeninhalt A.

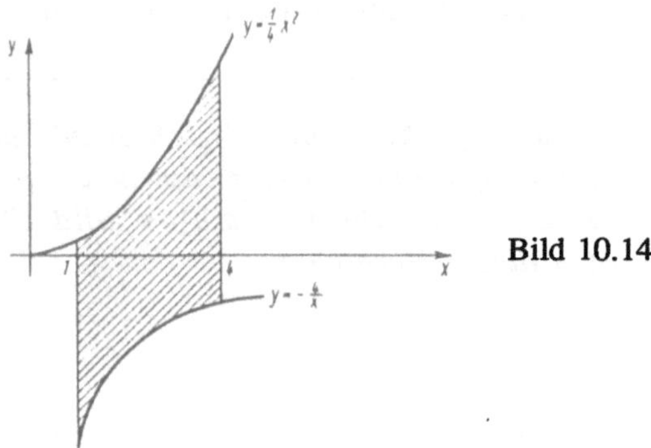

Bild 10.14

Es gilt:

$$A = \int\limits_1^4 \left(\tfrac{1}{4}x^2 - \left(-\tfrac{4}{x}\right)\right)\mathrm{d}x = \left[\tfrac{1}{12}x^3 + 4\ln|x|\right]_1^4 = \tfrac{16}{3} + 4 \cdot \ln 4 - \tfrac{1}{12} = 10{,}79.$$

Aufgabe 10.9 Es ist der Flächeninhalt des von den Kurven $x = 0$, $x = 4$, $x = \frac{1}{4}x^2 + 1$, $y = -x$ begrenzten Bereichs B zu berechnen. (Man skizziere zunächst den Bereich B; er liegt ganz im 1. und 4. Quadranten.)

Aufgabe 10.10 Man ermittle den Flächeninhalt des von den Kurven $y = \frac{1}{2}x^2$ und $y = 2x$ eingeschlossenen Bereichs. (Der Bereich liegt ganz im 1. Quadranten.)

Bemerkung 10.8 Selbstverständlich hat man nicht nur von Normalbereichen den Flächeninhalt zu bestimmen. Die in Satz 10.17 angegebene Formel für den Flächeninhalt von Normalbereichen reicht aus, um auch den Flächeninhalt eines allgemeinen Bereichs B zu bestimmen. Man braucht ja nur den Bereich B in (endlich viele) Normalbereiche zu zerlegen - was in vielen praktisch vorkommenden Fällen möglich ist - und auf jeden Normalbereich die in Satz 10.17 angegebene Formel anzuwenden. Es muß allerdings·garantiert sein, daß die "obere" und "untere" Kurve durch eine Gleichung der Form $y = f(x)$ bzw. $y = g(x)$ gegeben ist.

Bei der Inhaltsberechnung von Flächen, die von "in Parameterdarstellung gegebenen Kurven" begrenzt werden, gibt es einige Besonderheiten, auf die wir jetzt eingehen wollen.

Hat man z.B. ein Flächenstück in der x, y-Ebene, welches von zwei Strecken $\overline{OP_1}$ und $\overline{OP_2}$ und einem die Punkte P_1 und P_2 verbindenden Kurvenstück $\mathfrak{C}_1$ begrenzt wird - es handelt sich um eine sog. "Sektorfläche" (s. Bild 10.15; das Kurvenstück $\mathfrak{C}_2$ und die zweite Schraffur zwischen $\mathfrak{C}_2$ und $\mathfrak{C}_1$ werden zunächst nicht berücksichtigt), so erhält man für den Flächeninhalt A dieses Flächenstückes:

$$A = \frac{1}{2} \int_\alpha^\beta (x\dot{y} - y\dot{x})\, \mathrm{d}t \quad (Sektorformel).$$

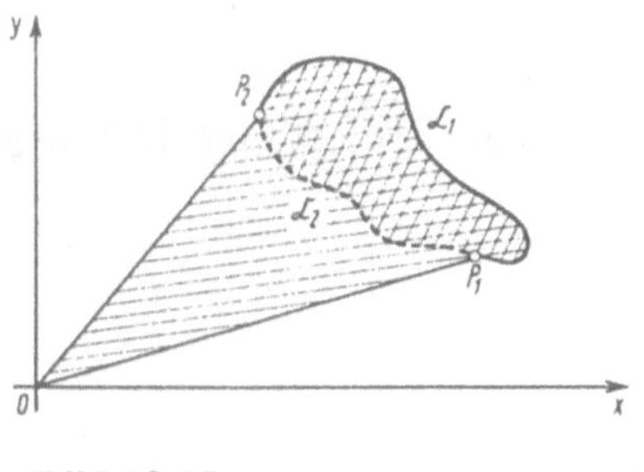

Bild 10.15

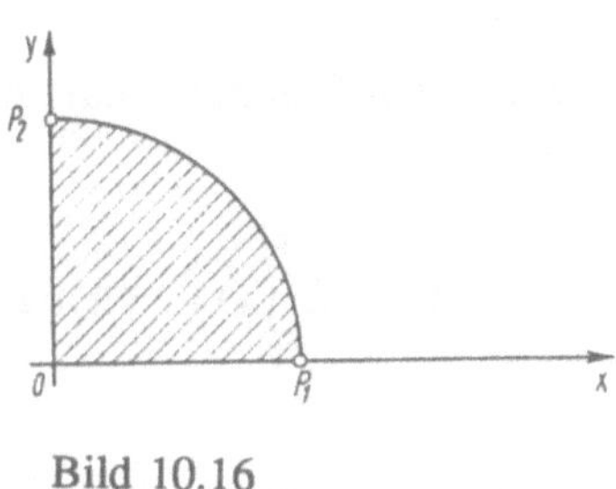

Bild 10.16

Hierbei ist $x = x(t)$, $y = y(t)$, $\alpha \leq t \leq \beta$, $\alpha < \beta$, eine Parameterdarstellung des die Punkte P_1 und P_2 verbindenden Kurvenstücks $\mathfrak{C}_1$; $\dot{x}$ bzw. $\dot{y}$ sind die Ableitungen von x bzw. y nach t.(Beweis der Sektorformel s. z.B. [MKN],Bd.III.)

Die Sektorformel soll auf ein einfaches Beispiel angewendet werden! $x = R \cdot \cos t$, $y = R \cdot \sin t$, $0 \le t \le \frac{\pi}{2}$ ist Parameterdarstellung eines Viertelkreises mit dem Anfangspunkt $P_1(R,0)$ und dem Endpunkt $P_2(0,R)$. Von dem durch die Strecken $\overline{OP_1}$, $\overline{OP_2}$ und dem Viertelkreis begrenzten Flächenstück (s. Bild 10.16) soll der Flächeninhalt mit Hilfe der Sektorformel berechnet werden. Es gilt:

$$A = \frac{1}{2} \int_0^{\frac{\pi}{2}} [(R \cdot \cos t)(R \cdot \cos t) - (R \cdot \sin t)(-R \cdot \sin t)]\,dt$$

$$= \frac{1}{2}R^2 \int_0^{\frac{\pi}{2}} [\cos^2 t + \sin^2 t]\,dt = \frac{1}{2}R^2 \int_0^{\frac{\pi}{2}} dt = \frac{1}{4}\pi R^2.$$

Wir wollen jetzt den Flächeninhalt A des ebenen Flächenstückes berechnen, das von einer in Parameterdarstellung gegebenen geschlossenen, doppelpunktfreien Kurve $\mathfrak{C}$: $x = x(t)$, $y = y(t)$, die im Intervall $\alpha \le t \le \gamma$ definiert ist, begrenzt wird. Denkt man sich (s. Bild 10.15) $\mathfrak{C}$ aus den beiden Teilstücken $\mathfrak{C}_1$ mit $x = x(t)$, $y = y(t)$, $(\alpha \le t \le \beta)$ und $\mathfrak{C}_2$ mit $x = x(t)$, $y = y(t)$ $(\beta \le t \le \gamma)$ zusammengesetzt, dann gilt nach der Sektorformel für den Flächeninhalt A_1 des Sektors, der von $\overline{OP_1}$, $\mathfrak{C}_1$ und $\overline{OP_2}$ begrenzt wird

$$A_1 = \frac{1}{2} \int_\alpha^\beta (x\dot{y} - y\dot{x})\,dt$$

und für den Flächeninhalt A_2 des Sektors, der von $\overline{OP_1}$, $\mathfrak{C}_2$ und $\overline{OP_2}$ begrenzt wird,

$$A_2 = \frac{1}{2} \int_\gamma^\beta (x\dot{y} - y\dot{x})\,dt.$$

Die nach der Sektorformel ermittelten Flächen A_1 und A_2 sind "vorzeichenbehaftet". Durch die Parameterdarstellung ist die Kurve orientiert. A ist positiv, falls die Fläche im mathematisch positiven Sinn umlaufen wird, andernfalls negativ. ("Mathematisch positiver Sinn" heißt: "entgegen dem Uhrzeigersinn".)
Für das von der geschlossenen Kurve $\mathfrak{C}$ eingeschlossene Flächenstück A (im Bild 10.15 doppelt schraffiert gezeichnet) folgt dann

$$A = A_1 - A_2 = \frac{1}{2} \cdot \left[\int_\alpha^\beta (x\dot{y} - y\dot{x})\,\mathrm{d}t - \int_\gamma^\beta (x\dot{y} - y\dot{x})\,\mathrm{d}t \right]$$

$$A = \frac{1}{2} \int_\alpha^\gamma (x\dot{y} - y\dot{x})\,\mathrm{d}t = \frac{1}{2} \oint (x\dot{y} - y\dot{x})\,\mathrm{d}t.$$

(Das Zeichen $\oint$ bedeutet *Umlaufintegral*. Es wird verwendet, wenn man über eine geschlossene Kurve integriert.)

Dabei müssen natürlich einige Voraussetzungen über $x(t)$, $y(t)$ gemacht werden, die in den praktischen Anwendungen erfüllt sind. Neben den Voraussetzungen $x(\alpha) = x(\gamma)$, $y(\alpha) = y(\gamma)$ ("Anfangspunkt" $(x(\alpha), y(\alpha))$ fällt mit "Endpunkt" $(x(\gamma), y(\gamma))$ zusammen: geschlossene Kurve) und $(x(t_1), y(t_1)) \neq (x(t_2), y(t_2))$ für je zwei verschiedene t-Werte t_1, t_2 aus dem offenen Intervall (α, γ) ("doppelpunktfreie" Kurve) muß folgende Bedingung erfüllt sein: Das Intervall $[\alpha, \gamma]$ kann so in endlich viele Teilintervalle zerlegt werden, daß in jedem Teilintervall die Funktionen $x(t)$ und $y(t)$ stetig differenzierbar und im engeren Sinne monoton oder konstant sind.

Aufgabe 10.11   a) $x = 6\dfrac{\cos t}{t}$, $y = 6\dfrac{\sin t}{t}$ $(0 < t < \infty)$ ist Parameterdarstellung einer hyperbolischen Spirale (vgl. [BSE]). $P_1\left(0, \frac{12}{\pi}\right)$ und $P_2\left(0, -\frac{4}{\pi}\right)$ sind zwei Punkte dieser Spirale mit $t_1 = \frac{\pi}{2}$ und $t_2 = \frac{3\pi}{2}$ (bitte nachprüfen!). Man berechne den Flächeninhalt A der durch diese Kurve und die Strecken $\overline{OP_1}$, $\overline{OP_2}$ begrenzten Sektorfläche.

b) $r = a\varphi$ ist die Gleichung einer Archimedischen Spirale in Polarkoordinaten r, φ $(0 \leq \varphi < +\infty$, a eine positive Konstante). $P_1(r_1, \varphi_1)$ und $P_2(r_2, \varphi_2)$ seien zwei Punkte dieser Spirale mit $0 \leq \varphi_1 < \varphi_2$. Man beweise, daß für den Flächeninhalt A der durch die Spirale und die Strecken $\overline{OP_1}$, $\overline{OP_2}$ begrenzten Sektorfläche gilt: $A = \frac{1}{6}a^2(\varphi_2^3 - \varphi_1^3)$. (Anleitung: Man gehe von $r = a\varphi$ zu einer Parameterdarstellung $x = x(\varphi)$, $y = y(\varphi)$ über!)

Wir wenden uns nun der Frage zu, wie man die *Länge eines ebenen Kurvenstücks* $y = f(x)$, $a \leq x \leq b$ berechnen kann. (An Stelle von Länge sagt man in diesem Zusammenhang auch *Bogenlänge* des ebenen Kurvenstücks.) Dabei setzen wir voraus, daß $y = f(x)$ auf dem Intervall stetig differenzierbar ist. Die Voraussetzung "stetig differenzierbar" garantiert, daß das Kurvenstück eine bestimmte Länge hat, die mit der im folgenden Satz 10.18 angegebenen Formel berechnet werden kann. Selbstverständlich haben auch viele andere Kurvenstücke, bei denen diese Voraussetzung nicht erfüllt ist, eine bestimmte Länge. Kurvenstücke, die eine bestimmte Länge haben, nennt man *rektifizier-*

bar. Genaueres über die Begriffe "Kurvenstück", "Länge" und "Rektifizier-
barkeit" findet man z.B. in [MKN], Bd. III.

Satz 10.18 *Für die Bogenlänge s des ebenen Kurvenstücks* $y = f(x)$,
$a \leq x \leq b$ *gilt*

$$s = \int_a^b \sqrt{1 + (f'(x))^2} \; dx.$$

(Voraussetzung: $y = f(x)$ *ist auf* $[a,b]$ *stetig differenzierbar.)*

Die Formel für die Bogenlänge s gewinnt man wie folgt: Das Intervall $[a,b]$
wird in Teilintervalle $[x_{i-1}, x_i]$ zerlegt $(i = 1, ..., n)$. An dieser Stelle ist es
empfehlenswert, einen Blick auf Beispiel 10.1 in Abschnitt 10.1.2 zu werfen!
Für die Länge Δs_i des kleinen Teilkurvenstücks $y = f(x)$, $x_{i-1} \leq x \leq x_i$ gilt dann
nach dem Lehrsatz des Pythagoras $(\Delta s_i)^2 \approx (\Delta x_i)^2 + (\Delta y_i)^2$.
$(\Delta x_i = x_i - x_{i-1}, \; \Delta y_i = f(x_i) - f(x_{i-1}))$, d.h.:

$$\Delta s_i \approx \sqrt{(\Delta x_i)^2 + (\Delta y_i)^2} = \sqrt{1 + \left(\frac{\Delta y_i}{\Delta x_i}\right)^2} \; \Delta x_i.$$

Wegen $s = \sum_{i=1}^{n} \Delta s_i$ ist $\sum_{i=1}^{n} \sqrt{1 + \left(\frac{\Delta y_i}{\Delta x_i}\right)^2} \; \Delta x_i$ eine Näherung für s. Den genauen Wert
von s erhält man durch den Grenzprozeß $\Delta x_i \to 0$:

$$s = \lim_{\Delta x_i \to 0} \sum_{i=1}^{n} \sqrt{1 + \left(\frac{\Delta y_i}{\Delta x_i}\right)^2} \; \Delta x_i.$$

Nach Definition des bestimmten Integrals (s. Def. 10.2) ist diese Gleichung
äquivalent mit

$$s = \int_a^b \sqrt{1 + (f'(x))^2} \; dx.$$

Beispiel 10.13 Von dem Kurvenstück $y = \frac{1}{3} x^2$, $0 \leq x \leq 6$, berechne man die
Bogenlänge s.

Nach Satz 10.18 gilt $\int_0^6 \sqrt{1 + \frac{4}{9} x^2} \; dx$. Durch die Substitution $z = \frac{2}{3} x$ erhält man

$$s = \int_0^4 \sqrt{1+z^2} \cdot \frac{3}{2}\,dz = \frac{3}{2} \cdot \left[\frac{1}{2}\left(z\cdot\sqrt{z^2+1} + \operatorname{arsinh} z\right)\right]_0^4$$

$$= \frac{3}{4}\left[z\cdot\sqrt{z^2+1} + \ln\left(z+\sqrt{1+z^2}\right)\right]_0^4 = \frac{3}{4}\left(4\sqrt{17} + \ln\left(4+\sqrt{17}\right)\right)$$

$$\approx \frac{3}{4}\left(4\sqrt{17} + \ln 8{,}123\right) \approx 12{,}37 + \frac{3}{4}\cdot 1{,}09 \approx 13{,}94.$$

Hinweis: Das Integral $\int\sqrt{1+x^2}\,dx$ findet man in jeder einschlägigen Formelsammlung (s. z. B. [BSE]); bei der Behandlung der hyperbolischen Funktionen wurde die Beziehung $\operatorname{arsinh} x = \ln(x+\sqrt{1+x^2})$ hergeleitet. In den meisten Fällen ist das Integral in Satz 10.18 nicht elementar lösbar. Man muß dann auf andere Verfahren, z. B. Näherungsverfahren, zurückgreifen.

Aufgabe 10.12 Man berechne mit der in Satz 10.18 angegebenen Formel die Bogenlänge des Kurvenstücks $y = x\sqrt{x}$, $0 \le x \le 8$.

Ist ein Kurvenstück nicht in der Form $y = f(x)$, $a \le x \le b$, gegeben, sondern durch eine Parameterdarstellung (Parameter: t)

$$x = \varphi(t), \quad y = \psi(t), \quad t_1 \le t \le t_2,$$

so gelangt man bei der Berechnung der Bogenlänge s zu einer Formel, die der in Satz 10.18 angegebenen sehr ähnlich ist.

Satz 10.19 *Für die Länge s des ebenen Kurvenstückes $x = \varphi(t)$, $y = \psi(t)$, $t_1 \le t \le t_2$, gilt:*

$$y = \int_{t_1}^{t_2} \sqrt{(\varphi'(t))^2 + (\psi'(t))^2}\,dt.$$

(Hierbei muß natürlich vorausgesetzt werden, daß die Funktion $\varphi(t)$ und $\psi(t)$ auf $[t_1, t_2]$ stetig differenzierbar sind. Mit $\varphi'(t)$ und $\psi'(t)$ wird die Ableitung von $\varphi(t)$ bzw. $\psi(t)$ nach t bezeichnet: $\varphi'(t) = \dfrac{d\varphi}{dt}$, $\quad \psi'(t) = \dfrac{d\psi}{dt}$.)

Beispiel 10.14 Von dem Kurvenstück $x = r \cdot \cos\varphi$, $y = r \cdot \sin\varphi$,
$0 \le \varphi \le \pi$ berechne man die Bogenlänge (Parameter: φ). Wir kennen das
Ergebnis - nämlich $s = \pi r$ -, denn bei diesem Kurvenstück handelt es sich um
einen Halbkreis vom Radius r. Dasselbe Ergebnis müssen wir natürlich auch
mit der in Satz 10.19 angegebenen Formel erhalten:

$$s = \int_0^\pi \sqrt{(-r\cdot\sin\varphi)^2 + (r\cdot\cos\varphi)^2}\ d\varphi$$

$$= \int_0^\pi r\cdot\sqrt{\sin^2\varphi + \cos^2\varphi}\ d\varphi = \int_0^\pi r\,d\varphi = \pi r.$$

Beispiel 10.15 Von dem Kurvenstück $x = a \cdot \cos\varphi$, $y = b \cdot \sin\varphi$,
$0 \le \varphi \le \frac{\pi}{2}$ berechne man die Bogenlänge. (Es handelt sich um eine Parameterdarstellung einer Viertelellipse; aus $x = a \cdot \cos\varphi$, $y = b \cdot \sin\varphi$ folgt
$\frac{x^2}{a^2} + \frac{y^2}{b^2} = \cos^2\varphi + \sin^2\varphi = 1$.)
Nach Satz 10.19 gilt:

$$s = \int_0^{\frac{\pi}{2}} \sqrt{(-a\cdot\sin\varphi)^2 + (b\cdot\cos\varphi)^2}\ d\varphi = b\cdot\int_0^{\frac{\pi}{2}} \sqrt{1 - \frac{b^2 - a^2}{b^2}\sin^2\varphi}\ d\varphi$$

$$= b\cdot\int_0^{\frac{\pi}{2}} \sqrt{1 - e^2\cdot\sin^2\varphi}\ d\varphi$$

($e^2 = \dfrac{b^2 - a^2}{b^2}$, wobei $b > a$ vorausgesetzt wird; e: numerische Exzentrizität.)
Das gefundene Integral kann i. a. nicht elementar berechnet werden.

Ein Integral der Form $\displaystyle\int_0^\varphi \sqrt{1 - e^2\sin^2 t}\ dt =: E(e,\varphi)$ ist ein elliptisches Integral
2. Gattung (vgl. [BSE]). Diese Integrale sind in Tafelwerken (z. B. [JEL]) zu
finden.

Aufgabe 10.13 Von der logarithmischen Spirale $r = a\cdot e^{k\varphi}$ berechne man die Bogenlänge des zwischen den Punkten mit den φ-Werten φ_1 und $\varphi_2 (\varphi_1 < \varphi_2)$ gelegenen
Bogens (s. Bild 10.17). (Hinweis: $r = a\cdot e^{k\varphi}$, $-\infty < \varphi < \infty$ ist die Gleichung der
Spirale in Polarkoordinaten; a und k sollen positive Konstanten sein. Ersetzt man in
den Gleichungen $x = r\cdot\cos\varphi$, $y = r\cdot\sin\varphi$ die Größe r durch $a\cdot e^{k\varphi}$, so erhält man
eine Parameterdarstellung für die Spirale (Parameter: φ). Näheres über Spiralen
findet man z. B. in [BSE]).

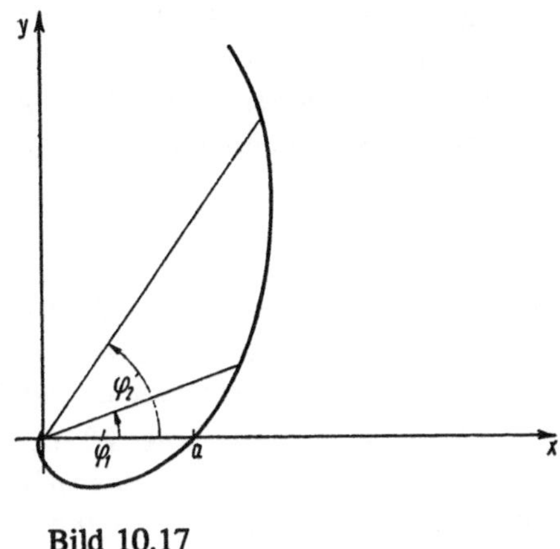

Bild 10.17

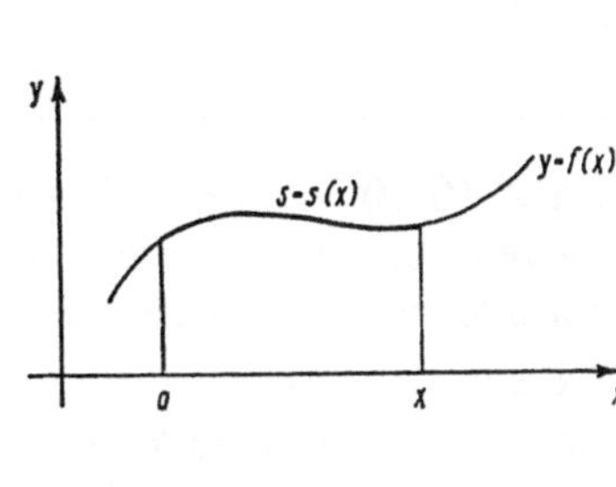

Bild 10.18

Bemerkung 10.9 Wenn man in der Formel

$$s = \int_a^b \sqrt{1+(f'(x))^2}\, dx \quad \text{(s. Satz 10.18)}$$

die obere Grenze variable läßt, so ist s natürlich von der oberen Grenze abhängig

$$s = s(x) = \int_a^x \sqrt{1+(f'(t))^2}\, dt$$

(s. Bild 10.18). Aus dieser Gleichung folgt (s. Satz 10.8)

$$\frac{ds}{dx} = \sqrt{1+(f'(x))^2}\,.$$

Für das *Differential der Funktion* $s = s(x)$ *an der Stelle* x mit Zuwachs dx gilt dann:

$$ds = \sqrt{1+(f'(x))^2}\, dx.$$

ds nennt man das *Bogendifferential* (oder Bogenelement). Wegen

$dy = f'(x)\, dx$ (Differential der Funktion $y = f(x)$ an der Stelle x *mit dem Zuwachs* dx) folgt hieraus

$$(ds)^2 = (dx)^2 + (dy)^2.$$

Das Volumen V eines räumlichen Bereichs (Körper) B kann man i. a. nur mit Raumintegralen berechnen (s. [KPF]). In gewissen Spezialfällen ist es aber möglich, das Volumen von B durch ein gewöhnliches Integral zu bestimmen. Ein solcher Fall liegt z. B. vor, wenn man den Flächeninhalt der zur x,y-Ebene parallelen Schnittflächen des Körpers B berechnen kann. Es gilt der folgende

> **Satz 10.20** *Bezüglich eines rechtwinklig kartesischen Koordinaten-systems sei a die untere und b die obere Grenze der z-Koordinate der Punkte eines räumlichen Bereiches B. Für jedes z zwischen a und b ($a \leq z \leq b$) sei E_z diejenige Ebene, welche durch den Punkt (0, 0, z) hindurchgeht und parallel zur x,y-Ebene liegt. Mit q(z) wird der Inhalt der durch die Ebene E_z aus B ausgeschnittenen Fläche bezeichnet (s. Bild 10.19). Für das Volumen V des räumlichen Bereiches B gilt dann:*
>
> $$V = \int_a^b q(z)\,\mathrm{d}z \; .$$

Hinreichende Voraussetzung für die Existenz des Integrals: $q(z)$ ändert sich stetig mit z. (Der Buchstabe q soll an das Wort "Querschnitt" erinnern.)

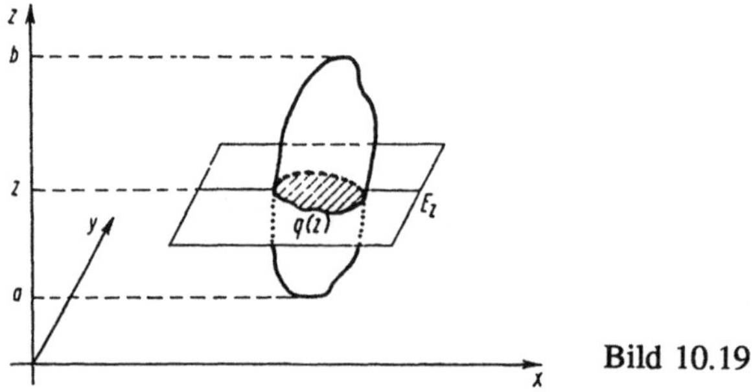

Bild 10.19

Wie gelangt man zu der in Satz 10.20 angegebenen Formel? Es gelte $z_0 = a < z_1 < z_2 < \ldots < z_{n-1} < b = z_n$. Die Ebenen $z = z_i$ ($i = 0, 1, \ldots,$ n) zerlegen den räumlichen Bereich B in "Scheiben". Für das Volumen einer solchen Scheibe gilt näherungsweise $q(\xi_i) \cdot \Delta z_i$, wobei $\Delta z_i = z_i - z_{i-1}$ und $z_{i-1} \leq \xi_i \leq z_i$ gilt. Die "Scheibe" wurde näherungsweise durch einen Zylinder mit der Grundfläche $q(\xi_i)$ und der Höhe Δz_i ersetzt. Summiert man über alle diese Zylinder, so erhält man eine Näherung für das gesuchte Volumen V von B.

$$V \approx \sum_{i=1}^{n} q(\xi_i) \cdot \Delta z_i.$$

Den genauen Wert von V erhält man durch den in 10.1.2 beschriebenen Grenzprozeß:

$$V = \lim_{\Delta z_i \to 0} \sum_{i=1}^{n} q(\xi_i) \cdot \Delta z_i.$$

Unter der Voraussetzung, daß $q(z)$ stetig ist, existiert der rechts stehende Grenzwert und ist gleich

$$\int_a^b q(z) \, dz \quad \text{(s. Formel (10.2) in 10.1.2)}.$$

Bemerkung 10.10 Wird der räumliche Bereich B durch Ebenen E_x bzw. E_y parallel zur y,z-Ebene bzw. x,z-Ebene geschnitten, so erhält man an Stelle von $V = \int_a^b q(z) \, dz$ die Formeln $V = \int_c^d q(x) \, dx$ bzw. $V = \int_e^f q(y) \, dy$. Hierbei sind jetzt c, d bzw. e, f die Grenzen bezüglich der x-Koordinate bzw. y-Koordinate.

Aus Satz 10.20 folgt auch, daß zwei Körper das gleiche Volumen haben, wenn sie für jedes z den gleichen Querschnitt $q(z)$ haben. Dies ist das sog. *Prinzip von Cavalieri*[38].

Beispiel 10.16 Mit Hilfe der in Satz 10.20 angegebenen Formel soll das Volumen V einer regulären Pyramide (s. [BSE]) mit quadratischer Grundfläche (Kantenlänge a) und der Höhe h berechnet werden.

Das Ergebnis ist uns natürlich aus der Elementargeometrie schon bekannt. Für das Volumen V einer Pyramide gilt: $V = \dfrac{a^2 \cdot h}{3}$.

Die folgenden Ausführungen haben also nur das Ziel, dieses Ergebnis mit Hilfe des Satzes 10.20 zu bestätigen.

---

[38] Bonaventura Cavalieri (gest. 1647).

Legt man durch die Achse der Pyramide eine Ebene, welche gleichzeitig parallel zu einer Seite des Grundquadrats verläuft, so erhält man die in Bild 10.20 dargestellte Schnittfigur. Es gilt: $r: a = (h\text{-}z): h$ (Strahlensatz). Hieraus folgt: $r = \dfrac{a}{h}(h-z)$. Aus Satz 10.20 folgt dann:

$$V = \int\limits_0^h q(z)\,dz = \int\limits_0^h r^2\,dz = \int\limits_0^h \left(\frac{a}{h}(h-z)\right)^2 dz = \frac{a^2}{h^2}\int\limits_0^h (h-z)^2\,dz = \frac{a^2 h}{3}.$$

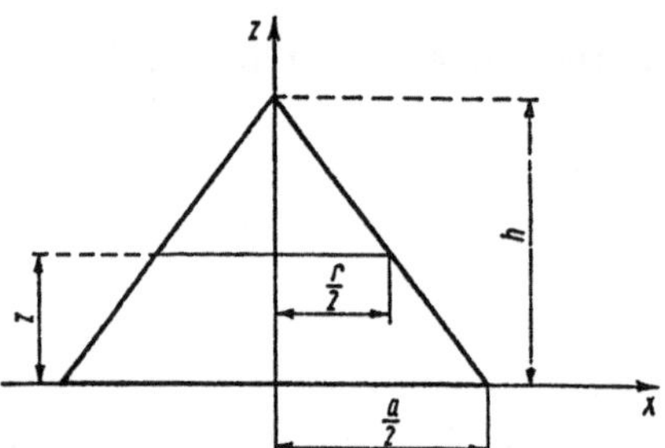

Bild 10.20

Mit Hilfe von Satz 10.20 können wir nun auch sofort das *Volumen von Rotationskörpern* berechnen. Es gilt

Satz 10.21 B_{xy} *sei der durch die Kurven* $x = a$, $x = b$, $y = 0$, $y = f(x)$ *begrenzte Bereich in der x,y-Ebene (Vor.: f stetig und $f(x) \geq 0$ auf [a,b]). B sei der durch Rotation von B_{xy} um die x-Achse entstehende Bereich (s. Bild 10.21). Für das Volumen V von B gilt:*

$$V = \pi \int\limits_a^b (f(x))^2\,dx.$$

B e w e i s : Die zur y,z-Ebene parallelen Ebenen E_x schneiden aus dem Rotationskörper Kreisscheiben mit dem Flächeninhalt $q(x) = \pi \cdot r^2 = \pi\,(f(x))^2$ aus. Also gilt:

$$V = \int\limits_a^b q(x)\,dx = \int\limits_a^b \pi \cdot (f(x))^2\,dx.$$

Beispiel 10.17 Von dem durch Rotation der Kurve $y = \frac{1}{4}x^2$, $0 \le x \le 4$, um die x-Achse entstehenden Rotationskörper (s. Bild 10.22) berechne man das Volumen V.

Nach Satz 10.21 gilt: $V = \pi \cdot \int\limits_a^b (f(x))^2 \; dx = \pi \cdot \int\limits_0^4 (\frac{1}{4} x^2)^2 \; dx = \pi \cdot 12{,}8.$

Aufgabe 10.14 Von dem durch Rotation der Kurve $y = 2\sqrt{x}$, $0 \le x \le 9$, um die x-Achse entstehenden Rotationskörper berechne man das Volumen V.

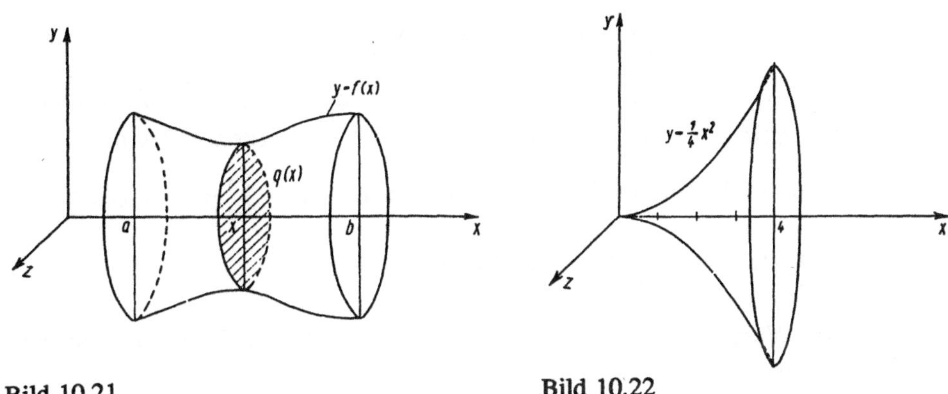

Bild 10.21   Bild 10.22

Satz 10.22 *Rotiert die Kurve* $y = f(x)$, $a \le x \le b$ *um die x-Achse, so gilt für den Flächeninhalt A der zugehörigen Rotationsfläche*

$$A = 2\pi \cdot \int\limits_a^b y\sqrt{1 + y'^2} \; dx \quad (y = f(x)).$$

Vor.: 1) $f(x) \ge 0$ für $x \in [a,b]$,   2) $f(x)$ ist stetig differenzierbar auf $[a,b]$.

B e w e i s : Wir betrachten die Kurve $y = f(x)$, $a \le x \le b$. Das Intervall $[a,b]$ wird zunächst wieder in n Teilintervalle $[x_{i-1},x_i]$ mit der Länge Δx_i $(i = 1, \dots, n)$ zerlegt. ξ_i sei der Mittelpunkt des Intervalls $[x_{i-1},x_i]$. Das oberhalb des Intervalls $[x_{i-1},x_i]$ gelegene "Kurvenstück" von $y = f(x)$ wird durch ein "Tangentenstück" T_i ersetzt, wobei T_i die Tangente in dem zu $x = \xi_i$ gehörigen Kurvenpunkt $(\xi_i, f(\xi_i))$ bedeutet (s. Bild 10.23). Läßt man das Tangentenstück T_i um die x-Achse rotieren, so entsteht der Mantel eines Kegelstumpfes, dessen Oberflächeninhalt A_i nach einer elementargeometrischen Formel berechnet werden kann. Für die Länge l_i des Tangentenstücks T_i gilt:

$l_i = \sqrt{1 + (f'(\xi_i))^2}\ \Delta x_i$. (Den Beweis dieser Gleichung betrachte man als eine kleine Übungsaufgabe! Ausgangspunkt ist dasjenige rechtwinklige Dreieck, dessen Hypotenuse gleich T_i ist und dessen darunter liegende Kathete die Länge $\Delta x_i = x_i - x_{i-1}$ hat.) Damit sind alle Größen, die zur Berechnung des Oberflächeninhalts A_i des Kegelstumpfes erforderlich sind, gegeben (s. Bild 10.24).

$$A_i = \pi \cdot l_i \cdot 2f(\xi_i) \qquad \text{(s. [BSE], Abschnitt Stereometrie).}$$

Hieraus folgt $A_i = 2\pi \cdot \sqrt{1 + (f'(\xi_i))^2} \cdot f(\xi_i)\Delta x_i$.

Die Summe über alle A_i ($i = 1, \ldots, n$) kann als Näherung für den gesuchten Oberflächeninhalt A der Rotationsfläche angesehen werden, falls die Zerlegung von $[a,b]$ in Teilintervalle genügend fein ist: $A \approx \sum\limits_{i=1}^{n} A_i$. Es gilt also:

$$A \approx \sum_{i=1}^{n} A_i = 2\pi \left(\sum_{i=1}^{n} f(\xi_i) \cdot \sqrt{1 + (f'(\xi_i))^2}\ \Delta x_i \right)$$

Den genauen Wert von A erhält man wieder durch den in 10.1.2 beschriebenen Grenzprozeß:

$$A = \lim_{\Delta x_i \to 0} \left(2\pi \cdot \sum_{i=1}^{n} f(\xi_i) \cdot \sqrt{1 + (f'(\xi_i))^2}\, \Delta x_i \right), \ \text{d. h.}\ A = 2\pi \int_a^b f(x) \sqrt{1 + (f'(x))^2}\ \mathrm{d}x.$$

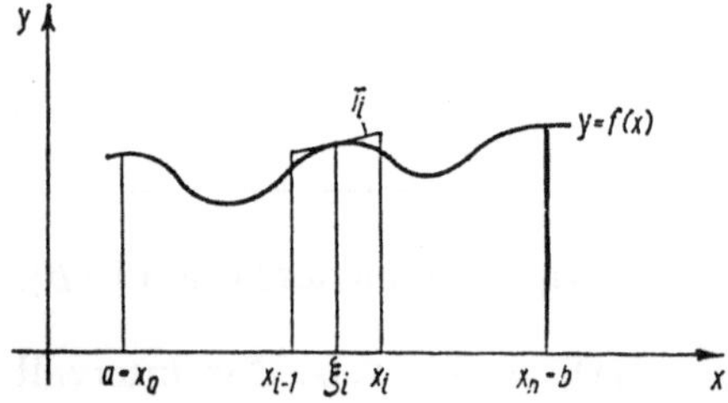

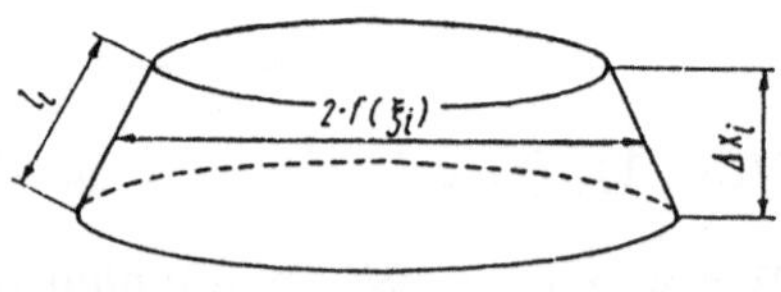

Bild 10.23   Bild 10.24

Beispiel 10.18 Von der durch Rotation der Kurve $y = \frac{1}{2}x^2$, $0 \le x \le 4$ (Parabelstück) um die x-Achse entstehenden Rotationsfläche berechne man den Oberflächeninhalt A.

Nach Satz 10.22 gilt: $A = 2\pi \int\limits_{0}^{4} \frac{1}{2}x^2\sqrt{1+x^2}\ \mathrm{d}x..$ (*)

Das unbestimmte Integral $I = \int x^2\sqrt{1+x^2}\ \mathrm{d}x$ entnehmen wir einer Formelsammlung (z. B. [BSE]). Es gilt:

$$I = \frac{x}{4}(1+x^2)\sqrt{1+x^2} - \frac{1}{8}[x\sqrt{1+x^2} + \ln(x+\sqrt{1+x^2})].$$

Aus (*) folgt dann : $A = \pi(17\cdot\sqrt{17} - \frac{1}{2}\sqrt{17} - \frac{1}{8}\ln(4+\sqrt{17})) = 212{,}9.$

Aufgabe 10.15 Von der durch Rotation der Kurve $y = 2\sqrt{x}$, $0 \le x \le 9$ um die x-Achse entstehenden Rotationsfläche berechne man den Oberflächeninhalt A.

10.4.2 Anwendungen in den Ingenieurwissenschaften

1. Anwendung: Berechnung der Arbeit

Eine Grundfrage in der Mechanik lautet: Wie groß ist die Arbeit, die ein Kraftfeld F bei der Verschiebung eines Massenpunktes längs eines Weges (einer Kurve) leistet? Die Antwort wird mit Hilfe von sog. Kurvenintegralen gegeben; diese Integrale werden aber erst in der Integralrechnung für Funktionen mit mehreren Variablen behandelt. Im Falle eines geradlinigen Weges kann man die obige Frage mit Hilfe von gewöhnlichen Integralen beantworten.

Beginnen wir mit einer einfacheren Fragestellung. Vorgegeben sei eine Strecke $\overline{AB}$ mit der Länge s. In Richtung dieser Strecke greife eine konstante Kraft F vom Betrag F an (s. Bild 10.25). Die von dieser Kraft längs der (orientierten) Strecke von A nach B geleistete Arbeit W ist dann

$$W = F \cdot s \quad (\text{"Arbeit"} = \text{"Kraft"} \text{ mal } \text{"Weg"}).$$

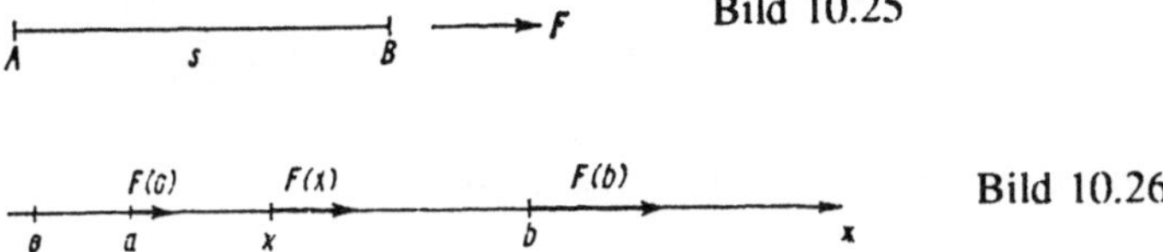

Bild 10.25

Bild 10.26

Schwieriger wird die Berechnung von W, wenn die Kraft nicht mehr konstant ist, sondern sich von Punkt zu Punkt ändert. Man denke z. B. an die beim Entspannen einer elastischen Feder auftretende Kraft!

Um das Problem rechnerisch erfassen zu können, denken wir uns die Strecke von A nach B als einen Teil der x-Achse, wobei die Punkte A und B durch $x = a$ bzw. $x = b$ festgelegt sind. Die Kraft soll wieder in Richtung dieser Strecke angreifen, aber sich von Punkt zu Punkt ändern, d. h. $F = F(x)$ (s. Bild 10.26). Wie groß ist die von dieser Kraft F mit dem Betrag $F = F(x)$ längs der (orientierten) Strecke von A nach B geleistete Arbeit W?

Wir zerlegen das Intervall $[a,b]$ in endlich viele Teilintervalle $[x_{i-1}, x_i]$ ($i = 1, \ldots, n$), wobei $x_0 = a$ und $x_n = b$ gesetzt wird (vgl. 10.1.1). Im jedem Teilintervall $[x_{i-1}, x_i]$ wählen wir einen Zwischenpunkt ξ_i. Es ist dann $F(\xi_i) \cdot \Delta x_i$ eine Näherung für die von der Kraft $F = F(x)$ auf dem Wege x_{i-1} bis x_i geleistete Arbeit; Δx_i ist wieder die Länge des Intervalls $[x_{i-1}, x_i]$. Folglich ist $\sum\limits_{i=1}^{n} F(\xi_i) \cdot \Delta x_i$ eine Näherung für die gesuchte Arbeit W. Den genauen Wert von W erhält man durch den Grenzprozeß $\Delta x_i \to 0$:

$$W = \lim_{\Delta x_i \to 0} \sum_{i=1}^{n} F(\xi_i) \cdot \Delta x_i.$$

Hieraus folgt (vgl. 10.1.2) $W = \int\limits_a^b F(x)\,\mathrm{d}x.$

Ergebnis: Die in Richtung der positiven x-Achse angreifende Kraft $F = \mathbf{F}(x)$ mit dem Betrag $F = F(x)$ leistet längs des Weges von $x = a$ bis $x = b$ ($a < b$) die Arbeit

$$W = \int\limits_a^b F(x)\,\mathrm{d}x. \tag{10.7}$$

Beispiel 10.19 Wie groß ist die von einer Schraubenfeder beim Entspannen geleistete Arbeit (s. Bild 10.27)?

Zunächst vermerken wir als Erfahrungstatsache, daß $F(x)$ sich linear mit x ändert, d.h. $F(x) = px + q$. Aus $F(b) = 0$ und $F(x)$ monoton fallend auf $[a,b]$ folgt: $pb + q = 0$ und $F'(x) = p < 0$. Also gilt: $F(x) = px - pb = -p(b-x)$. Wir setzen $F(x) = c(b-x)$ mit $c > 0$. Aus (10.7) folgt dann

$$W = \int\limits_a^b c(b-x)\,\mathrm{d}x = \left[-\frac{c}{2}(b-x)^2\right]_a^b = \frac{c}{2}(b-a)^2.$$

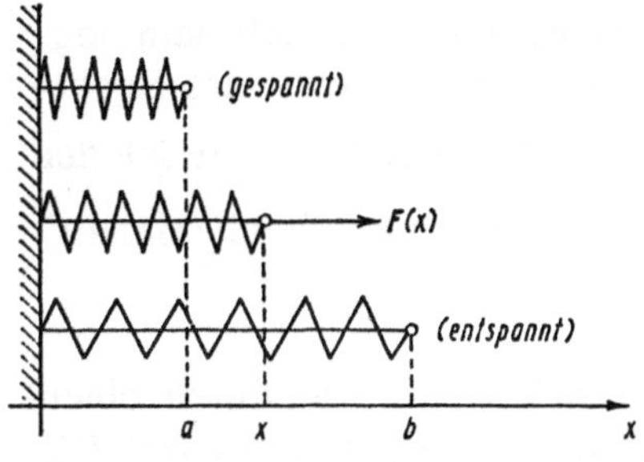

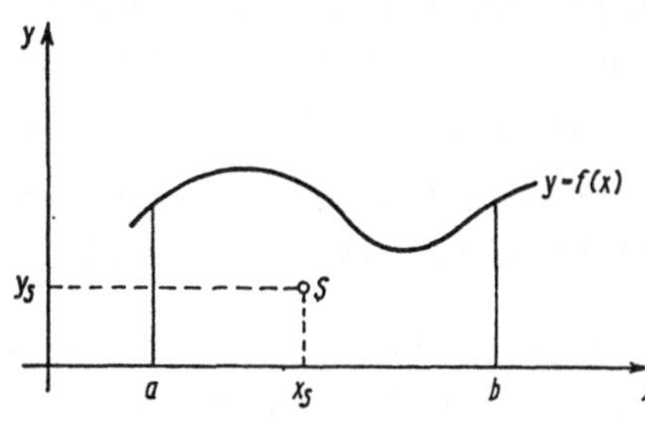

Bild 10.27   Bild 10.28

2. Anwendung: Schwerpunktberechnung

Vorgegeben ist ein ebener Bereich B, der von den Kurven $x = a$, $x = b$, $y = 0$, $y = f(x)$ (Vor.: $f(x) \geq 0$ für alle $x \in [a,b]$) begrenzt wird. B denke man sich mit einer Massenbelegung der Flächendichte ϱ = const versehen. Gesucht ist der Schwerpunkt $S(x_s, y_s)$ von B (s. Bild 10.28).

Für den Schwerpunkt $(\bar{x}, \bar{y})$ eines Systems von Massenpunkten $P_1(x_1, y_1)$, $P_2(x_2, y_2)$, ... , $P_n(x_n, y_n)$ mit den Massen $m_1, m_2, ... , m_n$ gelten die aus der elementaren Mechanik bekannten Formeln

$$\bar{x} = \frac{m_1 x_1 + ... + m_n x_n}{m_1 + ... + m_n} , \quad \bar{y} = \frac{m_1 y_1 + ... + m_n y_n}{m_1 + ... + m_n}. \tag{10.8}$$

Mit Hilfe von (10.8) können wir nun auch den Schwerpunkt S des Bereiches B bestimmen. Das Intervall $[a,b]$ wird zunächst wieder in n Teilintervalle $[x_{i-1}, x_i]$ mit der Länge Δx_i $(i = 1, ... , n; x_0 = a, x_n = b)$ zerlegt. ξ_i sei der Mittelpunkt des Intervalls $[x_{i-1}, x_i]$. Für kleines Δx_i ist der Schwerpunkt des durch $x = x_{i-1}$, $x = x_i$, $y = 0$, $y = f(x)$ begrenzten Streifens ST_i ungefähr gleich dem Schwerpunkt des zugehörigen Rechtecks RE_i (s. Bild 10.29).

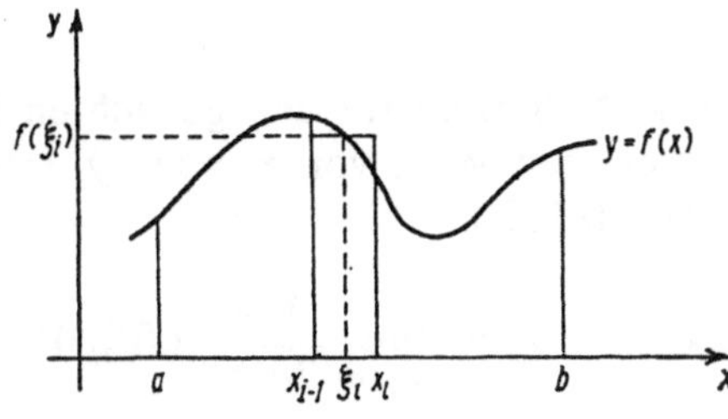

Bild 10.29

Bei konstanter Dichte ist der Schwerpunkt eines Rechtecks gleich dem sog. geometrischen Schwerpunkt des Rechtecks; für den Schwerpunkt des Rechtecks RE_i gilt : $\bar{x}_i = \xi_i$, $\bar{y}_i = \frac{1}{2}f(\xi_i)$. Die Masse von ST_i ist ungefähr gleich der Masse von RE_i: $m(ST_i) \approx m(RE_i) = \varrho \cdot f(\xi_i) \cdot \Delta x_i$ ("Dichte" mal "Flächeninhalt" von RE_i gleich "Masse" von RE_i).

Nunmehr denken wir uns jeden Streifen ST_i ($i = 1, 2, \dots , n$) durch einen Massenpunkt P_i von der Masse $m(RE_i)$ am Ort des Schwerpunktes von RE_i ersetzt:

P_i hat die Koordinaten $(\bar{x}_i, \bar{y}_i) = (\xi_i, \frac{1}{2}f(\xi_i))$ und die Masse $m_i = \varrho \cdot f(\xi_i) \cdot \Delta x_i$. Dadurch haben wir erreicht, daß der mit Masse belegte Bereich B durch ein System von Massenpunkten P_i ($i = 1, \dots , n)$ mit den Koordinaten $(\bar{x}_i, \bar{y}_i)$ und den Massen m_i ersetzt wird. Den Schwerpunkt $(\bar{x}_i, \bar{y}_i)$ dieses Systems können wir nach den Formeln (10.8) berechnen.

$$\bar{x} = \frac{1}{M_0} \sum_{i=1}^{n} m_i \bar{x}_i = \frac{1}{M_0} \sum_{i=1}^{n} (\varrho \cdot f(\xi_i) \cdot \Delta x_i) \cdot \xi_i = \frac{\varrho}{M_0} \sum_{i=1}^{n} \xi_i \cdot f(\xi_i) \cdot \Delta x_i.$$

$(M_0 := m_1 + \dots + m_n$ ist die Gesamtmasse des Systems von Massenpunkten. Die Summation erstreckt sich immer über alle i von 1 bis n.)

$$\bar{y} = \frac{1}{M_0} \sum_{i=1}^{n} m_i \bar{y}_i = \frac{1}{M_0} \sum (\varrho \cdot f(\xi_i) \cdot \Delta x_i) \cdot \frac{1}{2} f(\xi_i) = \frac{\varrho}{2 \cdot M_0} \sum (f(\xi_i))^2 \Delta x_i.$$

Da die Masse M_0 des Systems von Massenpunkten ungefähr gleich der Masse M des Bereiches B ist, können wir in diesen Gleichungen M_0 näherungsweise durch M ersetzen. Wegen $A \cdot \varrho = M$ ("Flächeninhalt A von B" mal "Dichte ϱ" gleich "Masse von B") gilt daher:

$$\bar{x} \approx \frac{1}{A} \sum \xi_i \cdot f(\xi_i) \cdot \Delta x_i, \qquad \bar{y} \approx \frac{1}{2A} \sum (f(\xi_i))^2 \cdot \Delta x_i.$$

Der so ermittelte Punkt $(\bar{x}, \bar{y})$ ist eine Näherung für den gesuchten Schwerpunkt (x_s, y_s) des Bereiches B. Den genauen Wert von x_s bzw. y_s erhält man wieder durch einen Grenzprozeß (vgl. 10.1.2.):

$$x_s = \lim_{\Delta x_i \to 0} \frac{1}{A} \sum \xi_i \cdot f(\xi_i) \cdot \Delta x_i, \qquad y_s = \lim_{\Delta x_i \to 0} \frac{1}{2A} \sum (f(\xi_i))^2 \cdot \Delta x_i.$$

Hieraus folgt (vgl. 10.1.2) das

Ergebnis Die Koordinaten des Schwerpunktes von B berechnet man Hilfe folgender Formeln:

$$x_s = \frac{1}{A} \int_a^b x \cdot f(x)\, dx, \qquad\qquad y_s = \frac{1}{2A} \int_a^b (f(x))^2\, dx. \qquad (10.9)$$

Dabei ist $A = \int_a^b f(x)\, dx$ der Flächeninhalt des Bereiches B und B ein von den Kurven $x = a$, $x = b$, $y = 0$, $y = f(x)$ ($f(x) \geq 0$ für alle $x \in [a,b]$) begrenzter Bereich, den man sich mit einer Massenbelegung der Dichte ϱ = const versehen denkt. Im Falle ϱ = const für alle Punkte von B nennt man B auch einen *homogenen Bereich* und den Schwerpunkt von B den *geometrischen Schwerpunkt* von B.

3. Anwendung: Elektrische Arbeit

Sind Spannung u und Stromstärke i konstant, d. h. $u = U$ = const, $i = I$ = const, so ist die in einer gewissen Zeit T geleistete elektrische Arbeit W gegeben durch $W = U \cdot I \cdot T$. Wenn sich dagegen Spannung und Stromstärke zeitlich ändern, so wird die in der Zeit T geleistete Arbeit W durch ein bestimmtes Integral berechnet.

Ergebnis: Gilt für die Spannung $u = u(t)$ und für die Stromstärke $i = i(t)$, so ergibt sich für die im Zeitintervall $0 \leq t \leq T$ geleistete elektrische Arbeit

$$W = \int_0^T u i\, dt. \qquad (10.10)$$

Bemerkung 10.11 Im Falle $u = U$ = const, $i = I$ = const erhält man:

$$W = \int_0^T U I\, dt = U I \int_0^T dt = U I T.$$

$W = U I T$ ist also ein Spezialfall der Formel (10.10).

Bei der Herleitung dieser allgemeinen Formel benutzt man das gleiche Prinzip, wie bei der Herleitung der Formel für die mechanische Arbeit. Das

Zeitintervall $[0, T]$ wird in endlich viele Teile zerlegt. Ist τ_k ein Punkt, Δt_k die Länge des k-ten Teilintervalls, so ist die Integralsumme $\sum u(\tau_k)\, i(\tau_k)\, \Delta t_k$ eine Näherung für die gesuchte elektrische Arbeit W. Den genauen Wert erhält man durch einen Grenzprozeß $\Delta t_k \rightarrow 0$ (vgl. Definition 10.2 in 10.1.2):

$$W = \lim_{\Delta t_k \rightarrow 0} \sum_k u(\tau_k)\, i(\tau_k)\, \Delta t_k = \int_0^T u(t)\,i(t)\, \mathrm{d}t.$$

Beispiel 10.20   Man berechne die elektrische Arbeit $W = \int_0^T u i\, \mathrm{d}t$, wenn Spannung und Stromstärke den Gleichungen

$$u = \hat{U} \cdot \sin(\omega t + \varphi_u), \quad i = \hat{I} \cdot \sin(\omega t + \varphi_i)$$

genügen (Wechselstrom) und $T = \dfrac{2\pi}{\omega}$ gewählt wird.

Hinweis: Bei ω, φ_u und φ_i handelt es sich um konstante Größen. ω ist die "Kreisfrequenz", $T = \dfrac{2\pi}{\omega}$ die "Periode". Wir berechnen also die elektrische Arbeit während einer Periode.

Durch die Substitution $x = \omega t + \varphi_u$ geht das Integral

$$W = \int_0^T \hat{U} \cdot \sin(\omega t + \varphi_u) \cdot \hat{I} \cdot \sin(\omega t + \varphi_i)\, \mathrm{d}t$$

über in

$$W = \frac{1}{\omega}\, \hat{U}\hat{I} \int_{\varphi_u}^{\varphi_u + 2\pi} \sin x \, \sin(x + \varphi)\, \mathrm{d}x.$$

Hierbei wurde zur Abkürzung $\varphi_i - \varphi_u = \varphi$ (Phasenverschiebung) gesetzt. Da für eine periodische Funktion $f(x)$ mit der Periode 2π die Beziehung

$$\int_c^{c+2\pi} f(x)\, \mathrm{d}x = \int_0^{2\pi} f(x)\, \mathrm{d}x$$ gilt, vereinfacht sich das Integral:

$$W = \frac{1}{\omega}\, \hat{U}\hat{I} \int_0^{2\pi} \sin x \, \sin(x + \varphi)\, \mathrm{d}x.$$

Wegen $\sin(x+\varphi) = \sin x \cos\varphi + \cos x \sin\varphi$ ergibt sich hieraus:

$$W = \frac{1}{\omega} \, \hat{U}\hat{I} \int_0^{2\pi} (\sin^2 x \cos\varphi + \sin x \cos x \sin\varphi) \, dx$$

$$= \frac{1}{\omega} \, \hat{U}\hat{I} \left[(\cos\varphi) \frac{1}{2} (x - \sin x \cos x) + (\sin\varphi) \frac{1}{2} \sin^2 x \right]_0^{2\pi}$$

$$= \frac{\pi}{\omega} \, \hat{U}\hat{I} \cos\varphi = \frac{T}{2} \, \hat{U}\hat{I} \cos(\varphi_i - \varphi_u).$$

Ergebnis: für die elektrische Arbeit während einer Periode T gilt

$$W = \tfrac{1}{2} \, \hat{U}\hat{I}T \cos(\varphi_i - \varphi_u) = \tfrac{1}{2} \, \hat{U}\hat{I}T \cos\varphi.$$

Aufgabe 10.16 Man bestimme den geometrischen Schwerpunkt des von der Parabel $y = x^2$ $(x \geq 0)$, der x-Achse und der Geraden $x = 4$ begrenzten Bereiches B. (B liegt ganz im 1. Quadranten.)

Aufgabe 10.17 Man bestimme den geometrischen Schwerpunkt des von den Kurven $y = \sin x$ $(0 \leq x \leq \pi)$ und $y = 0$ begrenzten Bereiches B.

10.5 Das bestimmte Integral und der Maßbegriff

In 10.1.2 hatten wir bereits als erste Anwendung des bestimmten Integrals den Flächeninhalt eines ebenen Bereiches (begrenzt durch die vier Kurven $y = 0$, $x = a$, $x = b$, $y = f(x)$ (≥ 0)) berechnet. Dabei wurde der Begriff des Flächeninhalts als anschaulich gegeben hingenommen, obwohl dieser Begriff kein elementarer Begriff ist und zu seiner strengen Erfassung ein Grenzprozeß erforderlich ist. Selbst bei einem so einfachen geometrischen Gebilde, wie dem Kreis vom Radius r, ist die Berechnung des Flächeninhalts A nicht "elementar", obwohl ihn jeder Schüler nach der Formel $A = \pi r^2$ berechnen kann. (Der Grenzprozeß ist in der irrationalen Zahl π versteckt!) Es erhebt sich die allgemein Frage: Was soll man unter dem Inhalt (= Maß)[39] einer

---

[39] In der allgemeinen Maß- und Integrationstheorie ist die wesentliche Forderung, die man an den Maßbegriff stellt, daß die Vereinigung von abzählbar vielen meßbaren Mengen wieder eine meßbare Menge ist. Diese Forderung ist beim Lebegue-Maß erfüllt, aber nicht beim Riemann-Maß. Im Sinne dieses allgemeinen Maßbegriffs dürfte also das Wort "Maß" beim Riemann-Inhalt (Riemann-Maß) nicht verwendet werden.

beliebig vorgegebenen ebenen Punktmenge M verstehen und wie kann man denselben berechnen? Dabei muß natürlich gewährleistet sein, daß der eingeführte Inhaltsbegriff im Falle elementarer Figuren (Rechteck, Dreieck usw.) mit dem dort bereits gegebenen Inhaltsbegriff übereinstimmt. Ausgangspunkt ist ein Rechteck, dem als Maß das Produkt ab seiner Kantenlängen zugeordnet wird. Die folgende Konstruktion führt zum Maß der ebenen Punktmenge M (über M wird lediglich vorausgesetzt, daß es sich um eine beschränkte ebene Punktmenge handelt, d. h. es existiert ein Kreis, so daß. M ganz innerhalb dieses Kreises liegt.) In der Ebene, in der M liegt, wird ein rechtwinklig kartesisches x, y-Koordinatensystem eingeführt. Wir führen jetzt eine Folge von "Quadratnetzen" N_0, N_1, N_2, ... ein (s. Bild 10.30. Das Quadratnetz N_0 besteht aus Quadraten mit der Kantenlänge 1. N_1 entsteht aus N_0 durch Halbierung der Kantenlänge von N_0; N_1 besteht aus Quadraten mit der Kantenlänge $\frac{1}{2}$. N_2 entsteht aus N_1 durch Halbierung der Kantenlänge von N_1; N_2 besteht also aus Quadraten mit der Kantenlänge $\frac{1}{4}$ $(= \frac{1}{2^2})$. Allgemein: Das Quadratnetz N_k besteht aus Quadraten mit der Kantenlänge 2^{-k}.

E_k sei die Vereinigung aller zu N_k gehörigen Quadrate, die ganz in M enthalten sind. U_k sei die Vereinigung aller zu N_k gehörigen Quadrate, die mindestens einen Punkt von M enthalten (s. Bild 10.31). Mit $m(E_k)$ bzw. $m(U_k)$ wird das Maß von E_k bzw. U_k bezeichnet. ($m(E_k)$ = Summe der Maße aller zu E_k gehörigen Quadrate; analog $m(U_k)$.) Beim Übergang von E_k zu E_{k+1} stellt man fest (s. Bild 10.30): $E_k \subset E_{k+1}$. Hieraus folgt $m(E_k) \leq m(E_{k+1})$. Die Folge $m(E_0)$, $m(E_1)$, $m(E_2)$, ... ist also eine monoton wachsende und beschränkte (weil M beschränkt) Folge. Aus diesem Grund ist die Folge $m(E_k)$ konvergent, d. h. $\lim_{k \to \infty} m(E_k)$ existiert. Analog zeigt man, daß $\lim_{k \to \infty} m(U_k)$ existiert $(U_k \supset U_{k+1})$.

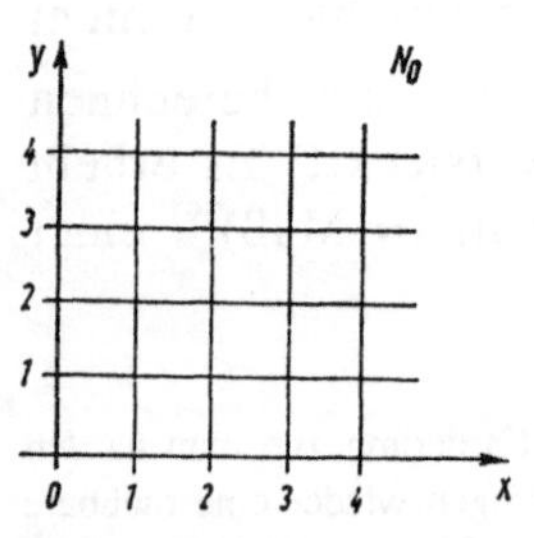

Bild 10.30

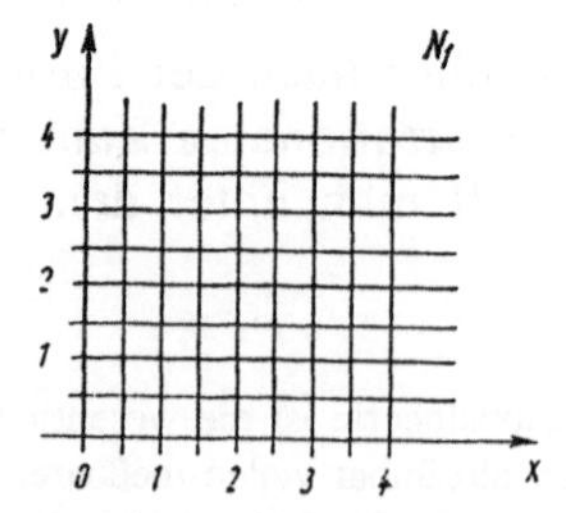

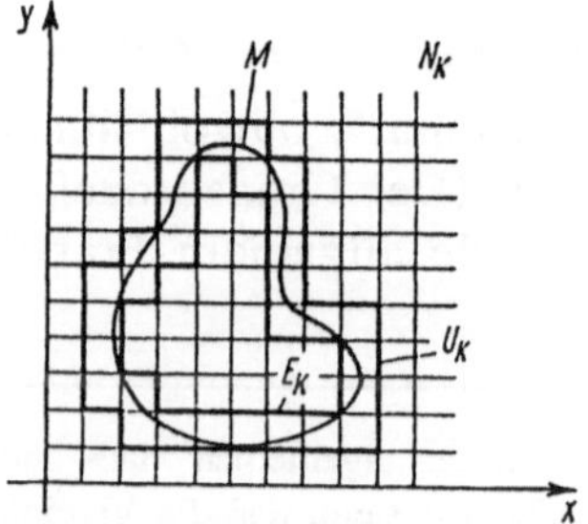

Bild 10.31

> **Definition 10.4** $m_i(M) := \lim\limits_{k \to \infty} m(E_k)$ *nennt man das* innere Maß von M.
>
> $m_a(M) := \lim\limits_{k \to \infty} m(U_k)$ *nennt man* das äußere Maß von M.
>
> *Die Menge M heißt* Riemann-meßbar *(R-meßbar), wenn* $m_i(M) = m_a(M)$ *gilt. Den gemeinsamen Wert von* $m_i(M) = m_a(M) =: m(M)$ *nennt man das* Riemann-Maß *oder den* Riemann-Inhalt *von M*.

Bemerkung 10.12 $m_i(M)$ ist die obere Grenze der Maße aller "einbeschriebenen" E_k; $m_a(M)$ ist die untere Grenze der Maße aller "umbeschriebenen" U_k. Mit der Folge $m(E_0)$, $m(E_1)$, $m(E_2)$, ... nähert man sich dem gesuchten Maß "von innen"; mit der Folge $m(U_0)$, $m(U_1)$, $m(U_2)$, ... nähert man sich dem gesuchten Maß "von außen". $m_i(M) = \sup m(E_k)$ $m_a(M) = \inf m(U_k)$. (Supremum = obere Grenze, Infimum = untere Grenze.)

Zwischen dem bestimmten Riemannschen Integral und dem Riemannschen Inhalt besteht ein sehr enger Zusammenhang. Über diesen Zusammenhang gibt der folgende Satz Auskunft.

> **Satz 10.23** *Ist* $f(x)$ *auf dem Intervall* $[a, b]$ *definiert, beschränkt und nicht negativ, so gilt für die sogenannte* Ordinatenmenge M, *d. h. die Menge aller Punkte* (x, y) *mit* $a \leq x \leq b$, $0 \leq y \leq f(x)$, *die folgende Aussage: Die Ordinatenmenge ist genau dann R-meßbar, wenn* $f(x)$ *über* $[a, b]$ *im Riemannschen Sinne integrierbar ist. Ist diese Aussage erfüllt, so gilt*
>
> $$ m(M) = \int\limits_a^b f(x)\,\mathrm{d}x, $$
>
> *d. h. das Riemann-Maß der Ordinatenmenge M ist gleich dem Riemannschen Integral von* $f(x)$ *über* $[a, b]$.

Einen Beweis zu diesem Satz findet man z. B. in [MKN], Bd. III.

Bemerkung 10.13 Wir haben in diesem Abschnitt definiert, was man unter dem (Riemannschen)Inhalt einer ebenen Punktmenge zu verstehen hat. Diese Ausführungen kann man sofort auf Punktmengen des Raumes übertragen. An Stelle von Quadratnetzen ($n = 2$) hat man jetzt Würfelnetze ($n = 3$). Darüber hinaus kann man natürlich die Problematik auf eine beliebige beschränkte Teilmenge M des n-dim. Raumes R^n übertragen; das Würfelnetz besteht jetzt aus n-dim. Quadern Neben dem - in den Anwendungen dominierenden - Riemannschen Integralbegriff gibt es noch eine Reihe anderer Integralbegriffe, z. B. das Lebesguesche Integral und das Stieltjes-Integral. Diese Verallgemeinerungen des Riemannschen Integralbegriffs werden vor allem bei tiefergehenden theoretischen Untersuchungen herangezogen.

11. Uneigentliche Integrale

Bei der Definition des bestimmten (Riemannschen) Integrals $\int_a^b f(x)\,dx$ wird vorausgesetzt:

1. Das Intervall $[a, b]$ ist beschränkt (endlich),
2. die Funktion $f(x)$ ist auf dem Intervall $[a, b]$ beschränkt.

(Bei der Einführung der Integralsummen (s. 10.1.1) hatten wir lediglich formuliert, daß die Funktion $f(x)$ auf dem Intervall $[a, b]$ definiert ist. Dabei wurde als Selbstverständlichkeit angesehen, daß es sich bei $[a, b]$ um ein endliches Intervall handelt. Zur 2. Voraussetzung bemerken wir: eine nicht beschränkte Funktion kann nicht integrierbar sein!)
Ist eine der Voraussetzungen nicht erfüllt, z. B.

$$a = 1, \ b = \infty, \ f(x) \text{ beliebig (1. Vor. nicht erfüllt) oder}$$

$$a = 0, \ b = 4, \ f(x) = \tfrac{1}{x} \qquad \text{(2. Vor. nicht erfüllt),}$$

so kann man versuchen, durch einen geeigneten Grenzprozeß dem Integral doch noch einen vernünftigen Sinn zu geben. Existiert bei diesem Grenzprozeß der Grenzwert, so spricht man von einem "uneigentlichen Integral mit unendlichen Grenzen" bzw. von einem "uneigentlichen Integral mit nichtbeschränkter Funktion". Die bisher betrachteten bestimmten Integrale nennt man in diesem Zusammenhang dann "eigentliche Integrale".

11.1 Uneigentliche Integrale mit unendlichen Grenzen

Uneigentliche Integrale mit unendlichen Grenzen treten uns in folgenden drei Formen entgegen:

$$\int_a^\infty f(x)\,dx \quad (I), \qquad \int_{-\infty}^b f(x)\,dx \quad (II), \qquad \int_{-\infty}^\infty f(x)\,dx \quad (III).$$

Was verbirgt sich hinter diesen bisher nicht definierten Größen? (Voraussetzung: a, b reelle (endliche) Zahlen.)

Definition 11.1

$$\int_a^\infty f(x)\,dx := \lim_{b \to \infty} \int_a^b f(x)\,dx.$$

Das uneigentliche Integral ist der Grenzwert eines eigentlichen Integrals.

Vorausgesetzt wird hierbei natürlich, daß die Funktion $f(x)$ auf jedem endlichen Teilintervall $[a, b]$ integrierbar ist und der Grenzwert $G = \lim\limits_{b \to \infty} \int\limits_a^b f(x)\,dx$ existiert. Dieser Grenzwert heißt *uneigentliches Integral der Funktion $f(x)$ über dem Intervall* $[a, \infty)$ und wird durch das Symbol $\int\limits_a^\infty f(x)\,dx$ bezeichnet. In diesem Zusammenhang sind folgende Sprechweisen üblich: Wenn der Grenzwert G existiert und endlich ist, so sagt man, das uneigentliche Integral *existiert* bzw. *konvergiert*. Existiert G nicht, so spricht man von einem *divergenten* uneigentlichen Integral; hierzu zählen auch die Fälle $G = \infty$ und $G = -\infty$.

Definition 11.2

$$\int\limits_{-\infty}^b f(x)\,dx := \lim\limits_{a \to -\infty} \int\limits_a^b f(x)\,dx.$$

Definition 11.3

$$\int\limits_{-\infty}^\infty f(x)\,dx := \int\limits_{-\infty}^c f(x)\,dx + \int\limits_c^\infty f(x)\,dx$$

(c: beliebige reelle Zahl).

In Def. 11.3 wird vorausgesetzt, daß die rechts stehenden uneigentlichen Integrale (die zu den in Def. 11.1 und 11.2 eingeführten Typen gehören) existieren. Die Definition ist unabhängig von der Wahl der Zahl c. (Bei der Berechnung eines konkreten Beispiels kann man z. B. $c = 0$ wählen.)

Bemerkung 11.1 An Stelle von Definition 11.3 schreibt man auch kurz:

$$\int\limits_{-\infty}^\infty f(x)\,dx := \lim\limits_{\substack{a \to -\infty \\ b \to \infty}} \int\limits_a^b f(x)\,dx.$$

Bei der Berechnung von $\int\limits_a^\infty f(x)\,dx$ geht man folgendermaßen vor. Man bestimmt eine Stammfunktion $F(x)$ von $f(x)$, berechnet anschließend

$F(b) - F(a)$ und führt zum Schluß den Grenzübergang $b \to \infty$ durch:

$$\int_a^\infty f(x)\,\mathrm{d}x = \lim_{b \to \infty} \int_a^b f(x)\,\mathrm{d}x = \lim_{b \to \infty} (F(b) - F(a)) = F(\infty) - F(a) = F(x)\big|_a^\infty .$$

Dabei ist $F(\infty)$ eine abkürzende Schreibweise für $\lim\limits_{b \to \infty} F(b)$.

Analog geht man bei den in den Definitionen 11.2 und 11.3 angegebenen uneigentlichen Integralen vor. Es gilt:

$$\int_{-\infty}^b f(x)\,\mathrm{d}x = F(b) - F(-\infty) = F(x)\big|_{-\infty}^b$$

$$\int_{-\infty}^\infty f(x)\,\mathrm{d}x = F(\infty) - F(-\infty) = F(x)\big|_{-\infty}^\infty \quad (F(-\infty) := \lim_{a \to -\infty} F(a)).$$

Beispiel 11.1 Man untersuche, ob das uneigentliche Integral $\int\limits_1^\infty \dfrac{\mathrm{d}x}{x^2}$ existiert.

Es gilt: $\int\limits_1^\infty \dfrac{\mathrm{d}x}{x^2} = \lim\limits_{b \to \infty} \int\limits_1^b \dfrac{\mathrm{d}x}{x^2} = \lim\limits_{b \to \infty} \left(-\dfrac{1}{x}\ \Big|_1^b \right) = \lim\limits_{b \to \infty} \left(1 - \dfrac{1}{b} \right) = 1 .$

Ergebnis: $\int\limits_1^\infty \dfrac{\mathrm{d}x}{x^2} = 1$; das uneigentliche Integral konvergiert.

Geometrisch kann das Ergebnis wie folgt interpretiert werden: Der Flächeninhalt des zwischen der Kurve $y = \dfrac{1}{x^2}$, $1 \le x < \infty$ und der x-Achse liegenden Bereiches (s. Bild 11.1) ist gleich 1.

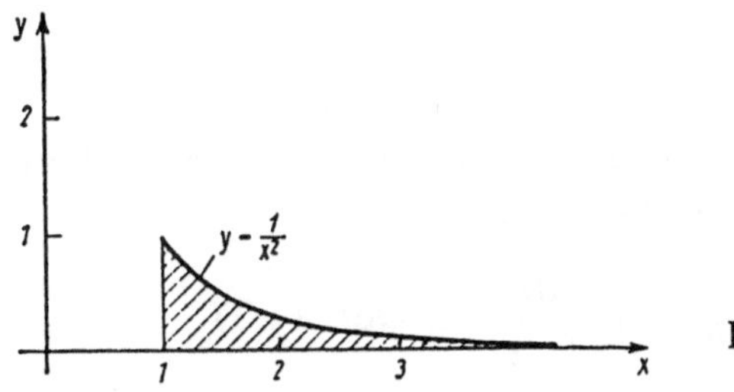

Bild 11.1

Beispiel 11.2 $\displaystyle\int\limits_{1}^{\infty}\frac{dx}{x} = \lim_{b\to\infty}\int\limits_{1}^{b}\frac{dx}{x} = \lim_{b\to\infty}(\ln b - \ln 1) = \infty$.

Ergebnis: $\displaystyle\int\limits_{1}^{\infty}\frac{dx}{x} = \infty$; das uneigentliche Integral divergiert.

Beispiel 11.3 Man untersuche, für welche Werte α (α beliebige reellle Zahl)

das uneigentliche Integral $\displaystyle\int\limits_{1}^{\infty}\frac{dx}{x^{\alpha}}$ konvergiert und für welche es divergiert.

Wir haben in den vorhergehenden Beispielen festgestellt, daß das Integral für $\alpha = 2$ konvergiert und für $\alpha = 1$ divergiert. Wir betrachten jetzt ein beliebiges $\alpha \neq 1$. Es gilt: (s. Formel (9.1) in 9.1.2):

$$\int\limits_{1}^{\infty}\frac{dx}{x^{\alpha}} = \lim_{b\to\infty}\int\limits_{1}^{b} x^{-\alpha}\, dx = \lim_{b\to\infty}\left(\frac{1}{1-\alpha}\, x^{1-\alpha}\,\Big|_{1}^{b}\right)$$

$$= \lim_{b\to\infty}\frac{1}{1-\alpha}\,(b^{1-\alpha}-1) = \begin{cases} \infty, & \text{falls } \alpha < 1, \\ \dfrac{1}{\alpha-1}, & \text{falls } \alpha > 1. \end{cases}$$

(Im Falle $\alpha < 1$ ist $1-\alpha > 0$ und $\lim\limits_{b\to\infty} b^{1-\alpha} = \infty$; im Falle $\alpha > 1$ ist $1-\alpha < 0$,

$\alpha-1 > 0$ und $\lim\limits_{b\to\infty} b^{1-\alpha} = \lim\limits_{b\to\infty}\dfrac{1}{b^{\alpha-1}}\left(=\dfrac{1}{\infty}\right) = 0$.)

Ergebnis: Das uneigentliche Integral $\displaystyle\int\limits_{1}^{\infty}\frac{dx}{x^{\alpha}}$ konvergiert für $\alpha > 1$, divergiert für $\alpha \leq 1$. Für $\alpha > 1$ gilt:

$$\int\limits_{1}^{\infty}\frac{dx}{x^{\alpha}} = \frac{1}{\alpha-1} \ .$$

(Das Konvergenzverhalten des Integrals ändert sich nicht, wenn für die untere Integrationsgrenze eine Zahl $a > 0$ gewählt wird.)

Beispiel 11.4 $\displaystyle\int\limits_{-\infty}^{\infty}\frac{dx}{1+x^{2}} = \int\limits_{-\infty}^{0}\frac{dx}{1+x^{2}} + \int\limits_{0}^{\infty}\frac{dx}{1+x^{2}}$ (s. Def. 11.3)

$$\int_{-\infty}^{0} \frac{dx}{1+x^2} = \lim_{a \to -\infty} \int_{a}^{0} \frac{dx}{1+x^2} = \lim_{a \to -\infty} \left(\arctan x \ \big|_a^0 \right)$$

$$= \lim_{a \to -\infty} \left(\arctan 0 - \arctan a \right) = \frac{\pi}{2}$$

(Nach Definition von $y = \arctan x$ gilt: $\arctan 0 = 0$ und $\lim\limits_{x \to -\infty} \arctan x = -\frac{\pi}{2}$.)

Für das zweite Integral erhält man ebenfalls den Wert $\frac{\pi}{2}$, eine Tatsache, die aus Symmetriegründen unmittelbar einleuchtend ist. Für $f(x) = \dfrac{1}{1+x^2}$ gilt

$f(-x) = f(x)$ für alle x, d. h., die Kurve liegt symmetrisch zur y-Achse.

Damit haben wir folgendes Erbegnis: $\int\limits_{-\infty}^{\infty} \dfrac{dx}{1+x^2} = \pi$. Geometrische Interpretation: Der Flächeninhalt des zwischen der Kurve $y = \dfrac{1}{1+x^2}$, $\quad -\infty < x < \infty$

und der x-Achse liegenden Bereiches B(s. Bild 11.2) ist gleich π. B hat also den gleichen Flächeninhalt wie ein Kreis vom Radius 1.

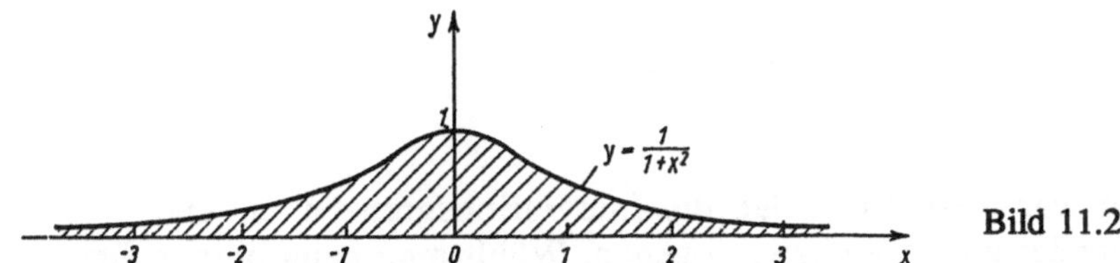

Bild 11.2

Beispiel 11.5 Man denke sich auf der x-Achse im Nullpunkt eine Masse m angebracht; im Punkt mit der Koordinate $x = r > 0$ befinde sich ein Massenpunkt mit der Masse $M = 1$ (s. Bild 11.3). Für die Kraft $F(x)$ (Betrag $F(x)$), mit der M von m angezogen wird, gilt nach dem Newtonschen Gravitationsgesetz

$$F(x) = \gamma \ \frac{m \cdot 1}{x^2} \qquad (\gamma: \text{Gravitationskonstante}).$$

Wie groß ist bei dieser Kraft die Arbeit W, die geleistet werden muß, um die Masse $M = 1$ aus der Lage $x = r$ ins Unendliche zu bringen ($x \to \infty$)?

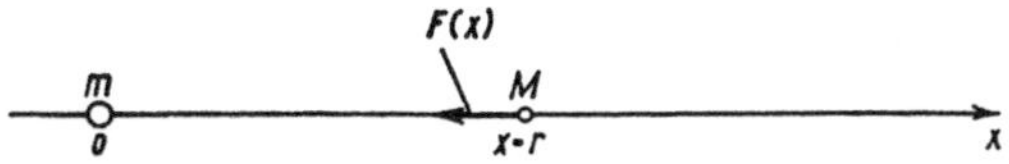

Bild 11.3

Nach Satz 10.20 und 10.4.2 gilt: $W = \int\limits_{r}^{\infty} F(x)\ dx$.

Hieraus folgt: $W = \int\limits_{r}^{\infty} \gamma\,\dfrac{m}{x^2}\ dx = \gamma\,m\left[-\dfrac{1}{x}\right]_{r}^{\infty} = \gamma\cdot\dfrac{m}{r}$.

Aufgabe 11.1 Man berechne die folgenden uneigentlichen Integrale (falls sie existieren):

a) $\int\limits_{o}^{\infty} \dfrac{dx}{a^2+x^2}$ $(a \neq 0)$,

b) $\int\limits_{0}^{\infty} \dfrac{1}{2}\,e^{-2x}\ dx$,

c) $\int\limits_{-\infty}^{\infty} \dfrac{dx}{x^2+2x+2}$,

d) $\int\limits_{-\infty}^{0} \sin x\ dx$.

Das uneigentliche Integral $\int\limits_{-\infty}^{\infty} f(x)\ dx$ war wie folgt definiert:

$$\int\limits_{-\infty}^{\infty} f(x)\ dx = \lim_{\substack{a \to -\infty \\ b \to \infty}} \int\limits_{a}^{b} f(x)\ dx\ .$$

Hierbei war wesentlich, daß die Integrationsgrenzen a und b unabhängig voneinander gegen $-\infty$ bzw. ∞ gehen. Wählt man beim obigen Grenzprozeß $a = -b$, so gelangt man zum sog. Cauchyschen Hauptwert des uneigentlichen Integrals.

Definition 11.4 *Unter dem* Cauchyschen Hauptwert *des uneigentlichen Integrals der Funktion $f(x)$ über dem Intervall $(-\infty, \infty)$ versteht man den Grenzwert*

$$\lim_{a \to \infty} \int\limits_{-a}^{a} f(x)\ dx\ .$$

Für den Cauchyschen Hauptwert wollen wir das folgende Symbol verwenden:

$$\text{CH} \int\limits_{-\infty}^{\infty} f(x)\ dx\ .$$

Aus Definition 11.3 folgt sofort, daß aus der Existenz des uneigentlichen Integrals $\int\limits_{-\infty}^{\infty} f(x)\,dx$ die Existenz des Cauchyschen Hauptwertes $CH\int\limits_{-\infty}^{\infty} f(x)\,dx$ folgt und die beiden Integrale gleich sind. Die Umkehrung gilt i. a. nicht, d. h.: Die Existenz von $CH\int\limits_{-\infty}^{\infty} f(x)\,dx$. hat nicht automatisch die Existenz von $\int\limits_{-\infty}^{\infty} f(x)\,dx$. zur Folge. Das folgende Beispiel demonstriert den Sachverhalt.

Beispiel 11.6 Das uneigentliche Integral $\int\limits_{-\infty}^{\infty} \dfrac{x\,dx}{x^2+3}$ existiert nicht, aber der Cauchysche Hauptwert dieses uneigentlichen Integrals $CH\int\limits_{-\infty}^{\infty} \dfrac{x\,dx}{x^2+3}$ existiert.

Aus

$$\int \frac{x\,dx}{x^2+3} = \frac{1}{2}\int \frac{2x\,dx}{x^2+3} = \frac{1}{2}\int \frac{\varphi'(x)}{\varphi(x)}\,dx = \frac{1}{2}\ln|\varphi(x)| + c$$
$$= \frac{1}{2}\ln(x^2+3) + c$$

folgt:

$$\lim_{\omega \to \infty} \int\limits_{-\infty}^{\infty} \frac{x\,dx}{x^2+3} = \lim_{\omega \to \infty}\left(\frac{1}{2}\ln(\omega^2+3) - \frac{1}{2}\ln((-\omega)^2 + 3)\right)$$
$$= \lim_{\omega \to \infty} 0 = 0 \ .$$

Der Cauchysche Hauptwert des uneigentlichen Integrals existiert; es gilt: $CH\int\limits_{-\infty}^{\infty} \dfrac{x\,dx}{x^2+3} = 0$. Das uneigentliche Integral $\int\limits_{-\infty}^{\infty} \dfrac{x\,dx}{x^2+3}$ dagegen existiert nicht. Nach Definition 11.3 müßten die uneigentlichen Integrale von $-\infty$ bis 0 und 0 bis ∞ existieren und endlich sein. Das ist aber nicht der Fall! Es gilt:

$$\int\limits_{-\infty}^{0} \frac{x\,dx}{x^2+3} = -\infty \ ; \qquad \int\limits_{0}^{\infty} \frac{x\,dx}{x^2+3} = \infty \ .$$

Aufgabe 11.2 Man untersuche, ob die folgenden uneigentlichen Integrale existieren:

a) $\int\limits_{-\infty}^{\infty} x^3 \, dx$,   b) $CH \int\limits_{-\infty}^{\infty} x^3 \, dx$.

11.2   Uneigentliche Integrale mit nichtbeschränkter Funktion

Wenn die Funktion $f(x)$ auf dem Intervall $[a,b]$ eine Unbeschränktheitsstelle c (Unendlichkeitsstelle oder Sprungstelle mit endlichem Sprung) hat, d. h., wenigstens einer der Grenzwerte $\lim\limits_{x \to c+0} f(x)$, $\lim\limits_{x \to c-0} f(x)$ ist gleich $+\infty$ oder $-\infty$, so ist das Integral $\int\limits_{a}^{b} f(x) \, dx$ bisher nicht erklärt.

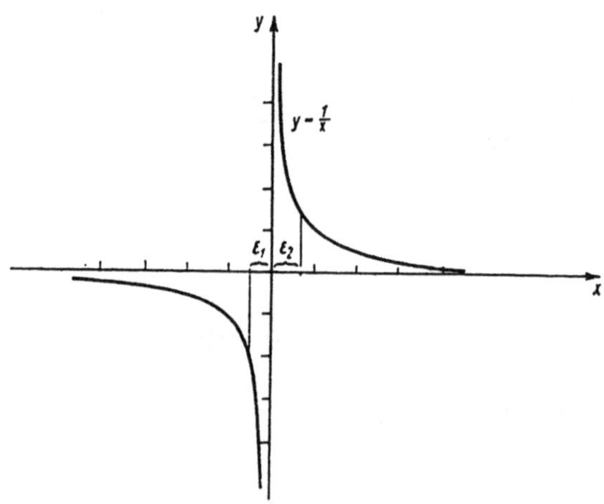

Bild 11.4

Die Funktion $f(x) = \dfrac{1}{x}$ besitzt z. B. einen unendlichen Sprung bei $x = 0$ ($c = 0$). Die Funktion ist an dieser Stelle nicht definiert, und es gilt:

$\lim\limits_{x \to +0} f(x) = +\infty$, $\lim\limits_{x \to -0} f(x) = -\infty$ (s. Bild 11.4). Das Integral $\int\limits_{-2}^{2} \dfrac{dx}{x}$ ist nicht erklärt, weil das Integrationsintervall $[-2, 2]$ eine Sprungstelle mit unendlichem Sprung des Integranden $f(x) = \dfrac{1}{x}$ enthält. In einem solchen Falle wird man zunächst die Unbeschränktheitsstelle c isolieren, indem man eine kleine Umgebung $[c-\varepsilon_1, c+\varepsilon_2]$ aus dem Integrationsintervall herausläßt, die Integration über Teilintervalle $[a, c-\varepsilon_1]$ und $[c+\varepsilon_2, b]$ durchführt und schließlich untersucht, ob sich für $\varepsilon_1 \to 0$ und $\varepsilon_2 \to 0$ ein endlicher Grenzwert ergibt. Nach diesen Vorbemerkungen kommen wir nun zur Definition der uneigentlichen Integrale mit nichtbeschränkter Funktion. Dabei müssen wir drei Fälle unterscheiden:

$$c = a \quad \text{(I)}, \qquad a < c < b \quad \text{(II)}, \qquad c = b \quad \text{(III)}.$$

(Die Unbeschränktheitsstelle c befindet sich im linken Eckpunkt (Fall I), im Innern (Fall II), im rechten Eckpunkt (Fall III) des Integrationsintervalls $[a, b]$.)

Definition 11.5 *Ist c eine Unbeschränktheitsstelle von $f(x)$ auf dem Intervall $[a, b]$, so definiert man*

$$\int_a^b f(x)\,dx := \lim_{\varepsilon \to +0} \int_{a+\varepsilon}^b f(x)\,dx, \quad \text{falls} \quad c = a,$$

$$\int_a^b f(x)\,dx := \lim_{\varepsilon \to +0} \int_a^{b-\varepsilon} f(x)\,dx, \quad \text{falls} \quad c = b,$$

$$\int_a^b f(x)\,dx := \lim_{\varepsilon \to +0} \int_a^{c-\varepsilon_1} f(x)\,dx + \lim_{\varepsilon_2 \to +0} \int_{c+\varepsilon_2}^b f(x)\,dx, \text{ falls } a < c < b,$$

(s. Bild 11.5) und nennt die auf diese Weise eingeführten Größen ebenfalls uneigentliche Integrale.

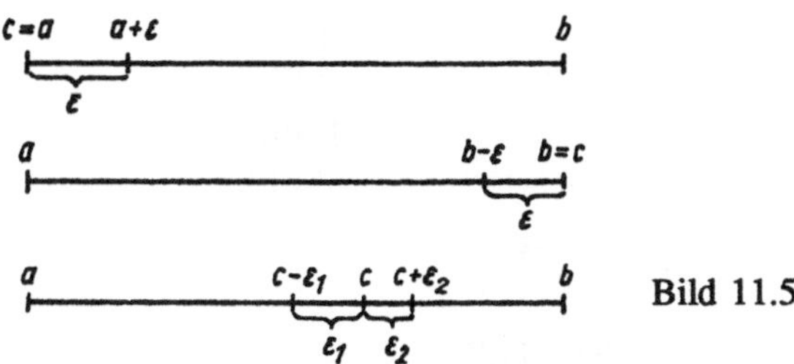

Bild 11.5

Voraussetzung ist natürlich, daß die auf der jeweils rechten Seite stehenden Grenzwerte existieren. Man spricht wieder von einem *konvergenten* bzw. *divergenten* uneigentlichen Integral, je nachdem, ob die entsprechenden Grenzwerte existieren oder nicht.

Beispiel 11.7 $\int_0^1 \dfrac{dx}{\sqrt{x}}$ ist ein uneigentliches Integral, denn die Funktion $f(x) = \dfrac{1}{\sqrt{x}}$ besitzt eine Unbeschränktheitstelle bei $x = 0$. Das uneigentliche Integral existiert (konvergiert), wenn der Grenzwert $G = \lim\limits_{\varepsilon \to +0} \int_\varepsilon^1 \dfrac{dx}{\sqrt{x}}$ existiert (und endlich ist).

Aus $\int_\varepsilon^1 \dfrac{dx}{\sqrt{x}} = 2\sqrt{x} \Big|_\varepsilon^1 = 2 - \sqrt{\varepsilon}$ folgt $G = 2$. Ergebnis: $\int_0^1 \dfrac{dx}{\sqrt{x}} = 2$, d. h., das uneigentliche Integral existiert und hat den Wert 2. Geometrisch kann das Ergebnis wie folgt interpretiert werden: Der Flächeninhalt des zwischen der Kurve $y = \dfrac{1}{\sqrt{x}}$, $\ 0 \le x \le 1$, und der x-Achse liegenden Bereiches B ist gleich 2 (s. Bild 11.6).

Beispiel 11.8 Man untersuche, ob das uneigentliche Integral $\int_{-1}^1 \dfrac{dx}{x^2}$ konvergiert oder divergiert. (Die Funktion $f(x) = \dfrac{1}{x^2}$ besitzt an der Stelle $x = 0$ eine Unbeschränktheitsstelle; s. Bild 11.7)

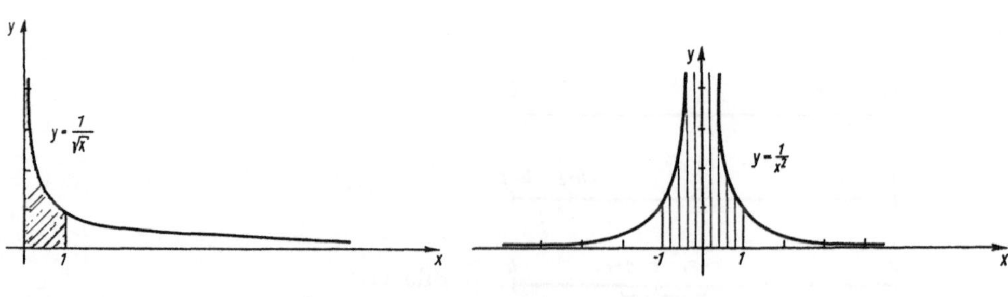

Bild 11.6   Bild 11.7

Nach Definition 11.5 gilt (c = 0):

$$\int_{-1}^{1} \frac{dx}{x^2} = \lim_{\varepsilon_1 \to +0} \int_{-1}^{-\varepsilon_1} \frac{dx}{x^2} + \lim_{\varepsilon_2 \to +0} \int_{\varepsilon_2}^{1} \frac{dx}{x^2} = \lim_{\varepsilon_1 \to +0} \left\{ \left[-\frac{1}{x} \right]_{-1}^{-\varepsilon_1} \right\} + \lim_{\varepsilon_2 \to +0} \left\{ \left[-\frac{1}{x} \right]_{\varepsilon_2}^{1} \right\}$$

$$= \lim_{\varepsilon_1 \to +0} \left\{ \frac{1}{\varepsilon_1} - 1 \right\} + \lim_{\varepsilon_2 \to +0} \left\{ -1 + \frac{1}{\varepsilon_2} \right\} = \infty + \infty = \infty.$$

Ergebnis: Das uneigentliche Integral divergiert.

Aufgabe 11.3 Man untersuche die folgenden uneigentlichen Integrale auf Konvergenz:

a) $\displaystyle\int_{0}^{1} \frac{x\, dx}{\sqrt{1-x^2}}$,   b) $\displaystyle\int_{0}^{1} \frac{dx}{x}$,   c) $\displaystyle\int_{0}^{1} \ln x\, dx$,   d) $\displaystyle\int_{0}^{2} \frac{dx}{(x-1)^4}$.

Lösungen der Aufgaben

Für einen Teil der Aufgaben werden vollständige Lösungen, für die restlichen Aufgaben die Ergebnisse angegeben.

2.1 a) Ist $x_n \neq -2$ für jedes n und $\lim\limits_{n \to \infty} x_n = -2$, so gilt

$$\lim_{n \to \infty} \frac{x_n^2 - 4}{x_n + 2} = \lim_{n \to \infty} \frac{(x_n + 2)\,(x_n - 2)}{x_n + 2} = \lim_{n \to \infty} (x_n - 2) = -4.$$

Also ist $\lim\limits_{x \to -2} \dfrac{x^2 - 4}{x + 2} = -4$.

b) $\lim\limits_{x \to \frac{1}{2}} f(x) = 1$.

c) $\lim\limits_{x \to +0} \operatorname{sgn} x = 1$, $\quad \lim\limits_{x \to -0} \operatorname{sgn} x = -1$, $\quad \lim\limits_{x \to 0} \operatorname{sgn} x$ existiert nicht.

d) $\dfrac{1}{(x - x_0)^k} \to
\begin{cases}
+\infty & \text{für } x \to x_0 + 0, & k \in \mathbb{N}, \\
+\infty & \text{für } x \to x_0 - 0, & k \text{ gerade}, \\
-\infty & \text{für } x \to x_0 - 0, & k \text{ ungerade}, \\
0 & \text{für } x \to \pm\infty, & k \in \mathbb{N}.
\end{cases}$

e) Es sei $x_n > 0$ für jedes n und $\lim\limits_{n \to \infty} x_n = 0$. Zu jedem $\varepsilon > 0$ gibt es dann ein n_0, so daß $x_n < \varepsilon^2$ für alle $n \geq n_0$, also $\sqrt{x_n} < \varepsilon$ für alle $n \geq n_0$. Somit ist $\lim\limits_{n \to \infty} \sqrt{x_n} = 0$. Folglich gilt $\lim\limits_{x \to +0} \sqrt{x} = 0$.

2.2 a) $\lim\limits_{x \to 0} \dfrac{x + 2}{x^2 - 1} = \dfrac{2}{-1} = -2$.

b) $\lim\limits_{x \to \infty} \dfrac{x + 2}{x^2 - 1} = \lim\limits_{x \to \infty} \dfrac{x(1 + \frac{2}{x})}{x^2(1 - \frac{1}{x^2})} = \lim\limits_{x \to \infty} \left(\dfrac{1}{x} \cdot \dfrac{1 + \frac{2}{x}}{1 - \frac{1}{x^2}} \right) = 0$.

c) 2.

d) $\lim\limits_{x \to +\infty} \dfrac{x^2 + 3}{x + 2} = \lim\limits_{x \to +\infty} \left(x \cdot \dfrac{1 + \frac{3}{x^2}}{1 + \frac{2}{x}} \right) = +\infty$.

e) $\lim\limits_{x \to 0} \dfrac{\tan x}{x} = \lim\limits_{x \to 0} \left(\dfrac{\sin x}{x} \cdot \dfrac{1}{\cos x} \right) = 1$.

f) Wegen $\left| \dfrac{\sin x}{x} \right| \leq \dfrac{1}{x}$ für jedes $x > 0$ und $\lim\limits_{x \to +\infty} \dfrac{1}{x} = 0$ ist $\lim\limits_{x \to +\infty} \dfrac{\sin x}{x} = 0$ (Satz 2.3).

g) Mit $z = -x$ und (2.7) folgt

$$\lim_{x \to 0} (1-x)^{\frac{1}{x}} = \lim_{z \to 0} (1+z)^{-\frac{1}{z}} = \lim_{z \to 0} \frac{1}{(1+z)^{\frac{1}{z}}} = \frac{1}{e}.$$

h) $\displaystyle \lim_{x \to +\infty} \left(\frac{-x+3}{2x-1} \, e^x \right) = \lim_{x \to +\infty} \left(\frac{-1+\frac{3}{x}}{2-\frac{1}{x}} \cdot e^x \right) = -\infty.$

2.3 Beweis durch Ausklammern der höchsten Potenz von x im Zähler und Nenner sowie anschließendes Kürzen.

2.4 Es gibt eine punktierte Umgebung U von 0 und eine Zahl $c > 0$, so daß $\left| \dfrac{\sin x - x}{x^3} \right| \le c$ für alle $x \in U$.

3.1 a) Die Funktion f ist an jeder Stelle $x_0 \in R$ stetig (s. Satz 2.2(a)).
b) f ist an der Stelle 0 rechtsseitig, aber nicht linksseitig stetig, also nicht stetig.

c) Wegen $\left| x \sin\frac{1}{x} \right| \le |x|$ für jedes $x \ne 0$ und $\lim\limits_{x \to 0} x = 0$ gilt (nach Satz 2.3)

$\lim\limits_{x \to 0} \left(x \sin\frac{1}{x} \right) = 0 = f(0).$ Also ist f an der Stelle 0 stetig.

3.2 a) $\lim\limits_{x \to -0} f(x) = \lim\limits_{x \to -0} [-(x-2)] = 2,\ \lim\limits_{x \to +0} f(x) = -2;\ x_0 = 0$ ist Sprungstelle.
b) $x_0 = -1$ ist hebbare Unstetigkeitsstelle;

$$f^*(x) = \left\{ \begin{array}{ll} \dfrac{x^2-1}{x+1} & \text{für}\ \ x \ne -1 \\[2mm] -2 & \text{für}\ \ x = -1 \end{array} \right\} = x - 1 \quad \text{für jedes}\ \ x \in R.$$

c) $\lim\limits_{x \to 3} f(x) = +\infty;\ x_0 = 3$ ist Unendlichkeitsstelle.

d) $\lim\limits_{x \to -0} f(x) = -\infty,\ \lim\limits_{x \to +0} f(x) = +\infty;\ x_0 = 0$ ist Stelle eines unendlichen Sprunges.

e) Sprünge bei 0, ± 1, ± 2, ... (s. Bild 3.13).
f) f ist auf R stetig (s. Bild 3.14).

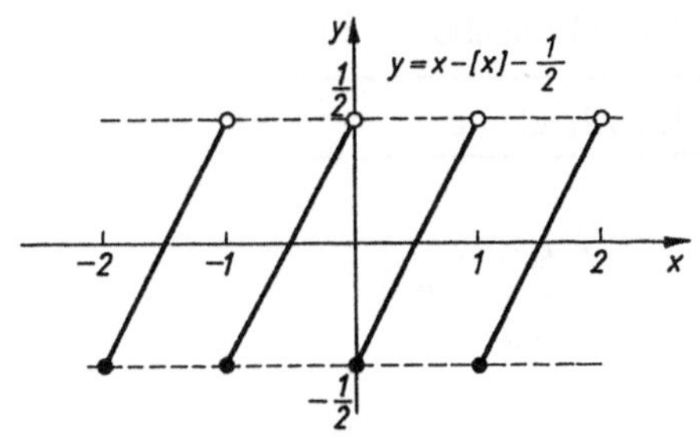

Bild 3.13

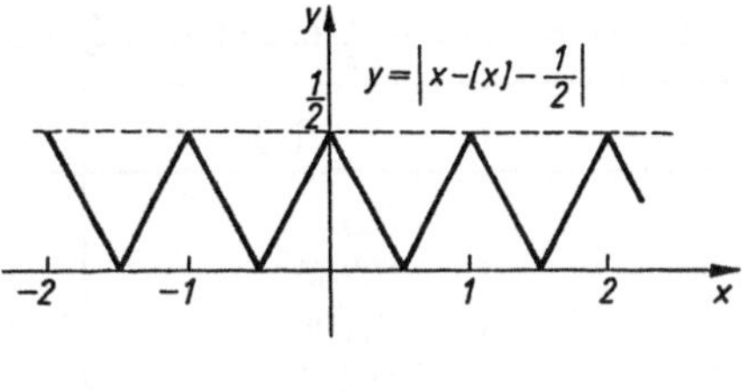

Bild 3.14

3.3 a) $\lim\limits_{x \to -0} f(x) = e^0 = 1 = \cos 0 = \lim\limits_{x \to +0} f(x)$, also $\lim\limits_{x \to 0} f(x) = 1 = f(0)$; f ist an der Stelle $x_0 = 0$ stetig.

b) f ist an der Stelle $x_0 = 2$ unstetig.

3.4 a) $\lim\limits_{x \to 0} (e^{\cos x} + \tan 2x) = e^{\cos 0} + \tan 0 = e$.

b) $\dfrac{\pi}{4}$.   c) $\sqrt{2}$.

d) Da $f(x) = \ln x$ an der Stelle $x_0 = e$ stetig ist, gilt $\lim\limits_{n \to \infty} [n \ln(1 + \frac{1}{n})] =$

$$= \lim\limits_{n \to \infty} \ln(1 + \tfrac{1}{n})^n = \ln\left[\lim\limits_{n \to \infty} (1 + \tfrac{1}{n})^n\right] = \ln e = 1.$$

3.5 [0,1] und (0,1]: $\underline{x} = 1$ ist globale Minimumstelle von f; globale Maximumstelle nicht vorhanden (auf [0,1] ist f nicht stetig, (0,1] ist nicht abgeschlossen);

[1, +∞): $\overline{x} = 1$ ist globale Maximumstelle von f; globale Minimumstelle nicht vorhanden.

3.6 a) $\max\limits_{-1 \le x \le 1} f(x) = f(-1) = 3$, $\min\limits_{-1 \le x \le 1} f(x)$ existiert nicht: f ist auf [-1,1] nicht stetig.

b) $W = (-2,-1] \cup \{0\} \cup (2,3]$: kein Intervall.

c) f ist injektiv, aber nicht (streng) monoton (Bild 3.15).

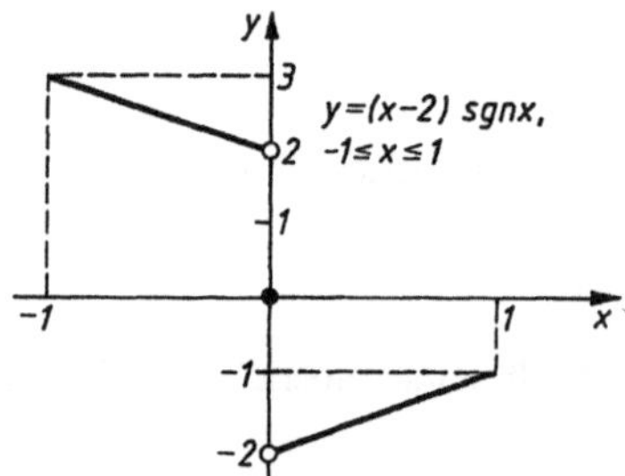

Bild 3.15

3.7 Mit $f(x) = x \ln x - \frac{1}{2}$ ergibt sich $\xi = 1{,}4 \dots$ gemäß Tabelle:

x	$f(x)$	Einschließung	
1	- 0,5		
2	0,886 ...	1	$< \xi <$ 2
1,5	0,108 ...	1	$< \xi <$ 1,5
1,25	- 0,221 ...	1,25	$< \xi <$ 1,5
1,375	- 0,062 ...	1,375	$< \xi <$ 1,5
1,437 5	0,021 ...	1,375	$< \xi <$ 1,437 5
1,406 25	- 0,020 ...	1,406 25	$< \xi <$ 1,437 5

4.1 Mittlere Stromstärke im Intervall $t_0 \dots t_0 + \Delta t$: $\dfrac{Q(t_0 + \Delta t) \ - \ Q(t_0)}{\Delta t}$,

Stromstärke zur Zeit t_0 : $\lim\limits_{\Delta t \to 0} \dfrac{Q(t_0 + \Delta t) \ - \ Q(t_0)}{\Delta t} = \dot{Q}(t_0)$.

4.2 Mittlere Dichte im Intervall $x_0 \dots x_0 + \Delta x$: $\dfrac{m(x_0 + \Delta x) - m(x_0)}{\Delta x}$,

Dichte im Punkt x_0 : $\varrho(x_0) = \lim\limits_{\Delta x \to 0} \dfrac{m(x_0 + \Delta x) - m(x_0)}{\Delta x} = m'(x_0)$.

4.3 $v(t) = \dot{s}(t) = gt + v_0$; $v_0 = v(0)$: Geschwindigkeit zur Zeit $t = 0$, $s_0 = s(0)$: Ort zur Zeit $t = 0$.

4.4 $f'(x) = 1$ für $x > 0$, $f'(x) = -1$ für $x < 0$. An der Stelle $x = 0$ ist f nicht differenzierbar: $f'_+(0) = 1$, $f'_-(0) = -1$.

4.5 Es gilt $\dfrac{\Delta f(0,h)}{h} = \dfrac{\sqrt[3]{h^2}}{h}$. Wegen $h = \sqrt[3]{h^3}$ für $h > 0$ folgt

$$\frac{\Delta f(0,h)}{h} = \frac{\sqrt[3]{h^2}}{\sqrt[3]{h^3}} = \frac{1}{\sqrt[3]{h}} \to +\infty \quad \text{für} \quad h \to +0 \ .$$

Somit ist $f'_+(0) = +\infty$. Mit $-h = \sqrt[3]{(-h)^3}$ für $h < 0$ erhält man analog $f'_-(0) = -\infty$.

4.6 Wir beweisen nur (4.18). Wegen

$$x = \arctan y, \ y \in \mathbb{R} \Leftrightarrow y = \tan x, \ -\frac{\pi}{2} < x < \frac{\pi}{2}$$

gilt für jedes $y \in \mathbb{R}$

$$\frac{dx}{dy} = \frac{1}{\frac{dy}{dx}} = \frac{1}{1 + \tan^2 x} = \frac{1}{1 + y^2}$$

Nun x und y vertauschen.

4.7 a) $(\sinh x)' = \frac{1}{2}(e^x - e^{-x})' = \frac{1}{2}(e^x + e^{-x}) = \cosh x$,

b) Analog a).

4.8 a) $f'(x) = -\dfrac{3}{2\sqrt{x^5}} - \dfrac{10}{x^6} - x^2\,3^x(x\ln 3 + 3)$, $\quad x > 0$,

b) $f'(x) = \dfrac{4x^3(2 + \cos x) + (x^4 - \sin\frac{\pi}{8})\sin x}{(2 + \cos x)^2}$, $\quad x \in \mathbb{R}$,

c) $f'(x) = \dfrac{1}{x\ln x}$; $x > 0$, $x \neq 1$,

d) $f'(x) = -\dfrac{1}{1+x^2}$, $x \neq 0$,

e) $f'(x) = -\dfrac{2x}{3\sqrt[3]{(x^2+1)^4}}$, $x \in \mathbf{R}$,

f) $f'(x) = -2xe^{-x^2} - \dfrac{\sin\sqrt{1-2x}}{\sqrt{1-2x}}$, $x < \frac{1}{2}$,

g) $f'(x) = -\dfrac{4x}{(1+x^2)^2}\,\sinh\dfrac{2(1-x^2)}{1+x^2}$, $x \in \mathbf{R}$.

4.9 $\dfrac{dy}{dx} = 0 \Leftrightarrow x = -1/2$ oder $x = 1$. Somit $P_1(-1/2,-27/16)$, $P_2(1,0)$.

4.10 $v(t) = \dot{s}(t) = -A e^{-\gamma t}\,[\gamma\cos(\omega t - \alpha) + \omega\sin(\omega t - \alpha)]$.

4.11 Wegen $\bar{f}'(\bar{x}) = \dfrac{d\bar{y}}{d\bar{x}} = b\dfrac{dy}{d\bar{x}} = b\dfrac{dy}{dx}\dfrac{dx}{d\bar{x}} = bf'(x)\dfrac{1}{a}$ gilt

$\varepsilon_{\bar{f}}(\bar{x}) = \bar{f}'(\bar{x})\dfrac{\bar{x}}{\bar{f}(\bar{x})} = \dfrac{b}{a}f'(x)\dfrac{ax}{bf(x)} = \varepsilon_f(x)$.

4.12 a) $f'(x) = x^x(\ln x + 1)$,

b) $f'(x) = (\tan x)^x\left(\ln\tan x + \dfrac{x}{\sin x\cos x}\right)$,

c) $f'(x) = \dfrac{\sqrt{(x+1)(x-3)}}{(x^3+2)\sqrt[3]{x-2}}\left[\dfrac{1}{2(x+1)} + \dfrac{1}{2(x-3)} - \dfrac{3x^2}{x^3+2} - \dfrac{1}{3(x-2)}\right]$.

4.13 a) $x \neq 0$: $f'(x) = 2x\sin\dfrac{1}{x} - \cos\dfrac{1}{x}$,

$x = 0$: $\dfrac{\Delta f(0,h)}{h} = h\sin\dfrac{1}{h} \to 0$ für $h \to 0$ (s. Aufgabe 3.1 c)), also $f'(0) = 0$.

b) $f'(x) = 3(x-1)^2$ für $x > 1$, $f'(x) = -3(1-x)^2$ für $x < 1$;

$x = 1$: $\dfrac{\Delta f(1,h)}{h} = \dfrac{|h|^3-0}{h} = \dfrac{h^2|h|}{h} = h|h| \to 0$ für $h \to 0$, also $f'(1) = 0$ (vgl. aber Beispiel 4.2).

4.14 Mit $f'(x) = \dfrac{1}{\sqrt{1-x^2}}$ für $-1 < x < 1$ und Satz 4.6 folgt

$$f'_+(-1) = \lim_{x \to -1+0} f'(x) = +\infty, \quad f'_-(1) = \lim_{x \to 1-0} f'(x) = +\infty.$$

4.15 a) f ist an der Stelle $x = e$ stetig $\Leftrightarrow pe + q = 1$.
b) Mit a) und Satz 4.6 folgt:
f ist an der Stelle $x = e$ differenzierbar $\Leftrightarrow p = \dfrac{2}{e}$ und $q = -1$.

4.16 $f^{(v)}(x) = n(n-1) \ldots (n-v+1)x^{n-v}$ für $v < n$, $f^{(v)}(x) = n!$ für $v = n$
$f^{(v)}(x) = 0$ für $v > n$.

4.17 a) $f^{(n)}(x) = \begin{cases} (-1)^k \cos x & \text{für } n = 2k \\ (-1)^{k+1} \sin x & \text{für } n = 2k+1 \end{cases}$ $(k \geq 0,\ \text{ganz})$,

b) $f^{(n)}(0) = \begin{cases} (-1)^{\frac{n}{2}} & \text{für } n \text{ gerade} \\ 0 & \text{für } n \text{ ungerade}. \end{cases}$

4.18 $\dfrac{d^n(a^x)}{dx^n} = a^x(\ln a)^n$, $\dfrac{d^n(e^x)}{dx^n} = e^x$.

4.19 $f''(x) = (\sin^2 2x - 2\cos 2x)e^{\cos^2 x}$.

4.20 $f^{(4)}(x) = (x^3 - 12x^2 + 36x - 24)e^{-x}$ (Leibnitz-Regel auf $f(x) = x^3 \cdot e^{-x}$ anwenden).

4.21 $m\ddot{s} = -mA\omega_0^2\cos(\omega_0 t - \alpha) = -ks = F$.

4.22 $[(x^2-1)^n \cdot (n+1)2x]^{(n+1)} = \displaystyle\sum_{k=0}^{n+1} \binom{n+1}{k} [(x^2-1)^n]^{(n+1-k)} [(n+1)2x]^{(k)} =$

$[(x^2-1)^n]^{(n+1)}(n+1)2x + (n+1)[(x^2-1)^n]^{(n)}2(n+1) \Rightarrow P_{n+1}' = xP_n' + (n+1)P_n$; zweite
Gleichung analog bestätigen. Gleichsetzen führt auf Legendre-Differentialgleichung.

4.23 a) $dy = -\sin x\, dx$,
b) $dy = (1-x)e^{-x}dx$,
c) $dy = \dfrac{x}{\sqrt{x^2+3}}\, dx$.

4.24 $\sin 46° = \sin 45° + \Delta y \approx \sin 45° + dy = \sin 45° + \cos 45° \cdot \dfrac{\pi}{180} =$

$= \dfrac{1}{2}\sqrt{2}\left(1 + \dfrac{\pi}{180}\right) = 0{,}7194.$

4.25 a) $y_1 = 1 - \sqrt{1-x} = \dfrac{(1-\sqrt{1-x})\,(1+\sqrt{1-x})}{1+\sqrt{1-x}} = \dfrac{x}{1+\sqrt{1-x}} = y_2.$

b)

x	y_1	y_2
0.123×10^{-1}	0.600×10^{-2}	0.618×10^{-2}
0.123×10^{-2}	0.100×10^{-2}	0.615×10^{-3}
0.123×10^{-3}	0.000×10^{-10}	0.615×10^{-4}

4.26 $|\Delta y| \approx |dy| = \dfrac{Rl\,|dx|}{(l-x)^2} \le \dfrac{Rl\delta}{(l-x)^2}, \quad \left|\dfrac{\Delta y}{y}\right| \approx \left|\dfrac{dy}{y}\right| = \dfrac{l\,|dx|}{x(l-x)} \le \dfrac{l\delta}{x(l-x)}$

5.1 a) $\xi = \sqrt{ab}$.

b) $\xi = \frac{1}{2}(a+b)$: Die zur Stelle x_0 gehörige Tangente an eine quadratische Parabel ist also parallel zur Sekante über einem (beliebigen) Intervall mit Mittelpunkt x_0.

5.2 Wegen $\varphi'(x) = 0$ für $x > 1$ gibt es eine Konstante c, so daß $\varphi(x) = c$ für $x \ge 1$. Speziell ist $c = \varphi(1) = \frac{\pi}{2}$ und daher

$$\arctan\sqrt{x^2-1} \;+\; \arcsin\frac{1}{x} = \frac{\pi}{2} \quad \text{für } x \ge 1.$$

5.3 $g(x) = 105 - 328(x+2) + 450(x+2)^2 - 315(x+2)^3 + 120(x+2)^4$
$- 24(x+2)^5 + 2(x+2)^6$; hiermit ergibt sich $g^4(-2) = 120 \cdot 4! = 2880$.

5.4 $g(x) = (x+3)^2(x^2-6x+8)$; $x = -3$ ist zweifache Nullstelle von g.

5.5 $g(x) = 44 + 95(x-2) + R_1(x)$ mit $R_1(x) = (18\xi^2+1)(x-2)^2$.

5.6 $\cosh x = \displaystyle\sum_{\nu=0}^{k} \frac{x^{2\nu}}{(2\nu)!} + \frac{\cosh\vartheta x}{(2k+2)!}\, x^{2k+2}$.

5.7 Wegen $f''(0) = 0$ ist $T_3(x) = T_2(x) = e - \frac{1}{2}ex^2$ und daher
$f(x) = T_2(x) + R_2(x) = T_2(x) + R_3(x)$.
Mit $|\cos t| \le 1$, $|\sin t| \le 1$ und $e < 3$ folgt $|R_2(x)| < |x|^3$, $|R_3(x)| < x^4$. Für $|x| < 1$ ist die Schranke für $|R_3(x)|$ kleiner als die für $|R_2(x)|$.

5.8 $h = l(1-\cos x) \approx l\left[1-\left(1-\dfrac{x^2}{2}\right)\right] = \dfrac{lx^2}{2}$.

5.9 Nach Beispiel 5.8 mit $x = -s^2/h^2$ gilt:

$$d = h - \sqrt{h^2 - s^2} = h\left(1 - \sqrt{1 - \frac{s^2}{h^2}}\right) \approx \frac{s^2}{2h},$$

$$\left|d - \frac{s^2}{2h}\right| = h\left|R_1\left(-\frac{s^2}{h^2}\right)\right| < 1,5 \cdot 2,53 \cdot 10^{-5}\,\text{m} < 0,04\,\text{mm}.$$

5.10 $\ln\dfrac{x_2}{x_1} = \ln\left(1 + \dfrac{x_2 - x_1}{x_1}\right) \approx \dfrac{x_2 - x_1}{x_1}, \quad \left|\ln\dfrac{x_2}{x_1} - \dfrac{x_2 - x_1}{x_1}\right| \le \dfrac{1}{2}\left(\dfrac{x_2 - x_1}{x_1}\right)^2 \le 0,005.$

5.11 Wegen $e^{-\frac{kt}{m}} \approx 1 - \dfrac{kt}{m}$ folgt $v \approx \left(g - \dfrac{k}{m}v_0\right)t + v_0$.

6.1 a) $\ln\dfrac{a}{b}$, b) $-\dfrac{1}{8}$, c) $+\infty$, d) $+\infty$,

e) $\displaystyle\lim_{x \to +\infty}\left[x\left(\sqrt[3]{1 + \frac{2}{x}} - 1\right)\right] = \lim_{x \to +\infty}\frac{\left(\sqrt[3]{1 + \frac{2}{x}} - 1\right)'}{(x)'} = \frac{2}{3}.$

f) $a = \displaystyle\lim_{x \to +0}(\sin x \cdot \ln x) =$

$\displaystyle\lim_{x \to +0}\frac{(\ln x)'}{\left(\frac{1}{\sin x}\right)'} = -\lim_{x \to +0}\left(\frac{\sin x}{x} \cdot \frac{\sin x}{\cos x}\right) = -1 \cdot 0 = 0,$

also $\displaystyle\lim_{x \to +0} x^{\sin x} = e^a = 1.$

g) e^c.

6.2 f ist auf $(-\infty, -2]$ und $[0, +\infty)$ streng monoton wachsend, auf $[-2,0]$ streng monoton fallend.

6.3 Die Funktion $f(x) = (1 + x)^n - (1 + nx)$ ist auf $(-1,0]$ streng monoton fallend, auf $[0, +\infty)$ streng monoton wachsend. Daher gilt $f(x) > f(0) = 0$ für jedes $x > -1$, $x \ne 0$.

6.4 f ist auf $(-\infty, -\sqrt{3}\,]$ und $[0, \sqrt{3}\,]$ streng konkav, auf $[-\sqrt{3}, 0]$ und $[\sqrt{3}, +\infty)$ streng konvex.

6.5 a) Lokale Maximumstellen: $x_k^{(1)} = 2k\pi$, lokale Minimumstellen: $x_k^{(2)} = (2k + 1)\pi$

(k ganz). Auf $[0, 2\pi]$ hat f das globale Maximum $f(x_0^{(1)}) = f(x_1^{(1)}) = 5$ und das globale Minimum $f(x_0^{(2)}) = -3$. Da f 2π-periodisch ist, sind $x_k^{(1)}$ bzw. $x_k^{(2)}$ globale Maximum- bzw. Minimumstellen von f auf $\mathbb{R}$ für jedes ganzzahlige k.
b) $x_1 = 0$ ist kritische Stelle, aber nicht lokale Extremstelle; $x_2 = 3$ ist globale Maximumstelle (Satz 6.9 (ii) anwenden); wegen $\displaystyle\lim_{x \to -\infty}(x^3\, e^{-x}) = -\infty$ existiert eine globale Minimumstelle nicht.

c) $x_1 = -1$ ist kritische Stelle, aber nicht lokale Extremstelle; $x_2 = \frac{3}{2}$ ist globale Minimumstelle (Satz 6.9(ii) anwenden); globale Maximumstelle existiert nicht.

d) $f'(x) = 2x - 1$ für $x > 1$, $f'(x) = -2x + 1$ für $x < 1$; kritische Stelle: $x_1 = \frac{1}{2}$; f nicht differenzierbar bei $x_2 = 1$. Es ist x_1 lokale Maximumstelle und x_2 lokale Minimumstelle (Satz 6.9(i) anwenden); globale Extremstellen existieren nicht.

6.6 Globale Maximumstelle: $x_1 = 3$ mit $f(3) = 36$, globale Minimumstelle: $x_2 = -1$ mit $f(-1) = -108$.

6.7 Sei (z.B) $x_n = \dfrac{2}{(2n-1)\pi}$ für $n = 1, 2, \ldots$ Dann ist $x_n > 0$ für jedes n, $\lim\limits_{n \to \infty} x_n = 0$ und $f(x_n) = x_n(-1)^{n+1}$. In jeder rechtsseitigen Umgebung von $x = 0$ nimmt f also sowohl positive als auch negative Werte an. Somit ist $f(0) = 0$ kein lokaler Extremwert von f.

6.8 $S = 2\pi r h + 2\pi r^2$. Mit $h = \dfrac{V}{\pi r^2}$ folgt $S = f(r) = \dfrac{2V}{r} + 2\pi r^2$. Globale Minimumstelle von f auf $[0,+\infty)$: $r_0 = \sqrt[3]{V/2\pi}$; hiermit $h_0 = 2r_0$.

6.9 Für $f(x) = x(l-x)$ ist $x_0 = \dfrac{l}{2}$ globale Maximumstelle auf $(0,l)$. Da $l\,|\mathrm{d}x|$ nicht von x abhängt, ist x_0 globale Minimumstelle von $\left|\dfrac{\mathrm{d}y}{y}\right| = \dfrac{l\,|\mathrm{d}x|}{x(l-x)}$.

6.10 Transportkosten pro Wareneinheit: $f(x) = \alpha\sqrt{x^2 + a^2} + \beta(l-x)$. Gesucht ist globale Minimumstelle x_0 von f auf $[0,l]$. Kritische Stelle von f: $x_1 = \dfrac{\beta a}{\sqrt{\alpha^2 - \beta^2}}$. Wegen

$$f'(x) < 0 \text{ für } x < x_1, \quad f'(x) > 0 \text{ für } x > x_1, \tag{*}$$

ist x_1 globale Minimumstelle von f auf R.

Ist $x_1 \leq l$, also $x_1 \in [0,l]$, dann ist $x_0 = x_1$. Ist $x_1 > l$, dann ist $x_0 = l$, da f wegen (*) für $x \leq l < x_1$ streng monoton fällt.

6.11 Wendepunkt: $P\left(e^{-\frac{3}{2}};\ -\frac{3}{2}e^{-3}\right)$; Wendetangente: $y = -2e^{-\frac{3}{2}}x + \frac{1}{2}e^{-3}$.

6.12 a) $f(x) = \dfrac{(x+1)(x-2)}{(x-3)^2}$; $x = 3$ ist Unendlichkeitsstelle. Die Funktion f ist auf $(-\infty, \frac{7}{5}]$ und $(3,+\infty)$ streng monoton fallend, auf $[\frac{7}{5},3]$ streng monoton wachsend, auf $(-\infty, \frac{3}{5}]$ streng konkav, auf $[\frac{3}{5},3)$ und $(3,+\infty)$ streng konvex. Lokales Minimum: $f(\frac{7}{5}) = -\frac{9}{16}$; Wende-

punkt: $P(\frac{3}{5}, -\frac{7}{18})$. Asymptoten: $x = 3$ (s. oben) und $y = 1$ (für $x \rightarrow \pm\infty$). Nullstellen: $x_1 = -1$
und $x_2 = 2$ (Bild 6.17).

b) Die Funktion f ist unstetig bei $x = -2, -1, 1$. Bei $x = -2$ hat f eine hebbare Unstetigkeit:

$$f(x) = \frac{x^2(x+2)^3}{(x-1)(x+1)^2}; \quad x \neq -2, -1, 1;$$

f verhält sich in punktierter Umgebung von $x = -2$ wie in punktierter Umgebung einer
dreifachen Nullstelle. Es gilt

$$\lim_{x \to -1} f(x) = -\infty, \quad \lim_{x \to 1-0} f(x) = -\infty, \quad \lim_{x \to 1+0} f(x) = +\infty.$$

Weiter ist $x = 0$ zweifache Nullstelle von f. Wegen $f(x) < 0$ für $-1 < x < 1$, $x \neq 0$
ist $x = 0$ lokale Maximumstelle i. e. S. Asymptote von f für $x \rightarrow \pm\infty$: $g(x) = x^2 + 5x + 8$. Es
gilt $f(x) < g(x)$ für $x < -1$, $f(x) > g(x)$ für $x > 1$. Hiermit und mit Funktionswerten für
einige $x > 1$ folgt, daß f in der Nähe von $x = 1,9$ ein lokales Minimum hat (Bild 6.18).

c) Die Funktion f ist auf $(-\infty, \mu]$ streng monoton wachsend, auf $[\mu, +\infty)$ streng monoton
fallend, auf $(-\infty, \mu-\sigma]$ und $[\mu+\sigma, +\infty)$ streng konvex, auf $[\mu-\sigma, \mu+\sigma]$ streng konkav. Globales

Maximum: $f(\mu) = \dfrac{1}{\varrho\sqrt{2\pi}}$; Wendepunkte bei $\mu-\sigma$ und $\mu+\sigma$. Asymptote für $x \rightarrow \pm\infty$: $y = 0$.

Ferner $f(\mu-x) = f(\mu+x)$, also Bildkurve von f symmetrisch zur Geraden $x = \mu$ (siehe Bild
6.19).

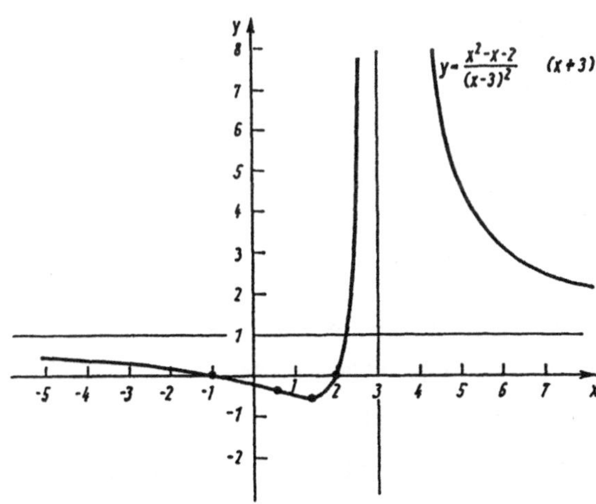

Bild 6.17

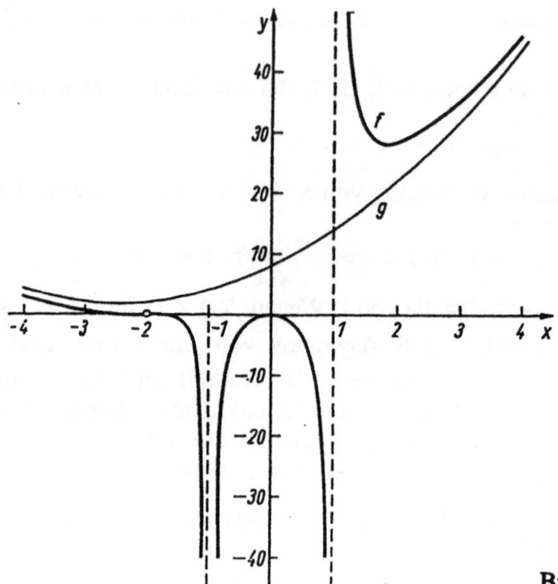

Bild 6.18

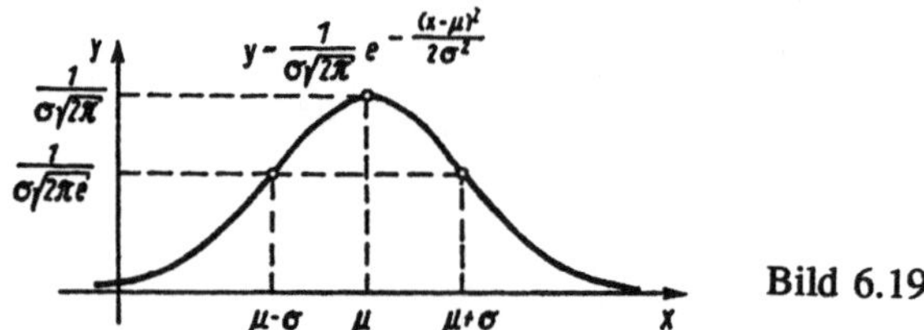

Bild 6.19

7.1 a) $\varphi_1'(15) = 10{,}3...$, also $x_{k+1} = \varphi_1(x_k)$ nicht geeignet,

$|\varphi_2'(0{,}15)| = 39{,}8...$, also $x_{k+1} = \varphi_2(x_k)$ nicht geeignet,

$\varphi_3'(0{,}15) = 0{,}04...$, also $x_{k+1} = \varphi_3(x_k)$ geeignet.

b) Mit $x_{k+1} = \varphi_3(x_k) = e^{x_k^2-2}$, $x_0 = 0{,}15$ erhält man $x_1^* \approx x_3$ (s. Tabelle 7.6).

k	x_k
0	0,15
1	0,138 414 84
2	0,137 953 12
3	0,137 935 52

Tabelle 7.6

7.2 a) Für $\varphi(x) = 3\cos x$, $0 < x < \frac{\pi}{2}$, gilt $|\varphi'(1{,}2)| = 2{,}7...$, also $x_{k+1} = \varphi(x_k)$ nicht geeignet (Tabelle 7.7 a).

b) Umkehrfunktion zu φ ist $\varphi^{-1}(x) = \arccos(x/3)$, $0 < x < 3$. Daher $x_{k+1} = \arccos(x_k/3)$ anwenden (Tabelle 7.7b): $|x_{10} - x_9| = 0{,}43\,... \cdot 10^{-5}$; $x^* \approx x_{10}$.

k	x_k
0	1,2
1	1,087 073 263
2	1,395 234 917
3	0,523 982 834
4	2,597 499 931
5	-2,566 791 864

Tabelle 7.7a

k	x_k
0	1,2
1	1,159 279 481
⋮	
9	1,170 117 754
10	1,170 122 107

Tabelle 7.7b

7.3 $g'(x) = 1 + \sin x - \cosh x = 0$ für $\hat{x} = 0$ und x^* in der Nähe von 1,3 (Skizze). Berechnung von x^* nach (7.15) mit $f(x) := g'(x)$; $x_0 = 1{,}3$ liefert $x_4 = 1{,}294\,831\,731$, wobei $f(x_4) < 10^{-8}$. Wegen $g''(0) = 1 > 0$ ist $\hat{x}$ lokale Minimumstelle. Da g'' stetig, gilt $g''(x^*) \approx g''(x_4) = -1{,}4\,... < 0$; also ist x^* lokale Maximumstelle.

7.4 Mit $x_0 = 1{,}5$ ist $x_4 = 1{,}421\,530\,0$, wobei $f(x_4) = 0{,}3\,... \cdot 10^{-8}$. Daher $x^* \approx x_4$.

7.5 Gesucht ist x^*, so daß $g_1'(x^*) = g_2'(x^*)$. Also Newton-Verfahren mit $f(x) = \sin x - \frac{1}{x}$. Bei $x_0 = 1{,}1$ erhält man $x_4 = 1{,}114\,157\,141$, wobei $f(x_4) < 10^{-9}$. Daher $x^* \approx x_4$.

7.6 $x^* \approx x_4 = x_3 = 1{,}875\,104\,069$.

7.7 Mit $x_0 = 1{,}3$ und $x_1 = 1{,}5$ ist $x_4 = 1{,}421\,529\,9$, wobei $f(x_4) = -0{,}4\,... \cdot 10^{-7}$. Daher $x^* \approx x_4$.

7.8 $x^* \approx x_6 = x_5 = 1{,}875\,104\,069$.

9.1 a) $\int\left(x^3 + \frac{2}{x} - \frac{4}{x^3} \right)dx = \int x^3\,dx + 2\int \frac{dx}{x} - 4\int x^{-3}\,dx = = \frac{x^4}{4} + 2\ln|x| + \frac{2}{x^2} + c$.

Vor.: über das Integrationsintervall I: $0 \notin I$).

b) $\int \sqrt{x^3}\,dx = \int x^{3/2}\,dx = \frac{2}{5}x^{5/2} + c = \frac{2}{5}x^2\sqrt{x} + c$ (Vor.: $x > 0$).

9.2 a) Durch die Substitution $u = \ln x$ erhält man:

$$\int (\ln x)^2 \, \frac{dx}{x} = \int u^2 \, du = \frac{1}{3} u^3 + c = \frac{1}{3} (\ln x)^3 + c. \quad (\text{Vor.: } x > 0)$$

b) $\dfrac{1}{3\sqrt{2}} \arctan\dfrac{\sqrt{2}}{3} x + c \quad \left(\text{Substitution: } u = \dfrac{\sqrt{2}}{3} x \right).$

c) $\dfrac{1}{2} (\arctan x)^2 + c. \quad (\text{Subst.: } u = \arctan x)$

d) $\dfrac{1}{36} (8x^3 - 1) \sqrt{8x^3 - 1} + c. \quad (\text{Subst.: } z = 8x^3 - 1)$

(Vor.: $8x^3 - 1 \geq 0$ für alle x aus dem Integrationsintervall I)

9.3 a) $\ln |f(x)| + c,$ b) $2 \ln |x^3 + 2x + 1| + c,$ c) $-\frac{1}{3} \ln |\cos 3x| + c.$

9.4 a) $-\dfrac{1}{8}(4x - 2)^{-2} + c. \quad (\text{Subst.: } u = 4x - 2; \text{ Vor.: } x \neq \frac{1}{2})$

b) $\dfrac{x}{3} e^{3x} - \dfrac{1}{9} e^{3x} + c. \quad (\text{partielle Integration!})$

c) $-\dfrac{1}{4} x^2 \cos 4x + \dfrac{1}{8} x \sin 4x + \dfrac{1}{16} \cos 4x. \quad (\text{zweimal partielle Integration!})$

9.5 a) Integrand $f(x)$ ist eine unecht gebrochene rationale Funktion.

Division der Polynome liefert: $f(x) = 2x + 1 + \dfrac{2 - x}{x^2 + 4x + 3}.$

Partialbruchzerlegung ergibt: $f(x) = 2x + 1 + \dfrac{2}{x + 1} - \dfrac{4}{x + 3}.$

Ergebnis: $x^2 + x + 2\ln\dfrac{|x + 1|}{(x + 3)^2} + c.$

b) Partialbruchzerlegung: $f(x) = \dfrac{1}{x} - \dfrac{2}{x^2} + \dfrac{3x}{x^2 + 9}.$

Ergebnis: $\ln |x| + \dfrac{2}{x} + \dfrac{3}{2} \ln(x^2 + 9) + c.$

c) Division der Polynome und ansschließende Partialbruchzerlegung:

$$f(x) = x + 1 + \frac{6}{5} \frac{1}{x - 1} - \frac{1}{5} \frac{x + 1}{x^2 + 4}.$$

Ergebnis: $\dfrac{x^2}{2} + x + \dfrac{6}{5} \ln |x - 1| - \dfrac{1}{10} \ln(x^2 + 4) - \dfrac{1}{10} \arctan\dfrac{x}{2} + c.$

d) $\dfrac{3}{7} \ln |x + 3| + \dfrac{1}{14} \ln |2x - 1| + c. \quad (\text{Vor.: } x \neq -3, \; x \neq \frac{1}{2})$

9.6 a) 1. Substitution $t = \sqrt{2x - 1}$ liefert: $I = \displaystyle\int \frac{2t \, dt}{(1 + t)^2}.$

2. Substitution $u = 1+t$ liefert das Ergebnis: $I = 2\ln(1+\sqrt{2x-1}) + \dfrac{2}{1+\sqrt{2x-1}} + c.$

(Vor.: $x \geq \frac{1}{2}$)

b) $\sqrt[4]{(3x+2)^3}\left(\dfrac{4}{63}(3x+2) - \dfrac{8}{27}\right) + c.$ (Subst.: $t = \sqrt[4]{3x+2}$; Vor.: $x > -\frac{2}{3}$)

9.7 a) Substitution $(t = e^x)$ und anschließende Partialbruchzerlegung liefern das Ergebnis:

$-\ln e^x + \dfrac{1}{2}\ln(e^x+1) + \dfrac{1}{2}\ln|e^x-1| + c.$ (Vor.: $x \neq 0$)

b) $\dfrac{1}{3}\ln(1+3e^x) + c.$ (Subst.: $t = e^x$)

c) $\dfrac{3}{2}\ln(e^x+2) - \dfrac{x}{2} + c.$ (Substitution und Partialbruchzerlegung)

9.8 a) $\ln\left|1+\tan\dfrac{x}{2}\right| - \ln\left|1-\tan\dfrac{x}{2}\right| + c.$ (Formel (9.25) und Partialbruchzerlegung)

b) $\dfrac{1}{2\cos^2 x} + c.$ (Subst.: $t = \cos x$; $t = \tan\frac{x}{2}$ hier zu kompliziert)

9.9 $-\dfrac{1}{2}\ln\left|4\sqrt{4x^2-3x+5} - 8x+3\right| + c.$ (Subst.: $\sqrt{4x^2-3x+5} = t+2x$)

10.1 a) $625{,}6$;   b) -2 ;   c) $-3\cos 2 + 3 = 4{,}25$;   d) 0 .

10.2 a) $f(x) = x^2 - 4x$ hat die Nullstellen $x_1 = 0$, $x_2 = 4$.

Hieraus folgt: $A = \displaystyle\int_{-1}^{0} f(x)\,dx - \int_{0}^{4} f(x)\,dx + \int_{4}^{6} f(x)\,dx = \dfrac{71}{3}.$

b) $\displaystyle\int_{-3}^{3} f(x)\,dx = \int_{-3}^{-1} (-2x+1)\,dx + \int_{-1}^{2} 3\,dx + \int_{2}^{3} (2x-1)\,dx = 10 + 9 + 4 = 23.$

10.3 a) $\dfrac{\pi}{4}$,   b) $\dfrac{\pi}{2}$.

10.4 $F_1(x) = \begin{cases} \frac{1}{2}x^2 & \text{für } 0 \leq x \leq 3 \\ 8x - \frac{1}{2}x^2 - 15 & \text{für } 3 < x \leq 6 \end{cases}.$

$\displaystyle\lim_{x \to 3-0} F_1(x) = \lim_{x \to 3+0} F_1(x) = F_1(3) = \dfrac{9}{2}.$

10.5 Die Substitution $u = \sqrt{1+2x}$ liefert für das zugehörige unbestimmte Integral:

$\frac{1}{3}\sqrt{1+2x}\ (x-1)$.

Das bestimmte Integral hat den Wert $\dfrac{10}{3}$.

10.6 Substitution und Partialbruchzerlegung liefern das Ergebnis: $-\frac{1}{4}\ln 3$.

10.7 $x_0 = 0$, $x_1 = 2$, $x_2 = 4$, $x_3 = 6$, $x_4 = 8$, $x_5 = 10$.
Die Trapezformel liefert für das bestimmte Integral den Näherungswert 2600.

10.8 $x_0 = 0$, $x_1 = \frac{1}{2}$, $x_2 = 1$, ... , $x_8 = 4$.
Die Simpsonsche Regel liefert für das bestimmte Integral den Näherungswert 68.

10.9 Satz 10.17 liefert: $A = \displaystyle\int_0^4 (\tfrac{1}{4}x^2 + 1 - (-x))\ dx = \dfrac{52}{3}$.

10.10 Satz 10.17 liefert: $A = \displaystyle\int_0^4 (2x^2 - \tfrac{1}{2}x^2)\ dx = \dfrac{16}{3}$.

10.11 a) Die Sektorformel liefert: $A = \dfrac{1}{2} \displaystyle\int_{\pi/2}^{3\pi/2} 36\,t^{-2}\ dt = \dfrac{24}{\pi}$.

b) $A = \dfrac{1}{2} \displaystyle\int_{\varphi_1}^{\varphi_2} a^2\varphi^2\ d\varphi = \dfrac{a^2}{6}(\varphi_2^3 - \varphi_1^3)$.

10.12 $s = \displaystyle\int_0^8 \sqrt{1 + \tfrac{9}{4}x}\ dx = 24$. (Subst.: $u = 1 + \tfrac{9}{4}x$)

10.13 $x = ae^{k\varphi}\cos\varphi$, $y = ae^{k\varphi}\sin\varphi$ ist eine Parameterdarstellung der Spirale. (Parameter φ; a und k sind konstant) Aus Satz 10.19 folgt dann:

$$s = \int_{\varphi_1}^{\varphi_2} \sqrt{a^2 e^{2k\varphi}(k^2 + 1)}\ d\varphi = \frac{a}{k}\sqrt{k^2 + 1}\ (e^{k\varphi_2} - e^{k\varphi_1}).$$

10.14 Satz 10.21 liefert: $V = \pi \displaystyle\int_0^9 4x\ dx = 162\pi$.

10.15 Satz 10.22 liefert: $A = 2\pi \displaystyle\int_0^9 \sqrt{x+1}\ dx = 256{,}5$.

10.16 Nach Formel (10.9) gilt: $x_s = \dfrac{3}{64} \displaystyle\int_0^4 x^3\ dx = 3$; $y_s = \dfrac{3}{128} \displaystyle\int_0^4 x^4\ dx = \dfrac{24}{5}$.

10.17 $x_s = \dfrac{\pi}{2}$, $y_s = \dfrac{\pi}{8}$.

11.1 a) $\dfrac{1}{a} \cdot \dfrac{\pi}{2}$,   b) $\dfrac{1}{4}$,   c) π,

d) Integral existiert nicht, weil $\cos(-\infty) = \lim\limits_{x \to -\infty} \cos x$ nicht existiert.

11.2 a) divergent,   b) 0.

11.3 a) 1,   b) divergent,   c) -1,   d) divergent.

Literatur

Aus der Fülle an Literatur zum behandelten Gegenstand werden hier lediglich die im Text zitierten Titel aufgeführt.

[BHW]   Burg, K.; Haf, H.; Wille, F.: Höhere Mathematik für Ingenieure, Bd. 1-5. 3., 3., 2., 1., 1. Aufl. Stuttgart: Teubner-Verlag 1990-1992.

[BSE]   Bronstein; I.N.; Semendjajew, K. A.: Taschenbuch der Mathematik. Leipzig: Teubner-Verlag 1991.

[DEL]   Dallmann, H.; Elster, K.H.: Einführung in die höhere Mathematik, Bd. 1-3. 7. Aufl. Jena: Fischer 1981-87.

[GRI]   Göpfert, A.; Riedrich, T.: Funktionalanalysis. 3. Aufl. Stuttgart-Leipzig: Teubner-Verlag 1991.

[HRS]   Harbarth, K.; Riedrich, T.; Schirotzek, W.: Differentialrechnung für Funktionen mit mehreren Variablen. 8. Aufl. Stuttgart-Leipzig: Teubner-Verlag 1993.

[JEL]   Jahnke, E.; Emde, F.; Lösch, F.: Tafeln höherer Funktionen. 7. Aufl. Stuttgart: Teubner-Verlag 1966.

[KPF]   Körber, K.H.; Pforr, E.A.: Integralrechnung für Funktionen mit mehreren Variablen. 8. Aufl. Stuttgart-Leipzig: Teubner-Verlag 1993.

[MKN]   v.Mangoldt, H.; Knopp, K.: Einführung in die höhere Mathematik, Bd. 1-4. 4. Aufl. Stuttgart: Hirzel 1990.

[MSV]   Manteuffel, K.; Seiffart, E.; Vetters, K.: Lineare Algebra. 7. Aufl. Leipzig: Teubner-Verlag 1989.

[SCE]   Schell, H.J.: Unendliche Reihen. 8. Aufl. Leipzig: Teubner-Verlag 1990.

[SGE]   Schäfer, W.; Georgi, K.: Mathematik-Vorkurs. Stuttgart-Leipzig: Teubner-Verlag 1993.

[SKR]   Schwetlick, H.; Kretschmar, H.: Numerische Verfahren für Naturwissenschaftler und Ingenieure. Leipzig: Fachbuchverlag 1991.

[SRZ]   Schwarz, H.R.: Numerische Mathematik. Stuttgart: Teubner-Verlag 1993.

[SSZ]   Sieber, N.; Sebastian, H.J.; Zeidler, G.: Grundlagen der Mathematik. 9. Aufl. Stuttgart-Leipzig: Teubner-Verlag 1993.

Sachregister

Bronstein/ Semendjajew

Taschenbuch der Mathematik

Im Vorwort zur ersten deutschen Auflage, die 1958 im Verlag B. G. Teubner Leipzig erschien, heißt es zur Zielsetzung des Werkes:

Mit der Herausgabe der deutschen Übersetzung des Taschenbuches der Mathematik von Bronstein und Semendjajew hofft der Verlag, den angehenden und in der Praxis stehenden Ingenieuren und darüber hinaus auch Physikern und Mathematikern ein wirklich brauchbares Nachschlagewerk in die Hand zu geben und damit eine empfindliche Lücke in der deutschen mathematischen Literatur zu schließen. Auch als Repetitorium der Mathematik dürfte das Buch gute Dienste leisten.

Die vorliegende 25. Auflage basiert auf der 1979 völlig überarbeiteten 19. Auflage. Seine Vorzüge hat das Werk wohl am besten dadurch unter Beweis gestellt, daß seither 25 Auflagen mit über 800.000 Exemplaren erschienen sind.

Aus dem Inhalt:

Tabellen und graphische Darstellungen – Elementarmathematik – Analysis – Mengen, Relationen, Funktionen, Vektorrechnung, Differentialgeometrie, Fourierreihen, Fourierintegrale, Laplacetransformation – Wahrscheinlichkeitsrechnung und mathematische Statistik – Lineare Optimierung – Numerik

Von
Ilja N. Bronstein
und
Konstantin A. Semendjajew
Moskau

Herausgegeben von
Günter Grosche,
Viktor Ziegler und
Dorothea Ziegler, Leipzig

25. Auflage. 1991. XII,
840 Seiten mit 390 Bildern.
14,5 x 20 cm.
Geb. DM 48,–
ÖS 375,– / SFr 48,–
ISBN 3-8154-2000-8

Alleinauslieferung:
B. G. Teubner Stuttgart

B.G. Teubner Verlagsgesellschaft
Stuttgart · Leipzig

Mathematik für Ingenieure und Naturwissenschaftler

Bandemer/Bellmann: **Statistische Versuchsplanung**
3. Aufl. 116 Seiten. DM 12,–

Beyer/Hackel/Pieper/Tiedge: **Wahrscheinlichkeitsrechnung und mathematische Statistik**
6. Aufl. 216 Seiten. DM 16,–

Gillert/Nollau: **Übungsaufgaben zur Wahrscheinlichkeitsrechnung und mathematischen Statistik**
4. Aufl. 56 Seiten. DM 5,–

Göpfert/Riedrich: **Funktionalanalysis**
3. Aufl. 136 Seiten. DM 24,80

Greuel/Kadner: **Komplexe Funktionen und konforme Abbildungen**
3. Aufl. 128 Seiten. DM 12,–

Harbarth/Riedrich/Schirotzek: **Differentialrechnung für Funktionen mit mehreren Variablen**
8., neubearb. Aufl. 198 Seiten. DM 22,80

Körber/Pforr: **Integralrechnung für Funktionen mit mehreren Variablen**
8., neubearb. Aufl. 199 Seiten. DM 22,80

Manteuffel/Seiffart/Vetters: **Lineare Algebra**
7. Aufl. 208 Seiten. DM 13,50

Meinhold/Wagner: **Partielle Differentialgleichungen**
6. Aufl. 116 Seiten. DM 12,–

Oelschlägel/Matthäus: **Numerische Methoden**
4. Aufl. 96 Seiten. DM 10,–

Pforr/Oehlschlägel/Seltmann: **Übungsaufgaben zur linearen Algebra und linearen Optimierung**
4. Aufl. 92 Seiten. DM 8,–

Pforr/Schirotzek: **Differential- und Integralrechnung für Funktionen mit einer Variablen**
9., neubearb. Aufl. 302 Seiten. DM 28,80

Piehler/Zschiesche: **Simulationsmethoden**
4. Aufl. 60 Seiten. DM 5,–

Stopp: **Operatorenrechnung**
5. Aufl. 156 Seiten. DM 19,80

Wenzel: **Gewöhnliche Differentialgleichungen 1**
6. Aufl. 104 Seiten. DM 10,–

Wenzel: **Gewöhnliche Differentialgleichungen 2**
5. Aufl. 88 Seiten. DM 10,–

Wenzel/Heinrich: **Übungsaufgaben zur Analysis 1**
4. Aufl. 76 Seiten. DM 6,50

Wenzel/Heinrich: **Übungsaufgaben zur Analysis 2**
4. Aufl. 84 Seiten. DM 7,–

Preisänderungen vorbehalten

B.G. Teubner Verlagsgesellschaft
Stuttgart · Leipzig